数学文化丛书

U0211637

TANGJIHEDE
+
XIXIFUSI
JIANSHOUBINGXU JI

唐吉诃德+西西弗斯

兼收并蓄集

刘培杰数学工作室 ○ 编

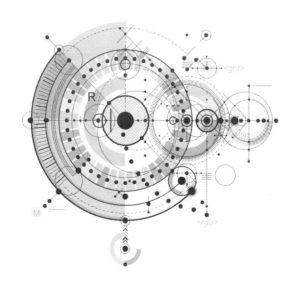

哈尔滨工业大学出版社
HARBIN INSTITUTE OF TECHNOLOGY PRESS

内 容 提 要

本丛书为您介绍数百种数学图书,并奉上名家及编辑为每本图书所作的序、跋等.本丛书旨在为读者开阔视野,在万千数学图书中精准找到所求,其中不乏精品书、畅销书.本书为其中的《兼收并蓄集》.

本丛书适合数学爱好者参考阅读.

图书在版编目(CIP)数据

唐吉诃德+西西弗斯. 兼收并蓄集/刘培杰数学工作室编. —哈尔滨:哈尔滨工业大学出版社,2025.1
(百部数学著作序跋集)
ISBN 978-7-5767-1386-2

Ⅰ.①唐… Ⅱ.①刘… Ⅲ.①数学-著作-序跋-汇编-世界 Ⅳ.①O1

中国国家版本馆 CIP 数据核字(2024)第 093073 号

策划编辑 刘培杰 张永芹
责任编辑 王勇钢
封面设计 孙茵艾
出版发行 哈尔滨工业大学出版社
社 址 哈尔滨市南岗区复华四道街 10 号 邮编 150006
传 真 0451-86414749
网 址 http://hitpress.hit.edu.cn
印 刷 辽宁新华印务有限公司
开 本 720 mm×1 000 mm 1/16 印张 22.25 字数 317 千字
版 次 2025 年 1 月第 1 版 2025 年 1 月第 1 次印刷
书 号 ISBN 978-7-5767-1386-2
定 价 58.00 元

◉ 目 录

典型群、错排与素数（英文）

提摩太·C. 布尔尼西

迈克尔·乔迪奇　　著

编辑手记

　　本书是一部英文版的数学学术专著,中文书名可译为《典型群、错排与素数》. 本书的两位作者,一位是提摩太·C. 布尔尼西,英国布里斯托大学数学系教授,还有一位是迈克尔·乔迪奇,西澳大利亚大学数学系教授.

　　经典的若当定理指出,每一个非平凡有限传递置换群都包含一个错排. 这个结果在许多数学领域中都有有趣和意想不到的应用,包括图论、数论和拓扑等领域. 近年来,人们研究了各种各样的推广,特别关注具有特殊性质的错排的存在.

　　本书是为从事代数相关领域研究的学术研究人员和研究生撰写的,其中对有限典型群进行了全面的介绍,包括素数阶原理的共轭性和几何特征. 本书也是为了研究有限原始典型群中的错位而诞生的,基本问题是确定群 G 何时包含 r 阶的错位,其中 r 是 G 的一个给定素数因子. 这涉及对有限典型群的共轭类和子群结构的详细分析.

　　《美国数学月刊》的前主编哈尔莫斯说过:一个好的数学家手里有许多具体的例子,而那些蹩脚的数学家手中只有空洞的理论. 虽然笔者不是好的数学家,甚至连数学工作者都算不上,但笔者还是试图践行一下这一名言. 下面举几个具体的例子.

1

在哈瓦那举行的第 28 届国际数学奥林匹克(IMO) 中的第一题：

问题 1 设 $P_n(k)$ 是集合 $\{1,2,\cdots,n\}$ 上具有 k 个不动点的排列的个数. 求证

$$\sum_{k=0}^{n} kP_n(k) = n!$$

这是一道关于组合不动点的问题,我们先给出组合不动点的定义以及 3 个简单的性质.

定义 1 设集合 $\{\pi(1),\pi(2),\cdots,\pi(n)\}$ 是集合 $\{1,2,\cdots,n\}$ 的一个排列,如果 $\pi(i) = i$,那么称 i 是变换 π 之下的一个组合不动点. 我们用 $P_n(k)$ 表示其不动点的个数为 k 的排列的个数,用 $D_n(k)$ 表示其中有 k 个动点的排列个数.

性质 1 $P_n(k) = \dbinom{n}{k} D_n(n-k)$.

证 恰有 k 个不动点的排列可以由以下两个步骤产生:先从 n 个元素中选出 k 个让它不动,即

$$\pi(i) = i, i = i_1, i_2, \cdots, i_k$$

再让其余 $n-k$ 个全动,即

$$\pi(j) \neq j, j = j_1, \cdots, j_{n-k}$$

则由乘法原理可知

$$P_n(k) = \dbinom{n}{k} D_n(n-k)$$

性质 2 $\displaystyle\sum_{k=0}^{n} nkD_n(n-k) = n!$.

证 因为 n 个元素的全排列可分成恰有零个不动点的排列,恰有一个不动点的排列,……,恰有 n 个不动点的排列,故由加法原理可知

$$P_n(0) + P_n(1) + \cdots + P_n(n) = n!$$

由性质 1 可得

$$\sum_{k=0}^{n} \dbinom{n}{k} D_n(n-k) = n!$$

2

性质 3 $P_n(0) = D_n(n) = n! \sum_{k=0}^{n-1} (-1)^k \frac{1}{k!}$.

证 我们先来介绍一个组合数学中非常重要的公式,包含排除原理:

设有 N 个事物,其中有些事物具有性质 $P_1, P_2, \cdots, P_s$ 中的某些性质. 令 N_i 表示具有 P_i 性质的事物的个数,N_{ji} 表示兼有 P_j 及 P_i 性质的事物的个数,此处 $i \neq j (1 \leqslant i, j \leqslant s)$. 由此定义,$N_{ji}$ 及 N_{ij} 应代表同一数值,并且凡兼具 P_j 及 P_i 性质的事物也认为具有性质 P_j 或 P_i. 一般地,设:

$N_{i_1, i_2, \cdots, i_k}$ 等于具有性质 $P_{i_1}, P_{i_2}, \cdots, P_{i_k}$ 的事物的个数.

那么 N 中不具有任何性质的事物的个数等于

$$N_0 = N - \sum_i N_i + \sum_{i<j} N_{ij} - \sum_{i<j<k} N_{ijk} + \cdots +$$
$$(-1)^k \sum N_{i_1} N_{i_2} \cdots N_{i_k} + \cdots + (-1)^s N_{12\cdots s}$$

(此定理的证明可以在任何一本初等的组合数学书中找到.)

我们令 P_i 是表示 i 为一个不动点的性质,则易知

$$N_{i_1 i_2 \cdots i_r} = (n-r)!$$
$$\sum_{i_1 < i_2 < \cdots < i_r} N_{i_1 i_2 \cdots i_r} = \binom{n}{k}(n-r)! = \frac{n!}{r!}$$

由包含排除原理得

$$P_n(0) = D_n(n) = n! \sum_{k=0}^{n-1} (-1)^r \frac{1}{r!}$$

下面我们先证明前面提到的 IMO 试题.

证 可得

$$\sum_{k=0}^{n} k P_n(k) = \sum_{k=0}^{n} k \binom{n}{k} D_n(n-k) \quad (性质 1)$$
$$= \sum_{k=0}^{n} k \frac{n!}{k!(n-k)!} D_n(n-k)$$
$$= \sum_{k=0}^{n} \frac{n \cdot (n-1)!}{(k-1)![(n-1)-(k-1)]!} \cdot$$
$$\qquad D_n[(n-1)-(k-1)]$$
$$= n \sum_{k=0}^{n} \frac{(n-1)!}{(k-1)![(n-1)-(k-1)]!} \cdot$$

$$D_n \left[(n-1) - (k-1) \right]$$

$$= n \sum_{k=0}^{n-1} \binom{n-1}{k-1} D_{n-1} \left[(n-1) - (k-1) \right]$$

$$= n \cdot (n-1)! \quad = n!$$

证毕.

问题 2 P 为集合 $S_n = \{1, 2, \cdots, n\}$ 的一个排列, 令 f_n 为 S_n 的无不动点的排列的个数, g_n 为恰好有一个不动点的排列的个数, 证明

$$|f_n - g_n| = 1$$

(加拿大第十四届中学生数学竞赛试题)

证 由性质 3 得

$$f_n = n! \sum_{r=0}^{n} (-1)^r \frac{1}{r!}$$

又由性质 1 得

$$g_n = \binom{n}{1} f_{n-1} = n \cdot (n-1)! \sum_{r=0}^{n-1} (-1)^r \frac{1}{r!}$$

$$= n! \sum_{r=0}^{n-1} (-1)^r \frac{1}{r!}$$

所以

$$|f_n - g_n| = \left| n! \left(\sum_{r=0}^{n} (-1)^r \frac{1}{r!} - \sum_{r=0}^{n-1} (-1)^r \frac{1}{r!} \right) \right|$$

$$= \left| n! (-1)^n \frac{1}{n!} \right|$$

$$= |(-1)^n|$$

$$= 1$$

问题 3 设 n 阶行列式主对角线上的元素全为零, 其余元素全不为零, 求证: 它的展开式中不为零的项数等于

$$n! \sum_{r=0}^{n} (-1)^r \frac{1}{r!}$$

(第十九届普特南数学竞赛试题)

证 由定义知, $n \times n$ 矩阵 $\boldsymbol{M} = (m_{ij})$ 的行列式的展开式为

$$\sum_n \varepsilon(\pi) m_{1j_1} \cdot m_{2j_2} \cdot \cdots \cdot m_{nj_n}$$

其中, $\pi \begin{pmatrix} 1 & 2 & \cdots & n \\ j_1 & j_2 & \cdots & j_n \end{pmatrix}$ 表示 $\{1, 2, \cdots, n\}$ 的所有排

列, $\varepsilon(\pi)$ 为 $+1$ 或 -1.

由题意知, 当且仅当 π 的排列中有不动点时, 行
列式的展开式中的对应项才为零, 于是本题化为求 π
的排列中没有不动点的排列的个数问题.

由性质 3 知, 其个数为

$$n! \sum_{r=0}^{n} (-1)^r \frac{1}{r!}$$

普特南数学竞赛是北美大学生所能参加的最高级别的数
学竞赛, 其试题多为名家命制, 背景深远. 其难度只有近年的阿
里数学竞赛可以与之相比. 今年第二届阿里数学竞赛落幕, 全
球共 5 万余人参赛, 只有 4 人获金奖, 其中有一位两届都获金
奖, 他叫张钺, 是加州伯克利大学的博士.

我国最高水平的中学生数学竞赛简称 CMO, 即中国数学奥
林匹克, 它是为选拔参加 IMO 的中国代表队而举行的一场
比赛.

2000 年中国数学奥利匹克试题有这样一道背景深刻的
问题.

问题 4 数列 $\{a_n\}$ 定义如下

$$a_1 = 0$$
$$a_2 = 1$$
$$a_n = \frac{1}{2} n a_{n-1} + \frac{1}{2} n(n-1) a_{n-2} + (-1)^n \left(1 - \frac{n}{2}\right)$$

其中, $n \geq 3$. 试求

$$f_n = a_n + 2C_n^1 a_{n-1} + 3C_n^2 a_{n-2} + \cdots + (n-1)C_n^{n-2} a_2 + n C_n^{n-1} a_1$$

的最简表达式.

解 先计算前 n 项, 得

$$a_3 = 2, \quad a_4 = 9, \quad a_5 = 44, \quad a_6 = 265, \cdots$$

5

这与著名的更序数列相符,还可以加上 $a_0 = 1$,例如, 231 和 312 是更序数列,故 $a_3 = 2$.

a_n 表示 $1 \sim n$ 更序排列的数量,我们有

$$a_n + C_n^1 a_{n-1} + C_n^2 a_{n-2} + \cdots + C_n^{n-2} a_2 + C_n^{n-1} a_1 = n! - 1$$

$$(1)$$

从 f_n 中去掉式(1),得

$$C_n^1 a_{n-1} + 2C_n^2 a_{n-2} + \cdots + (n-1)C_n^{n-1} a_1$$
$$= n(a_{n-1} + C_{n-1}^1 a_{n-2} + \cdots + C_{n-1}^{n-2} a_1)$$
$$= n((n-1)! - 1) \qquad (2)$$

将式(1)和(2)相加,得到

$$n! - 1 + n((n-1)! - 1) = 2n! - (n+1)$$

现在证明原题的数列即为更序数列. 更序数列符合方程

$$a_n = (n-1)(a_{n-1} + a_{n-2})$$

此方程也可改写为

$$a_n - na_{n-1} = -(a_{n-1} - (n-1)a_{n-2})$$
$$= a_{n-2} - (n-2)a_{n-3}$$
$$\vdots$$
$$= (-1)^{n-1}(a_1 - a_0)$$
$$= (-1)^n$$

这个更序数列在组合数学中也称偶遇问题. 下面我们来介绍这一背景.

定义2 $N(\mid N \mid = n)$ 的一个置换 σ,如果在对所有 $x \in \mathbf{N}$, $\sigma(x) \neq x$ 定义下,σ 没有不动点即偶遇或重合,则称之为一个错排.

例如,置换

$$\sigma_1 := \begin{pmatrix} a & b & c & d & e \\ c & e & d & a & b \end{pmatrix}$$

没有重合,而

$$\sigma_2 := \begin{pmatrix} a & b & c & d & e \\ d & b & a & c & e \end{pmatrix}$$

6

有两个重合. 计算 $N(\mid N \mid = n)$ 的错排数 $d(n)$ 构成了这个著名的偶遇问题.

定理 1 $N(\mid N \mid = n)$ 的错排数

$$d(n) = \sum_{0 \leqslant k \leqslant n} (-1)^k \frac{n!}{k!}$$

$$= n! \left(1 - \frac{1}{1!} + \frac{1}{2!} - \cdots + \frac{(-1)^n}{n!}\right)$$

$$(3)$$

对 $n \geqslant 1$, 这个整数接近于 $n!\ e^{-1}$, 则

$$d(n) = \| n!\ e^{-1} \| \qquad (4)$$

(由于式(3)的缘故, 克里斯托尔(Chrystal)曾建议将 $d(n)$ 命名为 n 的反阶乘, 记为 $n!.$)

证 如果把 N 视为

$$[n] := \{1, 2, \cdots, n\}$$

且把 $[n]$ 的置换组成的集合记为 $\delta[n]$, 使得 $\sigma(i) = i, i \in [n]$ 的置换 σ 组成的子集为 $\delta_i = \delta_i[n]$, 以及 $[n]$ 的错排的集合记为 $\mathscr{D}[n]$. 显然

$$\delta[n] = \mathscr{D}[n] + \bigcup_{i=1}^{n} \delta_i$$

则式(1)成立, 故

$$n! \xlongequal{(1)} \mid \delta[n] \mid = d(n) + \mid \bigcup_{1 \leqslant i \leqslant n} \delta_i \mid \qquad (5)$$

又 $\delta_1, \delta_2, \cdots, \delta_n$ 是可交换的, 因为给了一个 $\sigma \in \delta_{i1}\delta_{i2}\cdots\delta_{in}$ 就等价于给了 $[n] - \{i_1, i_2, \cdots, i_k\}$ 的一个置换, 其总数为 $(n - k)!\ (i_1 < i_2 < \cdots < i_n)$. 于是, 把容斥原理应用于式(5)中的 $\mid \bigcup_{k=1}^{n} \delta_k \mid$, 得式(3). 然后, 关于式(4)在式(1)中用交错级数余项与第一个省略项之间关系的著名的不等式有

$$\| n!\ e^{-1} - d(n) \| = n! \left| \sum_{q=n+1}^{\infty} \frac{(-1)^q}{q!} \right|$$

$$< n! \frac{1}{(n+1)!}$$

$$= \frac{1}{n+1} \leqslant \frac{1}{2} \qquad (6)$$

特别地,式(3)表明 $\lim\limits_{n\to\infty}\left\{\dfrac{d(n)}{n!}\right\}=\dfrac{1}{e}$. 其中,数 e 进入组合问题的方式,强烈地唤起了 18 世纪几何学家的想象力. 更富有色彩的是,如果参加晚会的客人把他们的帽子挂在衣帽间的钩上,当他们离开时,靠运气拿一顶帽子,那么没有任何人拿到自己帽子的概率(近似地)为 $\dfrac{1}{e}$.

注意到 $[n]$ 的使 $K(\subset[n])$ 为固定点集合的置换构成的集合 $\delta_k[n]$ 具有基数 $d(n-|K|)$ 的事实,便得到 $d(n)$ 的另一种算法. 于是

$$\delta_{[n]}=\sum_{K\subset[n]}\delta_k[n]=\sum_{k=0}^{n}\left(\sum_{|K|=k}\delta_k[n]\right)$$

因此

$$n!=|\delta[n]|=\sum_{k=0}^{n}\binom{n}{k}d(n-k)$$

$$=\sum_{k=0}^{n}\binom{0}{h}d(h)$$

由此利用反演公式可得式(3).

定理 2 $[n]$ 的错排数 $d(n)$ 具有生成函数

$$\mathscr{D}(t):=\sum_{n\geqslant0}d(n)\frac{t^n}{n!}=e^{-t}(1-t)^{-1} \tag{7}$$

证 由式(3)得式(1),并设

$$h=n-k$$

得式(2),则

$$\sum_{n\geqslant0}d(n)\frac{t^n}{n!}\overset{(1)}{=\!=\!=}\sum_{n\geqslant0}t^n\left(\sum_{0\leqslant k\leqslant n}\frac{(-1)^k}{k!}\right)$$

$$\overset{(2)}{=\!=\!=}\sum_{h,k\geqslant0}(-1)^k\frac{t^{h+k}}{k!}$$

$$=\sum_{k\geqslant0}t^h\cdot\sum_{k\geqslant0}\frac{(-1)^k}{k!}$$

定理 3 $[n]$ 的错排数 $d(n)$ 满足以下递推关系(表1)

$$d(n+1)=(n+1)d(n)+(-1)^{n+1} \tag{8}$$

$$d(n+1)=n\{d(n)+d(n-1)\} \tag{9}$$

证 求 $e^{-t}=(1-t)\mathscr{D}(t)$ 的导数得

8

$$-e^{-t} = -\mathscr{D} + (1-t)\mathscr{D}' = -(1-t)\mathscr{D}$$

在式(1)和(2)中比较系数分别得式(8)和(9)(容易找到组合证明,如前面所证).

表 1

n	$d(n)$
0	1
1	0
2	1
3	2
4	9
5	44
6	265
7	1 854
8	14 833
9	133 496
10	1 334 961
11	14 684 570
12	176 214 841

现在我们来讨论"偶遇问题"的一个自然推广. $(k \times n)$ - 拉丁方 A 是一个由 (n) 中整数组成的具有 k 行与 n 列的矩阵,并且使得在任何行或列内出现的整数互不相同($k \leq n$). 假定第一行具有 $\{1,2,3,\cdots,n\}$ 这种顺序(则称这个矩阵为约化了的),下面给出一个 (3×5) - 拉丁方的例子

$$\begin{pmatrix} 1 & 2 & 3 & 4 & 5 \\ 3 & 1 & 4 & 5 & 2 \\ 5 & 3 & 1 & 2 & 4 \end{pmatrix}$$

$(3 \times n)$ - 约化拉丁方的个数 K_n 满足几个递推关系,现已知道 K_n 的一些渐近展开,其前几项的值如表 2 所示($n \leq 15$).

表 2

n	K_n
3	2
4	24
5	552
6	21 280
7	1 073 760
8	70 299 264

当 $k \geqslant 4$ 时,还不知道关于 $(k \times n)$ - 拉丁方的个数 $L(n,k)$ 的递推关系,但有一个较好的渐近公式. 对 $k < n^{\frac{1}{3} - \varepsilon}$ 和任意的 $\varepsilon > 0, L(n,k) \sim (n!\ )^k \exp\left(-\dbinom{k}{2}\right)$.

迄今为止,关于 n 阶拉丁方($n \times n$ - 拉丁方)的个数确切知道的只有前 8 个;如果 l_n 表示标准拉丁正方(第一列,第一行都是 $\{1,2,\cdots,n\}$ 次序)的个数,那么其关系如表 3 所示.

表 3

n	l_n
2	1
3	1
4	4
5	56
6	9 408
7	16 942 080
8	535 281 401 865

当 $n \to \infty$ 时,估计 l_n 是一个极为困难的组合问题.

由于不动点是分析、拓扑及组合数学中一个十分重要的分支,因此我们有理由相信它会越来越多地渗透于数学竞赛命题之中.

10

在中国学生的心中哈佛大学和麻省理工学院享有崇高的威望,自然也会好奇这两所大学的数学竞赛会出什么样的问题. 这里我们也举一个例子.

设 $S_n = \{1,2,\cdots,n\}$,则 S_n 的一个排列 σ 是 $S_n \to S_n$ 的一个一一映射. 对于这样的一个排列 σ,若存在 $k \in \{1,2,\cdots,n\}$ 使得 $\sigma(k) = k$,则称 k 是 σ 的一个不动点. 若 σ 的不动点个数恰为 r 个,即 $|\{i|\ \sigma(i) = i, 1 \leq i \leq n\}| = r(0 \leq r \leq n)$,则称此排列 σ 为 S_n 的一个 r 保位排列.

一个自然的问题:在 S_n 的所有排列中,r 保位排列的个数是多少? 事实上,设 S_n 的所有 r 保位排列的个数记为 $E_r(0 \leq r \leq n)$,则下面的公式是著名的,即

$$E_r = \frac{n!}{r!} \sum_{k=1}^{n-1} \frac{(-1)^k}{k!} \qquad (10)$$

当 $r = 0$ 时,式(10)就是熟知的错位排列公式,这是 20 世纪 80 年代组合学中的经典题目.

关于 σ 的不动点的另一自然的问题是求 S_n 的所有不动点个数的总量,这类问题中一个有趣且难度不太高的问题是计算

$$\sum_{\sigma} f(\sigma)^k, k \in \mathbf{N}_+$$

其中 $f(\sigma)$ 表示排列 σ 的不动点个数,求和号跑遍 S_n 的所有排列.

2013 年,哈佛 - 麻省理工数学竞赛(简称 HMMT)中有这样一道试题:

问题 5 给定 $1,2,\cdots,2\,013$ 的一个排列 σ,记 $f(\sigma)$ 表示 σ 的不动点的个数,试求

$$\sum_{\sigma \in S} f(\sigma)^4$$

其中 S 为 $1,2,\cdots,2\,013$ 的所有排列组合.

上海大学的冷岗松、施柯杰两位教授介绍了 2015 年第 56 届国际数学奥林匹克竞赛中国队队员贺嘉帆、谢昌志、高继扬的解法.

11

解法 1(根据贺嘉帆的解答整理)

记 $n = 2\,013$,令

$$a_{\sigma_j} = \begin{cases} 1, \sigma(j) = j \\ 0, \sigma(j) \neq j \end{cases}$$

则 $a_{\sigma_j}^2 = a_{\sigma_j}, f(\sigma) = \sum_{i=1}^{n} a_{\sigma_j}.$ 故

$$\sum_{\sigma \in S} f(\sigma)^4$$

$$= \sum_{\sigma \in S} \left(\sum_{i=1}^{n} a_{\sigma_i} \right)^4$$

$$= \sum_{\sigma \in S} \left(\sum_{i=1}^{n} a_{\sigma_i}^4 + \sum_{1 \leqslant i < j \leqslant n} (4 a_{\sigma_i}^3 a_{\sigma_j} + 6 a_{\sigma_i}^2 a_{\sigma_j}^2 + 4 a_{\sigma_i}^3 a_{\sigma_j}) + \right.$$

$$12 \sum_{1 \leqslant i < j < k \leqslant n} (a_{\sigma_i}^2 a_{\sigma_j} a_{\sigma_k} + a_{\sigma_i} a_{\sigma_j}^2 a_{\sigma_k} + a_{\sigma_i} a_{\sigma_j} a_{\sigma_k}^2) +$$

$$24 \sum_{1 \leqslant i < j < k < l \leqslant n} a_{\sigma_i} a_{\sigma_j} a_{\sigma_k} a_{\sigma_l}$$

$$= \sum_{\sigma \in S} \left(\sum_{i=1}^{n} a_{\sigma_i} + 14 \sum_{1 \leqslant i < j \leqslant n} a_{\sigma_i} a_{\sigma_j} + \right.$$

$$36 \sum_{1 \leqslant i < j < k \leqslant n} a_{\sigma_i} a_{\sigma_j} a_{\sigma_k} +$$

$$\left. 24 \sum_{1 \leqslant i < j < k < l \leqslant n} a_{\sigma_i} a_{\sigma_j} a_{\sigma_k} a_{\sigma_l} \right) \tag{11}$$

注意到对任一个 $i \in \{1, 2, \cdots, n\}$,存在 $2\,012!$ 个 σ 使得 $\sigma(i) = i$,因此

$$\sum_{\sigma \in S} \left(\sum_{i=1}^{n} a_{\sigma_i} \right) = \sum_{i=1}^{n} \sum_{\sigma \in S} a_{\sigma_i} = \sum_{i=1}^{n} 2\,012!$$

$$= n \cdot 2\,012!$$

$$= 2\,013! \tag{12}$$

又对任一对 $1 \leqslant i < j \leqslant n$,存在 $2\,011!$ 个 σ 使得 $\sigma(i) = i, \sigma(j) = j$,故

$$\sum_{\sigma \in S} \left(\sum_{1 \leqslant i < j \leqslant n} a_{\sigma_i} a_{\sigma_j} \right) = \sum_{1 \leqslant i < j \leqslant n} \sum_{\sigma \in S} a_{\sigma_i} a_{\sigma_j} = \sum_{1 \leqslant i < j \leqslant n} 2\,011!$$

$$= 2\,011! \times C_{2\,013}^2 \tag{13}$$

同理

$$\sum_{\sigma \in S} \left(\sum_{1 \le i < j < k \le n} a_{\sigma_i} a_{\sigma_j} a_{\sigma_k} \right) = 2\,010! \times C_{2\,013}^3 \quad (14)$$

$$\sum_{\sigma \in S} \left(\sum_{1 \le i < j < k < l \le n} a_{\sigma_i} a_{\sigma_j} a_{\sigma_k} a_{\sigma_l} \right) = 2\,009! \times C_{2\,013}^4$$

$$(15)$$

将式(12)(13)(14)和(15)代入(11)右边,便得

$$\sum_{\sigma \in S} f(\sigma)^4 = 2\,013! + 14 \times C_{2\,013}^2 \times 2\,011! +$$

$$36 \times C_{2\,013}^3 \times 2\,010! +$$

$$24 \times C_{2\,013}^4 \times 2\,009!$$

$$= 15 \times 2\,013!$$

因此所求

$$\sum_{\sigma \in S} f(\sigma)^4 = 15 \times 2\,013!$$

贺嘉帆的解法利用不动点的特征函数,将所要求的计数问题转化为特征函数的运算,拙中藏巧,颇具"通法"意味.

解法 2(根据谢昌志的解答整理)

令 $n = 2\,013$,先证下面的引理.

引理

$$\sum_{\sigma \in S} C_{f(\sigma)}^k = (n - k)! \cdot C_n^k, k = 1,2,3,4 \quad (16)$$

引理的证明 事实上,只要对 $k = 4$ 证明上式成立便可, $k = 1,2,3$ 的情况类似.

记 S 中同时以 $a,b,c,d(a < b < c < d)$ 为不动点的排列个数为 $g(a,b,c,d) = (n - 4)!$,则

$$\sum_{1 \le a < b < c < d \le n} g(a,b,c,d) = (n - 4)! \cdot C_n^4 \quad (17)$$

考虑上式中每个排列 σ 的贡献. 由于每个有 m 个不动点的排列可产生 C_m^4 个四元不动点组,故每个排列 σ 在式(17)中的贡献为 $C_{f(\sigma)}^4$,故

$$\sum_{1 \le a < b < c < d \le n} g(a,b,c,d) = \sum_{\sigma \in S} C_{f(\sigma)}^4 \quad (18)$$

由式(17)(18)便知式(16)对 $k=4$ 成立,引理得证.

回到原题. 注意到恒等式

$$m^4 = 24C_m^4 + 36C_m^3 + 14C_m^2 + m, m \in \mathbf{N}_+ \quad (19)$$

则由引理知

$$\begin{aligned}
\sum_{\sigma \in S} f(\sigma)^4 &= 24 \sum_{\sigma \in S} C_{f(\sigma)}^4 + 36 \sum_{\sigma \in S} C_{f(\sigma)}^3 + \\
&\quad 14 \sum_{\sigma \in S} C_{f(\sigma)}^2 + \sum_{\sigma \in S} f(\sigma) \\
&= 24(n-4)! \, C_n^4 + 36(n-3)! \, C_n^3 + \\
&\quad 14(n-2)! \, C_n^2 + (n-1)! \, C_n^1 \\
&= 15n! \\
&= 15 \times 2\,013!
\end{aligned}$$

因此,所求为

$$\sum_{\sigma \in S} f(\sigma)^4 = 15 \times 2\,013!$$

谢昌志的解法中的引理本质上等价于贺嘉帆解法中的式 (12)(13)(14)(15),或许由于左边写法的特点,使他想到了一个恒等式(19),从而快速得到了问题的结果. 恒等式(19)是下面一般形式的组合恒等式的特例,即

$$m^n = \sum_{r=0}^{m} C_m^r \sum_{t_1+t_2+\cdots+t_r=n,t_i \geqslant 1} \frac{n!}{t_1! \, t_2! \cdots t_r!}$$

解法 3(根据高继扬的解答整理)

考虑五元有序对 (σ,a,b,c,d) 的个数 T,其中 $\sigma \in S, a,b,c,d \in \{1,2,\cdots,2\,013\}$,且 $\sigma(a)=a$, $\sigma(b)=b, \sigma(c)=c, \sigma(d)=d$.

一方面,对固定的 σ,由乘法原理知,这样的五元有序对的个数为 $f(\sigma)^4$,故

$$T = \sum_{\sigma \in S} f(\sigma)^4$$

另一方面,先对 (a,b,c,d) 计数来计算 T,分下面四种情况:

(1)当 $a=b=c=d$ 时,四元数组 (a,b,c,d) 的

选择有 2 013 个，其排列有 1 个，而 σ 的选取有 $(2\,013-1)!\ =2\,012!$ 个，故此时满足条件的五元有序对的个数为

$$T_1 = 2\,013 \times 2\,012! = 2\,013!$$

（2）当 a,b,c,d 中有两个不同的数时，四元数组 (a,b,c,d) 的选择有 $C_{2\,013}^2$ 个，其排列有 $2 \times C_4^1 + C_4^2 = 14$ 个，而 σ 有 $(2\,013-2)!\ =2\,011!$ 个，故此时满足条件的五元有序对的个数为

$$T_2 = C_{2\,013}^2 \times 14 \times 2\,011! = 7 \times 2\,013!$$

（3）当 a,b,c,d 中有三个不同的数时，四元数组 (a,b,c,d) 的选择有 $C_{2\,013}^3$ 个，其排列有 $3 \times 4 \times 3 = 36$ 个，而 σ 有 $(2\,013-3)!\ =2\,010!$ 个，故此时满足条件的五元有序对的个数为

$$T_3 = C_{2\,013}^3 \times 36 \times 2\,010! = 6 \times 2\,013!$$

（4）当 a,b,c,d 两两不同时，四元数组 (a,b,c,d) 的选择有 $C_{2\,013}^4$ 个，其排列有 $4!\ =24$ 个，而 σ 有 $(2\,013-4)!\ =2\,009!$ 个，故此时满足条件的五元有序对的个数为

$$T_4 = C_{2\,013}^4 \times 4!\ \times 2\,009! = 2\,013!$$

综上，$T = T_1 + T_2 + T_3 + T_4 = 15 \times 2\,013!.$

高继扬的解法非常质朴，特别简明. 其中一个关键是将问题转化为五元有序对的计数问题，将置换 σ 也看作一个元，这是一种高观点，有应用群 $S \otimes S_n$ 的思想.

有了以上几个例子作引子，我们就可以开始介绍本书了，据作者在本书前言中所指出：

置换群理论是代数的一个经典领域，它广泛地出现在数学和物理的对称性研究中. 从 19 世纪初诞生起，置换群理论一直是当前研究的一个非常活跃的领域，在整个科学领域及其他领域都有广泛的应用. 在过去的三十年中，这门学科已经被有限单群的分类（CFSG）彻底改变了，该定理是一个真正了不起的定

理,被广泛地认为是 20 世纪数学的最大成就之一. 这就致使出现了很多有趣的问题,解决这些问题的方法也随之出现.

令 G 为一个大小至少为 2 的有限集 Ω 上的传递置换群. 根据若当的经典定理,G 包含一个对 Ω 自由不动点的元素,这样的元素称为错排. 错排在数学的许多其他领域中都有有趣而意想不到的应用,如图论、数论和拓扑(我们将在第 1 章中简要讨论这些应用).

对错排现象的研究可以一直追溯到三百多年前概率论的起源. 事实上,1708 年皮埃尔·德·蒙马特研究了对称群 S_n 在 n 点上的自然作用中的失调比例. 蒙马特得到了一个精确的公式,表明当 n 趋于无穷时,这个比例趋于常数 $\dfrac{1}{e}$. 他对 18 世纪早期巴黎的沙龙和赌场中流行的各种赌博游戏进行了开创性的数学分析,这项工作发挥了重要作用. 正如我们将在第 1 章中看到的,近年来,人们研究了一系列与错排有关的问题.

我们工作的主要动机之一来自费恩、康托和撒切尔的定理,该定理提供了若当前面提到的存在性结果的强大扩展. 文献[52]中的主要定理表明,上面的每一个传递群 G 都包含一个素数阶的错排. 有趣的是,这个定理的唯一已知证明需要 CFSG. 自然地,我们可以问 G 是否总是包含一个素数阶的错排. 虽然这种例子很少,但它们通常是错误的,这就解释了为什么具有这种性质的置换群被称为难以捉摸的群. 例如,乔迪奇的一个定理(文献[61])暗示,最小的马蒂厄群 M_{11} 是唯一的简单的难以捉摸的群(就其对 12 个点的 3 个传递作用而言).

这一发现引出了几个自然而有趣的问题. 显然,如果 r 是质数,那么仅当 r 除 $|\Omega|$ 时,G 才包含阶次为 r 的错排 x(x 的不相交循环分解中的每个循环的长度都必须是 r). 这自然就导致了局部难以捉摸性的概念:对于素数 r,我们说如果 r 除 $|\Omega|$,那么 G 是 r – 难

16

以捉摸的,并且 G 不包含阶为 r 的错排. 特别是当且仅当对于 $|\Omega|$ 的每个素除子 r 是相对的, G 才是 r - 难以捉摸的. 给定一个不难捉摸的群 G,我们可以询问对于每个 $|\Omega|$ 的素除子 r, G 是否包含阶次为 r 的排列;或者,如果 $|\Omega|$ 是偶数,那么 G 是否包含阶次为 2 的错排;或者,对于 $|\Omega|$ 的最大素除数 r 的阶为 r 的错排,依此类推.

在这本书中,我们将为一个特别重要的有限置换群族解决这类问题. 回想一下,如果 Ω 是不可分的,上面传递组 G 是简单的,在某种意义上, Ω 没有 G 不变量的划分分区(除了两个小划分分区 $\{\Omega\}$ 和 $\{\{\alpha\} \mid \alpha \in \Omega\}$). 本元群是所有有限置换群的基本组成,它们在置换群理论中起着核心作用. 奥南 - 斯科特 (O'Nan-Scott) 定理描述了这种群的结构. 该定理根据有限原始置换群的阶数基座和点稳定化子的作用对其进行分类. 此定理经常用于将一个有关原始群 G 的一般问题简化为所谓的简单的情况,其中一个非交换单群 T (G 的基座)的情况如下

$$T \leqslant G \leqslant \operatorname{Aut}(T)$$

在这一点上,可以使用 CFSG 来描述 T (以及 G)的可能性,并且可以结合关于子群结构、共轭类和殆单群的表示理论的详细信息. 如果适用,这种约简策略将是置换群理论中一个极其强大的工具.

在文献[23]中,使用奥南 - 斯科特定理将把 r - 难以捉摸的原始置换群的问题变成简单的情况. 现在,根据 CFSG 的研究,一个殆单群的 T 基座存在三种可能性:

(1) T 是一个阶 $n \geqslant 5$ 的交错群 A_n.

(2) T 是 26 个零散单群之一.

(3) T 是一个李型单群.

情况(1)和(2)中出现的所有 r - 难以捉摸的原始群都是在文献[23]中确定的,因此仍有待处理的是李型的殆单群,无论是典型群还是例外群. 回想一

下,典型群是来自于有限域上定义的可逆矩阵群,例外群可以由 C 上的例外单李代数构造而来,类型为 E_6, E_7, E_8, F_4 和 G_2.

本书的目的是详细分析原始殆单典型群中素数阶的错排. 从重要的意义上说,大部分殆单群都是典型的,因此我们的工作为文献[23]中发起的项目做出了重大贡献. 我们的主要结果摘要将在第 1 章中介绍(请参阅第 1.5 节),并在下文中提供更详细的说明. 为了做到这一点,我们需要有限殆单典型群中的子群结构和共轭类元素(素数阶)的详细信息. 的确,我们观察到,如果 G 是一个点稳定化子 H 的原始置换群,那么 H 是 G 的极大子群. 当且仅当 G 中 x 的共轭类不满足 H 时,元素 $x \in G$ 是错排.

对一个殆单典型群 G 的子群结构的研究,特别是对它的最大子群的研究,可以追溯到伽罗瓦和他在 1832 年致命决斗前夕写给舍瓦利耶的信中的内容. 最近,特别是在 CFSG 之后,该领域的研究取得了长足的进步.

例如,这些子群集合包括适当子空间的稳定化子和 V 的直和分解. 给定 G 的一个子集 H,阿希巴谢尔证明 H 要么包含在这些几何集合的成员中,要么 H 是简单的,并且 H 的基座绝对作用于 V(同时满足几个附加条件). 关于几何集合中子群的详细信息(存在性、结构、极大性和共轭性)由克莱曼和黎贝克给出,关于低维典型群的进一步细节可以在布雷、霍尔特和罗尼－杜戈尔最近写的书里面找到.

在这本书中,我们对典型群的几何作用的错排的分析,是根据在阿希巴谢尔定理中产生的子群集合产生的. 如果需要不同的方法来研究典型群剩下的非几何作用,那这种情况下的错排将在未来的论文中给出详细的分析.

在第 2 章和第 3 章中,我们旨在为读者提供有限典型群及其几何特征的通俗易懂的介绍,并特别关注素阶的共轭类内容. 我们会不可避免地针对错排的应用进行详细介绍, 不会进行全面笼统的概括.

我们从形式、标准基和自同构的讨论开始, 描述一些特定的典型群的嵌入, 这些理论在后面会很有用. 对阿希巴谢尔定理中产生的子群集合的简要描述在 2.6 节中提供. 第 3 章研究了殆单群中素阶元素的共轭类. 我们的主要目的是汇集共轭类的广泛结果, 其中包括一些分散在该领域文献中的结果. 我们特别提供了关于对合的详细分析 (包括半单自同构、幂么自同构和外自同构), 这就补充了阿希巴谢尔和塞茨以及戈仁斯坦、里昂和索罗的早期重要工作. 我们需要这些信息应用在第 4,5 和 6 章中给出的错排的理论中, 希望我们的处理将在更广泛的有关有限置换群的问题中有所应用. 例如, 这类信息在最近关于固定点比率和基的基本置换群的工作中是必不可少的, 在对殆单群和 $\frac{2}{3}$ – 传递群的分类中, 以及关于有限单群的生成和随机生成的广泛问题中都有很多应用. 在第 5 章中, 我们还确定了典型群的一些特定几何极大子群的精确结构, 扩展了文献 [86] 中给出的分析结果 (见第 5.3.2 和 5.5.1 节).

我们希望这本书可以帮助研究有限典型群的研究生和相关人员. 事实上, 第 2 章和第 3 章的背景材料对线性代数和群论的研究生来说也是非常有用的. 特别希望我们对素数阶元素共轭类的详细处理可以作为一个有用的参考结果供大家使用. 我们对殆单典型群中素数阶的错乱的研究提供了一个直接的应用, 建立在第 2 章和第 3 章的材料的基础上. 我们预期第 4,5,6 章的内容会吸引置换理论的研究者.

下面谈谈这本书的组织结构. 第 1 章是总论. 在这里, 我们提供了一个简短的早期调查错排工作的情况, 描述了几个应用, 还对有限典型群中关于错排的主要结果进行了一个总结. 接下来的两章简要介绍了有限典型群,并提供了我们在第 4 章、第 5 章和第 6 章中研究错排所需要的必要的背景信息.

我们对有限典型群中素数阶的错排的分析开始于第 4 章,在那里我们处理了所谓的子空间作用. 在阿希巴谢尔结构定理的指导下,剩余的几何子群集合将在第 5 章中进行研究,以及当 G 有基座 $\mathrm{Sp}_4(q)'$(q 为偶数)或 $\mathrm{P}\Omega_8^+$ 出现的一个关于新子群的小的额外集合. 在第 6 章中,我们使用我们先前的工作来展示低维典型群的错排的详细结果. 包括几何和非几何方法. 我们还有两个附录. 在附录 A 中,我们记录了多个数论的结果,这些结果将在我们对共轭类和错排的分析中用到. 在附录 B 中,我们提供了各种表格,这些表格总结了第 3 章中讨论的有限典型群中共轭类的一些信息.

下面再介绍一点我国的情况:

我国典型群的研究,是华罗庚教授在 20 世纪 40 年代开创的. 其特点是在几何背景的指导下,用矩阵方法研究典型群. 它在典型群的结构和自同构的研究中很有成效,在 20 世纪中叶取得了丰硕的成果,受到国际同行们的重视. 以华罗庚为代表的典型群研究群体被誉为典型群的"中国学派". 当时的研究成果多数汇集在《典型群》(华罗庚、万哲先著,1963 年,上海科学技术出版社) 这部专著中.

后来,典型群的研究领域逐步扩大,万哲先与他的学生和合作者们对有限域上典型群几何学的理论和应用做了深入的研究,其应用所涉及的内容:结合方案和区组设计、认证码、射影码和子空间轨道生成的格等. 有限域上典型群几何学理论方面的成果汇集在《有限域上典型群的几何学》(*Geometry of Classical Groups over Finite Fields*,万哲先著,1993 年,Chatwell-Bratt,United Kingdom) 这部专著中. 关于它对结合方案和区组设计的应用见《有限几何与不完全区组设计的一些研究》(万哲先、戴宗铎、冯绪宁、阳本傅著,1966 年,科学出版社) 这部专著. 另一些应用方面的成果散见国内外有关的专业刊物.

1997 年科学出版社出版了万哲先和霍元极著的《有限典型群子空间轨道生成的格》. 这本书讨论了在有限域上的各种典型群作用下, 由各个轨道或相同维数和秩的子空间生成的格. 当然, 在一般线性群、辛群和酉群作用下, 上述两种类型的格是一致的, 而在正交群或伪辛群的作用下就需对这两种类型的格分别进行讨论. 在同类型的格中, 首先, 研究不同格之间的包含关系; 其次, 对给定的格中子空间的特性进行刻画; 最后讨论所述格的几何性和计算它的特征多项式. 为了使这本书的内容在阐述上系统完整, 便于读者阅读, 作者在第 1 章中介绍了格、几何格和特征多项式的一些基础知识, 而在第 2 章到 10 章中, 按典型群的通常顺序介绍了各种典型群和子空间几何格的有关内容. 全书是用矩阵方法进行讨论和推导的. 他们认为这样处理比较具体直观, 便于读者学习参考.

本书共分 6 章, 具体目录如下:

1. 介绍
2. 有限典型群
3. 共轭类
4. 子空间行为
5. 非子空间行为
6. 低维典型群

本书内容的水平非笔者所能评价, 但有两大优点是明显的: 一是参考文献丰富, 多达 123 部(篇); 二是索引编制详尽, 这是国内学术专著的短板.

最后让我们用博尔赫斯的一句话结尾: 时间永远分叉, 通向无数的未来. 但愿我们都能走到自己最期待的未来里去.

刘培杰
2020 年 11 月 7 日
于哈工大

2 - 纽结与它们的群(英文)

乔纳森·希尔曼　著

　　本书是一部版权引进自英国剑桥大学出版社的英文版数学学术专著,中文书名为《2 - 纽结与它们的群》,作者是乔纳森·希尔曼(Jonathan Hillman),他是澳大利亚麦考瑞大学的数学教授.

　　纽结理论从 20 世纪末到今天,从只有少数专家才浸润其间的小众分支,俨然已经成为知识阶层热议的"显学",甚至都已经渗透于中小学数学之中. 一个显著的例子是在 1991 年的北京市高中一年级数学竞赛的复赛中竟然出现了如下试题:

　　试题　对两条有方向的曲线的交叉点 A,我们定义"交叉特征值" $\varepsilon(A)$ 如图 1 所示.

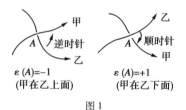

$$\varepsilon(A)=-1 \qquad \varepsilon(A)=+1$$
（甲在乙上面）　　（甲在乙下面）

图 1

　　现有一张两条曲线圈放在一起的模糊照片(在各交点处哪条曲线在上面已分辨不清),对两条曲线所

规定的方向如图 2 所示,照片中四个点的"交叉特征值"满足

$$\varepsilon(A_1) + \varepsilon(A_2) + \varepsilon(A_3) + \varepsilon(A_4) = 0$$

图 2

求证:这两条曲线圈实际上是可以完全离开的(即成为两个单独放置没有重叠的曲线圈).

证 由于

$$\varepsilon(A_1) + \varepsilon(A_2) + \varepsilon(A_3) + \varepsilon(A_4) = 0$$

必有两个加项为 + 1,两个加项为 - 1,那么在 (A_1, A_2),(A_2, A_3),(A_3, A_4),(A_4, A_1) 中必有一对正好符号相反. 不妨设 (A_2, A_3) 两点的交叉特征值符号相反,$\varepsilon(A_2)$ 及 $\varepsilon(A_3)$ 中一个为 - 1,另一个为 + 1,则依交叉特征值定义判定,横向的两条曲线都在竖向的上部或下部,如图 3 所示.

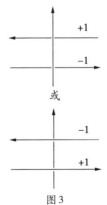

图 3

因此,图 4(a) 可分离变为图 4(b),但 A_1,A_2 两点的交叉特征值也是一个为 + 1,另一个为 - 1,所以同样的两条曲线圈可以分离,变为分离状态,即可分成

两个单独放置的没有重叠的曲线图 4(c).

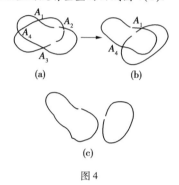

图 4

这是一道背景深刻且颇赶"时髦"的赛题. 它与本书主题,即当前数学界和物理学界都风头正劲的"纽结理论"联系紧密.

正如本书作者在前言中所云:

Pour les noeuds de s^2 en s^4 on ne sait pas grand chose(对于 s^4 中 s^2 的节点,我们了解不多).

自从格兰曼(Gramain)在 1976 年的以经典组结理论为主题的布尔巴基学术讨论会的报告中写下上述文字以来,卡森(Casson)、弗里德曼(Freedman)和奎因(Quinn)在 4 维拓扑方面的研究已经有了重大进展. 虽然关于 2 - 纽结的完整的分类尚未出现,但现在看来,根据与纽结群相关的不变量,可以预期在某些重要类中对结进行表征是合理的. 因此,表征 2 - 纽结群的附属问题是任何试图分类 2 - 纽结的基本部分,也是本书的主题(我们是以代数口吻进行叙述的). 然而,我们也利用了 3 - 流形理论(用于构建许多例子)和 4 维割补术(通过给出一个不变量来建立纽结的唯一性). 该方法是代数与 3 维和 4 维拓扑之间的相互作用,使我们对 2 - 纽结的研究特别感兴趣.

凯韦雷(Kervaire)给出了表征高维结群和 2 - 纽

结群必须满足的同调条件，并证明了任何缺乏 1 的高维组结群都是 2 - 组结群. 弥合同调条件和组合条件之间的差距似乎是一项微妙的任务. 对于本书的大部分内容而言，我们将做一个进一步的代数假设，即群具有一个秩至少为 1 的换位正规子群. 这就满足了许多纤维化的 2 - 组结群，包括所有的自旋组结和循环分支覆盖的扭曲自旋组结. 证据表明，如果换位子群的秩至少为 2，那么该群在这些正规子群中，就与描述 3 - 流形群和它们的自同构的问题有关. 以 s - 配边定理为模，大多数具有此类群的结都可以用代数来描述. 但是，在秩为 1 的情况下，有一些实例不是纤维组结，这种情况是鲜为人知的.

另一类群是我们特别感兴趣的，因为它包含了由 2 维同调和缺乏 1 组成的纤维经典组结. (如果某些标准猜想满足这些条件，那么它们与组结群是相等的.) 这类群的一个典型代表就是群 Φ，其表示 $\langle a, t \mid tat^{-1} = a^2 \rangle$ 换位子群为无挠秩为 1 的换位子. 所有缺乏 1 的其他纽结群和无挠正规子群都是环面组结群的迭代自由积，合并在 Z 的中心副本上，是纤维 2 - 组结群. 我们证明了具有这样一个群的任何组结 (更一般的情况是这些群具有自由换位子群)，都可以用 s - 配边定理为模的代数方法来表征. 这两个类群包含了最常见和最重要的 2 - 组结示例群. 然而，我们还没有完成对它们的分类，在这些类之外的群的组成问题仍然是相当开放的. (求和与卫星的形成应该在这里发挥作用.)

现在，我们来更详细地概述各章的内容. 在第 1 章中，我们给出了关于组结的几何的基本定义和背景结果，并展示了如何通过对此类组结进行割补术 (实质上) 来减少高维结的分类，从而减少周围球体建造的封闭流形的分类. 我们让这些定义和结果的表述尽可能适用于所有方面. 我们选择在 TOP 类别中工作，因为我们的主要兴趣是 4 维的组结，而 PL 或 (等效的)DIFF 技术的发展尚不足够.

在第 2 章中,我们给出了凯韦雷对高维组结群的描述,以及这个主题的变化:链环群,组结群的换位子群,组结群的中心. 我们也给出了该组结在 2 - 组结群上的部分结果. 反例表明并不是所有的高维结群都可以是 2 - 组结群,是由不同的人独立发现的;这些人大部分都在组结的外部的无限循环覆盖中使用了对偶性. 我们回顾了其中的一些论证过程,证明了具有 $n > 1$ 的非平凡 n - 组结的外部永远不是非球面的,并通过泛覆盖的对偶给出了埃克曼(Eckmann)的证明.

第 3 章包含了我们的关键结果. 我们通过对比展示了戴尔 - 瓦斯凯(Dyer-Vasquez)和埃克曼刚才引用的闭 4 流形通过割补术得到的有关 2 - 组结的非球面的定理. 如果 T 是 2 - 组结群 π 的最大局部有限正态子群,并且 π / T 具有秩为 1 的阿贝尔(Abel)正规子群,使得商有有限多个末端,并且如果存在进一步的技术条件(这可能被证明是多余的),那么 π' 是有限的,或者 $\pi / T = \Phi$ 或者 π / T 是在形式维数为 4 的 Q 上可定向的庞加莱(Poincaré)对偶群. 如果后者有一个秩大于 1 的阿贝尔正规子群,那么后者也成立.

在接下来的三章中,我们将分别研究这些案例. 在第 4 章中,我们确定了具有有限换位子群的 2 - 组结群. 这些都可以通过纤维 2 - 组结来实现,也可以通过扭动自旋经典组结来实现. 我们还表明,如果 $\pi / T = \Phi$ 和 T 是非平凡的,那么该群必须是无限的. 事实上,我们相信在这种情况下 T 一定是平凡的. 在第 5 章和第 6 章中,我们考虑庞加莱对偶情况. 根据阿贝尔正规子群的秩(最多为 4 个),这里会进一步细分案例. 所有已知的秩为 2 的扭转自由阿贝尔正规子群的例子都是由扭转自旋环面组结推导出来的. 非球面塞弗特(Seifert)纤维 3 - 流形的群可被表征为 PD_3 - 群,其拥有有限索引的子群,这些子群具有非

26

平凡的中心和无限的阿贝尔化. 使用此方法, 我们给出了 2 - 组结群的代数表征, 该 2 - 组结群是环形组结的扭曲自旋的循环分支覆盖.

在第 6 章中, 我们确定了阿贝尔正规子群秩大于 2 的 2 - 组结群, 并将这三章的结果结合起来表明, 如果 π 具有一个因数是局部有限或局部幂零的递增数列, 那么它实际上是局部有限的、可解的. 而且如果 π 具有一个正秩的阿贝尔正规子群, 那么它是可解的、有限的, 我们可以这样描述所有的这种群 (我们怀疑还有其他具有此类递增列的 2 - 组结群).

在最后两章中, 我们尝试从群理论不变量中恢复 2 - 纽结. 正如我们在第 1 章中观察到的那样, 纽结 K 的确定取决于定向和 Gluck 重构的确定, 通过一个确定的闭 4 流形 $M(K)$ 和一个 $\pi_1(M)$ 中的共轭类来实现. 我们首先尝试根据代数不变量确定 M 的同伦类型. 然后可以将同胚类型的问题简化为割补术的标准问题. 对于非挠纽结群和多环组结群, 我们是完全成功的, 因为可以使用割补术来解决该问题. 我们展示了如果换位子群是一个无限的、非阿贝尔的幂等子群, 那么除了两个这样的子群, 这样的组结仅由其子群的反演决定.

弗里德曼已经表明, 像第 6 章那样的群我们可以使用割补术, 但是一般使用中的障碍无法计算. 另一方面, 对于一些纤维 2 - 组结我们可以决定它们的简单同伦类型和使用割补术的障碍是 0, 但是我们不知道拥有这种群的 5 维 s - 配边是否一直是乘积.

在 8 章之后有两个附录. 第一个考虑了可以由某些 $M(K)$ 支持的 4 维几何 (其中包括一些复杂的曲面). 第二个证明了当且仅当由亚历山大 (Alexander) 多项式的一个根生成的立方数域中的每个完全正单位在该场 (域) 中是一个正方形时, 某些 Cappell-Shaneson 2 - 组结才是自反的. 之后是有关 2 - 组结及其相关主题的未解决问题的列表. 其中一些是众所周知的,而且非常难.其他的则更具有技术性和代数性,但到目前为止,它们也一直没有被解决.

研究纽结问题要用到许多比较深刻的数学工具.正如本书作者所指出的:

由于本书中使用的代数知识可能对许多拓扑学家来说是陌生的,所以我们想在这里强调一下,我们的主要参考文献是玛丽女王学院比利(Bieri)的同调群论讲义.

鉴于本书所涉及的研究对象系当今数学研究之主流,所以笔者专门收集了两篇概述式的文章,以专家的视角向广大读者介绍一下纽结理论之于现代数学大厦中的重要地位.一篇题为《弦,纽结和量子群:1990 年三位菲尔兹奖章获得者工作一览》[1].

1 引 言

1990 年 8 月 21 日至 29 日数学界最有声望的国际奖——菲尔兹奖在日本京都召开的国际数学家大会上颁发.获奖者如下:

弗拉基米尔·德林费尔德(Vladimir Drinfel'd),就职于苏联哈尔科夫和乌克兰科学院低温工程物理研究所,获奖工作是量子群.

沃恩·F. R. 琼斯(Vaughan F. R. Jones),就职于加州大学伯克利分校数学系,获奖工作是纽结理论.

森重文(Shigffumi Mori),就职于日本京都数学科

---

[1] 原题:"Strings,Knots,and Quantum Groups:A Glimpse at three 1990 Fields Medalists". 译自 *SIAM Review*,1992,34:406-425.

学研究所(RIMS),获奖工作是 3 维代数簇的分类.

爱德华·威顿(Edward Witten),就职于普林斯顿高等研究院自然科学院,获奖工作是弦理论(联系着理论物理学和现代数学).

在我们的概述中,我们把注意力限制在威顿、琼斯和德林费尔德的工作上,并阐述它们是怎样通过联系理论物理和现代数学而相互关联的.注意威顿和德林费尔德都在物理学机构任职而琼斯是数学系教授.显然,不可能在这样短的概述中对他们的工作做出详细或完整的论述,但希望感兴趣的读者可以得到充足的解释,以看出基本的思想及联系.这些思想有些是"数学的",有些是"物理的",而在这二者之间进行翻译不总是容易的,甚至不总是可能的.

在 20 世纪的前几十年,数学和物理学曾有过极大的联系:数学结构被引入了理论物理的发展,而物理中产生的问题也影响了数学的发展.20 世纪著名的事例是黎曼(Riemann)几何在广义相对论中的作用,还有量子力学对泛函分析发展的影响.爱因斯坦(Einstein)在 1915 年提出了广义相对论的最终形式,而量子场论自 1927 年狄拉克(Dirac)创立以来一直是在探索着的领域.在此后的 50 年中,理论物理与数学没有多少联系,两者都走向不同的方向.数学趋向更抽象的领域,而量子场论则以一种颇具技巧的、形式的方式出现,但这种方式难以掌握.在 20 世纪 70 年代中期,当非阿贝尔的规范场论作为物理学中最要紧的量子场论产生时,这种情况改变了.数学和物理学之间的相互作用与影响再次活跃起来.杨(振宁)-米尔斯(Yang-Mills)理论的数学形式建立于主纤维丛理论上.杨-米尔斯方程的解的研究,例如瞬子和磁单极子,牵涉向量丛的分类.量子分色动力学(QCD)中 $U(1)$ 问题的解牵涉 Atiyah-Singer 指标定理.关于规范场论中的反常理解,则牵涉椭圆算子簇的理论和无限维李代数的表示论及其上同调论.

20世纪物理学有两大基础理论——广义相对理论和量子场论. 这两个理论各在不同尺度上描述了同一世界. 广义相对论在天文学尺度上描述了引力, 而量子场论描述了基本粒子的相互作用、电磁力、强和弱力. 两大理论之间存在着不协调. 广义相对论的形式量子化导致无穷大的公式. 在物理学的两大基本理论之间的这种不协调是一个重要的问题, 很多人, 包括爱因斯坦都曾经试图构造一个完全统一的理论(TUT). 爱因斯坦发明广义相对论是为了解决另一不协调, 即狭义相对论与牛顿(Newton)引力理论之间的不协调. 量子场论的发明是为了调解麦克斯韦(Maxwell)的电磁学和狭义相对论与非相对论的量子力学的关系. 但存在两个根本上不同的途径. 在爱因斯坦的"思想实验"中, 也就是导致广义相对论发现的"思想实验"中, 逻辑上的框架是第一位的. 后来在黎曼几何中, 找到了正确的数学框架. 另一方面, 在量子场论的发展中, 没有先验的逻辑基础; 实验线索占据重要角色, 但没有数学模型. 威顿曾说过:

> 实验不可能提供详细的指导来使我们协调广义相对论与量子场论. 我们因而可以相信唯一的希望是模仿广义相对论的历史, 以纯粹的思想来发明一个新的数学框架, 它推广黎曼几何并可以包含量子场论. 很多雄心勃勃的物理学家曾经立志做这件事, 但这种努力却没有多少结果.

20世纪80年代, 弦理论方面似乎带来了进展, 而就在这里, 威顿、琼斯和德林费尔德的工作相互关联着.

2 关系:威顿 – 德林费尔德 – 琼斯

在讨论细节之前，让我们对菲尔兹奖获得者威顿、德林费尔德和琼斯的物理 – 数学相互作用做一个泛泛的描绘. 在后面的 3 节中我们会分别讨论他们每个人的工作，并且给出更多的解释和细节.

经典力学(自牛顿开始) 是一个运动的理论，它用该系统状态的相空间中的一些常微分方程来描述，这些状态即位置 x_i 和速度 $v_i = \dot{x}_i$ (或动量 $p_i = mv_i$). 一个经典物理系统随时间的演变(运动方程) 可由单独一个函数确定，即拉格朗日(Lagrange) 函数 L 或哈密尔顿(Hamilton) 函数 H, 以欧拉 – 拉格朗日方程组确定

$$\frac{\partial L}{\partial x_i(t)} - \frac{\mathrm{d}}{\mathrm{d}t} \frac{\partial L}{\partial \dot{x}_i(t)} = 0$$

或等价地以哈密尔顿方程确定

$$\dot{x}_i = \frac{\partial H}{\partial p_i}, \dot{p}_i = -\frac{\partial H}{\partial x_i}$$

量子力学中基本的问题不是像经典物理学中"这个物理量在这个特定情况取什么值"那样，而是"一个物理量 A 可能取哪些值，且在一个给定的情况下它取某个特定的可能值的概率是多大？"例如，一个电子被看作一个点粒子，但它在一个给定时间的状态不能像经典力学中那样用一个点 $x \in \mathbf{R}^3$ 和一个动量 $p \in \mathbf{R}^3$ (或速度 $v = (1/m)p$) 来描述. 事实上一个电子的状态(忽略其自旋) 是一个复值函数 $\Psi \in L^2(\mathbf{R}^3)$, 而在 x 点找到该电子的概率密度是 $\rho_\Psi(x) = |\Psi(x)|^2$. 一般来说，一个物理体系的一个状态 $\Psi(x)$ 是一个希尔伯特(Hilbert) 空间的元素，一个状态的时间演变由薛定谔(Schrödinger) 方程

$$\mathrm{i}h(\mathrm{d}\Psi/\mathrm{d}t) = \hat{H}\Psi$$

确定,其中 $\hat{H}$ 是一个自伴算子.一个可观测量 A 由一个算子 $\hat{A}$ 表示,在一个系统中一个状态 $|\Psi\rangle$ 下重复可测量 $\hat{A}$ 的平均值是 $\langle\Psi|\hat{A}\Psi\rangle$.等价于薛定谔方程是海森堡(Heisenberg)运动方程

$$ih(\mathrm{d}\hat{A}(t)) = [\hat{A}(t),\hat{H}]$$

在经典力学和量子力学中,都有两个基本概念:状态和可观测量.对物理量进行测量就是在物理系统上进行运算.在经典力学中,状态是一个(辛)流形 M(相空间)中的点,而可观测量是 M 上的函数.在量子力学中,一个系统的可能状态对应于一个希尔伯特空间中的单位向量,而可观测量对应于 H 上的(自伴、非交换)算子.将狭义相对论与这两种理论结合就分别从经典力学引导到广义相对论,从量子力学引导到量子场论.从经典力学到量子力学的过渡叫作量子化.德林费尔德和威顿从不同观点研究了量子化的过程.根据德林费尔德的研究,经典和量子力学的关系可观测量的语言较容易理解.在两种情况下,可观测量都形成一个结合代数,它在经典情况下可交换而在量子情况下非交换.所以量子化就像是把交换代数替换为非交换代数之类的事.状态由德林费尔德以霍普夫(Hopf)代数的语言来描述.这个代数的方法使德林费尔德推出量子群的概念、与统计力学的关系、完全可积性、李代数的形变以及杨(振宁)-巴克斯特(Yang-Baxter)方程.我们将在第4节和第5节中描述这些关系.威顿的方法是拓扑学的.量子化是用费因曼(Feynman)路径积分方法以状态的语言来描述的.可观测量就是拓扑不变量.这个方法使威顿推出弦理论、拓扑量子场论、共形场论以及陈(省身)-西蒙斯(Chern-Simons)作用量,我们将在第3节中解释这个方法.琼斯的工作通过琼斯多项式,相伴的辫子群的表示及其与统计力学的联系,还有杨-巴克斯特方程

组组结的琼斯多项式间的组合关联来和德林费尔德的工作相联系. 我们将在第4节和第5节中给出细节. 琼斯与威顿工作的联系通过以拓扑量子场论解释琼斯多项式被发现. 利用费因曼路径积分中的陈－西蒙斯－拉格朗日量, 我们可以计算琼斯多项式, 或反过来我们可以利用这个关系把形式泛函积分重写为具体的数学量. 在图5中我们概括了这些关系.

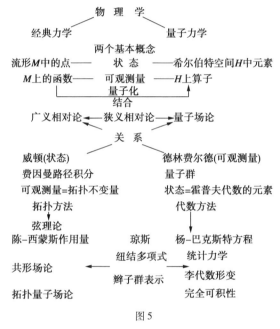

图 5

3 弦理论: 威顿

3.1 从点到弦

弦理论, 常被称为放之四海而皆准的理论(the theory of everything), 是在20世纪60年代末与70年

33

代初尝试理解强相互作用的过程中发现的. 随着弦理论的发展, 产生了一个非常丰富的数学结构, 但它现在与强相互作用却没多少相似. 1974 年左右, 从非交换的规范理论产生了一个成功的强相互作用理论. 但对弦理论, 人们就此失去了兴趣. 威顿是 20 世纪 80 年代弦理论的主要再倡导者之一. 他提出弦理论不应该当作一种强相互作用的理论, 而是应该当作一种 GUT(大统一理论) 的框架, 用来调和引力理论与量子力学. 这个思想有很多古怪的推论. 例如, 空 – 时是 10 维而不是 4 维. 从弦理论产生的威顿影响涉及了一系列美妙的数学理论, 例如 Morse 理论、数论和指标定理. 但现在的弦理论与物理学没多少相似. 虽然我们学到了这个学科的很多东西, 但还是没有一个逻辑的数学框架, 这就像广义相对论在没有黎曼几何的情况下被发明, 而我们的任务正是重建作为广义相对论基本构架的黎曼几何.

在经典力学中, 我们考虑点粒子, 当时间流逝, 它们的轨迹形成了一条 4 维空间时 M^4 中的一条世界线 (图 6). 对拉格朗日量 $L(q,\dot{q})$ 用作用量原理 $\delta S = 0$ 使它在时刻 t_1 和 t_2 之间的长度极小化, 从而给出运动方程组, 欧拉 – 拉格朗日方程组. (我们将在 3.2 节中讨论具体的例子.)

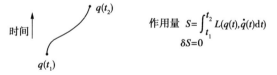

时间

$q(t_2)$

$q(t_1)$

作用量 $S = \int_{t_1}^{t_2} L(q(t),\dot{q}(t)dt$

$\delta S = 0$

图 6　世界线, 作用量原理

在量子力学中一个系统从一个状态 $|q_1(t)\rangle$ 到另一状态 $|q_2(t+\Delta t)\rangle$ 的转移幅度由

$$\langle q_2(t+\Delta t) \mid q_1(t) \rangle = \langle q_2 \mid e^{-i\Delta tH} \mid q_1 \rangle$$

给出. 设哈密尔顿量就是 $\hat{H}(\hat{q},\hat{p}) = (\hat{p}^2/2m) + \hat{V}(\hat{q})$. 对小的 Δt 我们可对势能算子 $\hat{V}(\hat{q})$ 用它的值

$V(q)$ 来逼近,并且,利用相关的拉格朗日量 $L(q,\dot q) = \frac{1}{2}mq^2 - V(q)$,我们发现转移加幅度的相因子等于从 $q_1(t)$ 到 $q_2(t + \Delta t)$ 沿着经典路径的作用量取的值 $\int_{q_1(t)}^{q_2(t+\Delta t)} L(q,\dot q)\,\mathrm{d}t$. 利用迭加原理我们可以计算 $\langle q_f, t_f \mid q_i, t_i \rangle$,也就是从时刻 t_i 开始的任一初始状态 q_i 到 t_f 时刻的终了状态 q_f 之间的转移幅度. 只要我们对离散和有限的事例可以确定经典路径,费因曼于是提出无限分割时间区间,然后取极限,从而使一个量子力学系统的一个状态 $\mid q_1\rangle$ 和 $q_2\rangle$ 之间的全转移幅度成为一些基本贡献项之和,每一个在时刻 t_1 从 q_1 出发到时刻 t_2 达到 q_2 的连续轨迹都给出一个贡献. 每个贡献项都有一样的模,而它的相因子是这条路径的经典作用积分 $\int L\mathrm{d}t$. 用符号写,费因曼原理是

$$\langle q_2, t_2 \mid q_1, t_1 \rangle = \frac{1}{N}\int \exp\left\{\mathrm{i}\int_{t_1}^{t_2} L(q,\dot q)\,\mathrm{d}t\right\} Dq(t)$$

$$(*)$$

其中 $Dq(t)$ 表示所有轨迹,$q(t)$ 组成函数空间上的"测度"($1/N$ 是归一化因子). 这个泛函积分数学上的微妙精微之处可追溯到两个源头:第一,我们不是对有限个自变量,而是对在时刻 t_1 起始于 q_1 与时刻 t_2 终止于 q_2 的所有路径,也就是说对无限个自变量求积分. 第二,被积式是一个强烈振动的函数,这因为指数式中有 i 这个因子. 这不是具有被积式 e^{-Ht} 的维纳 (Wiener) 积分,有人建议利用所谓的威克(Wick)旋转来得到一个欧氏理论,即旋转到虚值时间以从薛定谔方程转换到热(扩散)方程. 对这些费因曼路径积分的数学理解相当于 20 世纪 30 年代时的情形,当时狄拉克引入了"狄拉克 δ 函数". 而数学家后来才定义广义函数(L. 施瓦兹,1957).

在弦理论中,我们不像在经典力学中把一个"基

本粒子"当成一个点粒子,而是一个叫作弦的一维小结构. 它们可以是开放的 ⌒⌒ 或者是闭合的 ⬭ ,而它们的振动频率则被当作与基本粒子对应. 当这些弦在空间中运动时,它们的轨迹不是一条世界线,而是一块世界片,而作用量原理使得这些世界片的面积极小化(图7).

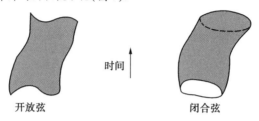

图 7　世界片

粒子的相互作用是通过计算复杂的式(∗)形式的费因曼路径积分来获得的. 虽说这些积分数学上的定义是不明确的,费因曼发明了一种办法在微扰理论中计算相应的格林(Green)函数,即通过发展一个象征图和一些规则把问题化为考虑一个由所谓费因曼图(图8与图9)所组成的集合(在"·"处带有奇点)而将格林函数作为耦合常数的近似泰勒(Taylor)展开,图9中的每一项表示微扰级数中的一项. 例如,在QED(量子电动力学)中,电子被当成是旋量场 Ψ 的基本粒子而配对 $\Psi(x)\overline{\Psi}(y)$ 对应于直线 $\longrightarrow$,而它在动量空间表示 $\mathrm{i}/(p^2 - m^3 + \mathrm{i}\varepsilon)$;电磁场的配对 $A(x)A(y)$ 由光子传播子 $\curlywedge$ 表示,它代表着

$$- \mathrm{i}\left[\frac{g_{vp} - k_v k_p/\mu^2}{k^2 - \mu^2 + \mathrm{i}\varepsilon} + \frac{k_v k_p/u^2}{k^2 - M^2 + \mathrm{i}\varepsilon}\right]$$

高阶项则变得越来越复杂.

同上述的图像类比,可以将弦的相互作用以相应的世界片的连接和分离表示出来. 例如,图8中图的类比对弦来说就成了图10中的曲面(注意奇点·被光

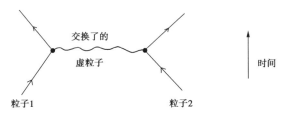

图 8　点粒子间相互作用的费因曼图

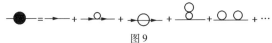

图 9

滑化后去掉了),图 10 中的闭合弦的世界片是一个亏格为 0,带有 4 个边界分支 S_1,S_2,S_3,S_4 的黎曼面.

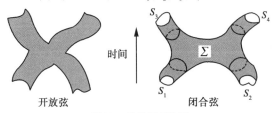

开放弦　　　　　闭合弦

图 10　弦的相互作用

所要研究的对象是任意亏格的黎曼面上面的物理学方程是什么样的? 这就是弦理论的内容. 第二个问题是:这样一个理论如何量子化? 也就是说,我们怎样给一个黎曼面 Σ(例如图 11)联系上一个希尔伯特空间 H?

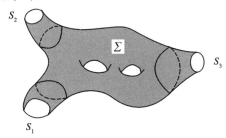

图 11　亏格为 2,带 3 个边界分支 S_1,S_2,S_3 的黎曼面 Σ

37

量子化:黎曼面 $\Sigma \to$ 希尔伯特空间 H?

威顿的共形场论就是为了处理这些问题. 但对这些问题目前还没有清晰的答案.

3.2 场论

为理解这些物理概念中所涉及的一些数学机制, 我们来描述一些场论中的经典例子.

广义相对论 在此理论中, 空时是一个具有符号 $(-+++)$ 的度量 g 的四维伪黎曼流形. 广义相对论由联系着下述拉格朗日作用量的变分原理所统治, 即

$$S_{GR}(g) = \frac{1}{\gamma}\int_M R$$

其中 R 是 M 的里奇(Ricci)标量曲率; γ 是牛顿常数. 运动方程(欧拉 - 拉格朗日方程)是从变分原理 $\delta S_{GR} = 0$ 推导出的爱因斯坦方程, 即里奇张量

$$R_{ij} = 0$$

所以广义相对论的特性色彩首次在 4 维空间显现出来. 这里爱因斯坦方程 $R_{ij} = 0$ 有类似波的解; 如果 n_{ij} 是平坦空间的洛伦兹(Lorentz)度量, 我们寻找一个近乎平坦的解 $g_{ij} = n_{ij} + h_{ij}$. 到 h 的最低阶, 爱因斯坦方程有平面波的解

$$h_{ij} = \varepsilon_{ij}\mathrm{e}^{ik\cdot x} + \bar{\varepsilon}_{ij}\mathrm{e}^{-ik\cdot x}$$
$$(k_i, \varepsilon_{ij} \text{ 是常数})$$

这类似于麦克斯韦的电磁学方程的平面波解, 后者是描述光波的. 这些解被解释为关于引力波的预见. 当量子力学发展起来(在广义相对论之后十年), 已经很清楚的是, 波和粒子是同一物理学存在的不同表现. 因此, 广义相对论不仅是一个引力理论, 而且也描述了一种"物质". 所以, 以黎曼几何为基础, 广义相对论是一个引力和物质的统一理论. 但是广义相对论作为一个量子理论没有意义. 除广义相对论预言的物质外在自然界还观察到其他形式的物质. 这些不同的物质

形式中的,或者等价地说其他形式的波中的一部分是弱和强相互作用的非阿贝尔规范力. 它们在数学上由规范理论描述.

规范理论 在这些理论中,空时仍是 4 维的伪黎曼流形 M,但除了黎曼度量,还有附加的结构负责内在对称性(规范不变性). 这些局部的对称性由一个李群 G 描述,而相应的数学框架是 M 上的主 G 丛结构

$$G \underset{M}{\overset{P}{\downarrow}}$$

规范群 G 是 P 的规范变换组成的无限维李群,即由 P 的保纤维自同构组成的

$$G = \{\phi : P \to P \mid \phi(p \cdot g) = \phi(p) \cdot g\}$$

考虑 P 上的一个联络 A,A 是一个取值在某个李代数中的 1 次形式. 联络 A 的一个重要不变量是其曲率

$$F_A = D_A A = \mathrm{d}A + \frac{1}{2}[A, A]$$

其中 D_A 是 A 所诱导的协变导数. 曲率 F_A 是 P 上的李代数值的 2 次形式. 物理学家们把 A 和 F_A 分别叫作矢势和场强. 规范群以 $A^{\phi} = \phi^{-1} A \phi + \phi^{-1} \mathrm{d}\phi$ 作用在联络的空间上,并且 $F^{\phi} = \phi F \phi^{-1}$. 例如,给电磁势 $A(x)$ 加上一个函数 f 的梯度

$$A(x) \to A(x) + \nabla f(x)$$

就是一个规范变换. 它不改变磁场 $B = \mathrm{curl}\, A$ 并导出等价的麦克斯韦方程组. 在此情况下我们有阿贝尔规范群 $G = U(1)$ 和 $\mathbf{R}^4$ 上的一平凡丛.

给定 G 的任一表示 p,有一个相配的向量丛

它们是很重要的,因为这些向量丛的截面 $S, S \in C^{\infty}(V_p)$(即映射 $S: M \to V_p$ 使得 $\pi(S(x)) = x$),被解释成各种物质场. 例如,对一个电子而言,每个波函数都可以看成是一个"轨道函数"(一个标量函数)与两

种可能的自旋函数之一的乘积.在这种情况下,它可由 $SU(3)$ 的二维自旋表示来描述,而这个表示又是由 $SU(2)$ 的用泡利(Pauli)矩阵得来的基本表示所诱导的.

对于一般理论的群 G(更精确地说是其李代数),我们从实验知道它包含

$$SU(3) \times SU(2) \times U(1)$$

为子群,该子群分别对应着与强相互作用 QCD,弱相互作用(杨 – 米尔斯)和电磁相互作用(麦克斯韦)相联系的夸克的不同种类的对称性,称为色和味.1967 年温伯格(Weinberg)和萨拉姆(Salam)在统一电磁力的 $U(1)$ 和弱力的 $SU(2)$ 成功,导致了预言新粒子 W^+, W^- 和 Z^0 的存在性.而它们后来于 1983 年都在 CERN① 的实验中被发现.温伯格和萨拉姆在 1979 年以其工作获诺贝尔奖.这件事引申出很多人的努力来把这两种力与强力即 $SU(3)$ 力结合成一种所谓的大统一理论,简称 GUT.这些理论最惊人的预言就是原子是不稳定的,以及质子会衰变.一些实验现在已经在进行了,但还是没有哪个给出了质子衰变的确实性证据.

强相互作用的非阿贝尔 $SU(2)$ 规范理论,是杨振宁和米尔斯在 1954 年提出的,是电磁 $U(1)$ 规范理论的一种类比.考虑一个联络 A 和它的曲率 F_A.杨 – 米尔斯作用量(拉格朗日量)则是

$$S_{YM}(A) = -\frac{1}{e^2}\int_M |F_A|^2$$

其中 $|F_A|^2 = g^{ij}g^{kl}\langle F_{ij}, F_{kl}\rangle$.这里的 g^{ij} 是空时度量,而 $\langle\cdot,\cdot\rangle$ 是 G 的李代数上的基灵(Killing)形式,常数 e 是杨 – 米尔斯耦合常数.

从变分原理 $\delta S_{YM} = 0$ 所得的欧拉 – 拉格朗日方

_____

① 欧洲核研究中心.

40

程是杨 - 米尔斯方程

$$D_A * F_A = 0$$

其中 * 表示由度量诱导出的霍奇(Hodge)星号算子.

当然,在 S_{YM} 中出现的度量 g 就假定与广义相对论中的拉格朗日量 S_{GR} 中出现的度量是相同的. 所以我们可以联合起广义相对论和规范理论,通过简单地把爱因斯坦和杨 - 米尔斯的拉格朗日量加起来,并研究具有拉格朗日量

$$S = S_{GR} + S_{YM}$$

的联合理论. 所导出的欧拉 - 拉格朗日变分方程将是杨 - 米尔斯场和引力场的耦合方程. 不幸的是,它们不怎么有用,并且不能描述我们所要的过程,原因是 S 只包括玻色子场,杨 - 米尔斯场 A(光子),还有引力场 g(度量). 我们还需要结合费米子场(电子). 但电子遵从不同的统计规律,即电子与光子不同,服从排斥性原理,也就是说两个电子如具有相同的极化则不能在空时的同一点. 费米子是通过引入克利福德(Clifford)代数而进入数学理论的,克利福德代数是由狄拉克的矩阵 γ^μ,还有相关的 M 上的自旋丛来定义的(假定丛的第二斯蒂弗尔 - 惠特尼(Stiefel-Whitney)示性类为零). 对应于 G 的旋量表示 σ,我们得到相配的自旋向量丛

$$\begin{array}{c} \boldsymbol{S}^{\pm} \times \boldsymbol{V}_{\sigma} \\ \downarrow \\ \boldsymbol{M} \end{array}$$

费米子场 Ψ 现在是这个向量丛的截面,$\Psi \in C^\infty(S^\pm \times V_\sigma)$,我们对每个联络 A 有一个与之相关的整体定义的狄拉克算子

$$\partial_A : C^\infty(S^\pm \times V_\sigma) \to C^\infty(S^\mp \times V_\sigma)$$

它是先作协变微分(把度量的列维 - 齐维塔(Levi-Civita)联络与这个杨 - 米尔斯联络结合起来),再作克利福德乘法. 这引导我们得到 QCD 理论,这时作用量泛函是

$$S_{\text{QCD}}(A, \Psi) = \int_M |F_A|^2 + \langle \partial_A \Psi, \Psi \rangle$$

对这个作用量的变分原理 $\delta S_{\text{QCD}} = 0$ 推导出狄拉克场方程

$$\partial_A \Psi = 0$$

例如,由狄拉克矩阵 γ^{μ} 给定的洛伦兹群的旋量表示推出经典的狄拉克方程

$$\sum_{\mu} \gamma^{\mu} (\partial_{\mu} + A_{\mu}) \psi = 0$$

在纯量子电动力学中,狄拉克算子的特征值对应于费米子的质量,并且因为在一个紧致流形上狄拉克算子是一个椭圆算子,它只有有限个零特征值. 注意到可以反映一个椭圆算子(例如 ∂_A)的零状态的拓扑不变量便是它的指标. 威顿利用了费因曼量子化证明了阿蒂亚 – 辛格(Atiyah-Singer)指标定理及在 $4k + 2$ 维时 index $\partial_A = 0$. 对每个固定的 A 我们有 index $\partial_A = 0$,但我们不得不利用一个关于算子族的指标定理来证明我们可以协调一致地选取 ∂_A^{-1} 来解狄拉克方程.

3.3 场论的量子化

在经典量子力学中,与位置和动量(q, p) 相关的希尔伯特空间是 $L^2(\mathbf{R}^3)$. 对应于经典坐标量 q_i 的是算子 $\hat{q}_i$,它由

$$(\hat{q}_i \Psi)(x) = q_i \Psi(x)$$

定义. 对应于经典动量 p_k 的是算子 $\hat{p}_k$,它由下式定义

$$\hat{p}_k \Psi = \frac{1}{\mathrm{i}} \frac{\partial \Psi}{\partial x_k}$$

对应于经典能量函数(哈密尔顿量)

$$H(q, p) = \frac{1}{2m} p^2 + V(q)$$

我们有哈密尔顿算子(取单位 $h = 1$)

$$\hat{H} \Psi(x) = -\frac{1}{2m} \Delta \Psi(x) + V(x) \Psi(x)$$

42

而一个状态 Ψ 的时间演化由薛定谔方程

$$\mathrm{i}\frac{\mathrm{d}\Psi}{\mathrm{d}t} = \hat{H}\Psi$$

确定,它由一个酉算子的单参数群 $U_t = \mathrm{e}^{it\hat{H}}$ 表示. 从一个状态 Ψ 到 Ψ' 的转移幅度以 $\langle\Psi|\,\mathrm{e}^{itH}\,|\,\Psi^{-1}\rangle$ 计算. 它们可以像 3.1 节中所描述的那样, 用费因曼路径积分来计算. 费因曼用了同一种形式来计算量子场论中那些算子的核(S 矩阵). 他提出以对经历求和来建立量子理论. 在这个方法中一个粒子不是仅有一种经历, 如它在经典理论中那样, 而是假定它走了空时中所有可能的路径. 一个粒子通过一个特定的点的概率则由计算这些费因曼路径积分来给定. 所以量子化只须给定费因曼路径积分中的作用量就成了, 然后期望值由配分(partition)函数给定, 例如对 QCD 有

$$Z = \int_M \mathrm{e}^{iS(A,\Psi)}\,DAD\Psi$$

这个积分就是取在模(moduli)空间 $M = (A/G) \times C^\infty(S^\pm \times V_\sigma)$ 上(所有经历组成的空间), 其中 A 是所有联络的空间, 而 G 是所有规范变换组成的无限维群. 注意, 因为 $S(A,\Psi)$ 是规范不变的, 它在轨道空间 A/G 上仍有意义. 如前文所述. 关于这个泛函积分有着数学上的精微之处, 它来源于无限维空间上的"测度" DA 和 $D\Psi$, $D\Psi$ 的积分将被理解为对奇数个变量的 Berezin 积分, 它需要引入超流形和反交换代数. 这些费因曼积分数学上没有定义, 而物理学家们的办法是, 因为有限维黎曼度量 g 总是诱导一个测度

$$\mathrm{d}\mu = \sqrt{\det g}$$

所以期望它在无限维仍旧有效, 而且毕竟他们已经有 40 年计算费因曼积分的经验. 确实, 这些费因曼路径积分已被物理学家们计算了出来, 他们用了微扰理论以将积分对耦合常数作展开, 还用了 3.1 节中提及的相应的费因曼图.

在威顿的理论中, 我们对一个 3 维流形 M 考虑

43

陈－西蒙斯－拉格朗日量

$$S_{CS}(A) = \frac{k}{4\pi}\int_M \text{trace}(A \wedge dA + \frac{2}{3}A \wedge A \wedge A)$$

其中的迹是由对应的表示中的基灵形式给定. 关键性的观察是, $S_{CS}(A)$ 不依赖于任何事先选取的度量.

陈－西蒙斯泛函

$$CS = \text{trace}\left(AdA + \frac{2}{3}A^3\right)$$

是 M 上的唯一规范不变量(在单位元素所在分支 G 的作用下, 我们得到一个因子 $2\pi k$). 注意到

$$d(CS(A)) = \text{Pontryagin}(A) = \text{trace } F \wedge F$$

陈－西蒙斯作用量的经典解构成的空间(欧拉－拉格朗日方程的极值点)恰恰是平坦联络全体, 即曲率为零的规范场 A

$$\frac{\delta S_{CS}}{\delta A} = 0 \Leftrightarrow F_A = 0$$

即 A 为平坦联络阿蒂亚－博特(Bott)和威顿证明在 $M = \Sigma \times I$ 的情况, 其中 Σ 是一个黎曼面, 而 $I = [0, 1]$, 平坦联络空间模去规范交换

$$F(M,G) = \{A \in A \mid F_A = 0\}/G$$

是一个有限维的辛流形. 因此, 对量子化问题我们有辛对象 $F(M,G)$, 并且有一个叫作几何量子化的数学理论, 它可以用来为黎曼面 Σ 联系一个希尔伯特空间 H_Σ.

威顿对一个三维流形 M 定义他的拓扑不变量为

$$Z(M) = \int_A e^{ikS_{CS}(A)} DA$$

这是一个拓扑的定义, 因为定义中没有用到 M 的度量和体积. 阿蒂亚说:"这是一个优美的定义, 只要相信积分有意义的话." 威顿说:"我们在计算这些形式的积分方面有 40 年的经验."

威顿做了如下的令人瞩目的观察, 这一观察将他的拓扑不变量与纽结理论中的琼斯多项式联系起来. 令 M 是一个三维流形, K 是 M 中的纽结, 即 K 是 M

中的闭合定向曲线(图12). 任一联络 A 定义了沿 K 的一个平均移动, 它给出了 A 绕 K 的乐群(holonomy), 我们可以取这个群在给定 G 表示中的迹. 这定义了威尔逊(Wilson)线 $W_K(A)$, 即

$$W_K(A) \equiv \text{trace} \exp\int_K A$$

同样, 这个定义的关键性质是没有涉及度量, 所以广义协变性得以保持. 威顿证明了对任意环链(link) $L = \bigcup_{i=1}^{n} K_i$ 和整数 k 有

$$Z_L(M,k) = \int_A e^{ik\int_M \text{trace}(AdA + (2/3)A^3)} \prod_{i=1}^{n} W_{K_i}(A) DA$$
$$= V_L(e^{2\pi i/k})$$

其中左边是环链 L 的 Jones 多项式在 $e^{2\pi i/k}$ 的取值. 对物理学家, 这意味着计算期望值 $Z(M) = \langle 1 \rangle$ 和 $Z_K(M) = \langle W_k(A) \rangle$.

图 12　纽结 K

我们现在给纽结理论一个简短的引论, 以便于我们理解威顿公式

$$Z_L(M,k) = V_L(e^{2\pi i/k})$$

的意义.

4　纽结理论:琼斯

4.1　琼斯多项式

一个纽结 K 是 $\mathbf{R}^3$ 中的闭的定向的非奇异曲线. 一条具有一个以上分支的曲线被称为环链. 这种纽结

与环链可以把它们投射到一个平面上,用图表示出来,如图 13 所示.

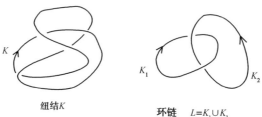

纽结 K 环链 $L=K_1 \cup K_2$

图 13

尽管纽结可以用平面图的形式表示,这一表示却绝不是唯一的. 因而在对纽结分类时,能辨别不等价纽结的不变量是很有用的. $\mathbf{R}^3$ 中的一个环链 L,可把它当成嵌在 S^3 中的. 如果存在 S^3 上的一个保持定向的微分同胚 ϕ 使得 $L_1 = \phi^* L_2$,那么这两个环链 L_1 和 L_2 就叫作等价的. 为确定两个环链是否等价,已经定义了多种多样的环链不定量,例如:

(1) 最容易的是分支数目 $c(L)$;如果 $c(L_1) \neq c(L_2)$,那么 L_1 与 L_2 不能等价.

(2) 一个纽结 K 的亏格是以给定的纽结 K 作为其边界的定向曲面 Σ ($\partial \Sigma = K$) 的最小亏格数.

这些不变量很容易定义,但难以计算. 类似地作为某种极小数而定义的不变量有桥(bridge) 数,交叉(crossing) 数,隧道(tunnel) 数,及无结(unknotting) 数. 代数拓扑应用到纽结理论时,引入了更复杂的不变量. 一个环链的补集 $S^3 - L$ 是一个三维流形. 它们可以用三维流形拓扑的几何技巧分析研究,包括不可压缩曲面理论、双曲结构、塞弗特纤维化和叶状结构. 反过来,任意一个定向三维流形都可以由在某个带标架的环链上做换球术(Surgery) 而得到. 一个纽结 K 的纽结群定义为基本群 $\pi_1 : (S^3 - K)$,它在同伦意义下确定了 $S^3 - K$. 一种区分纽结的实际办法是用计算机来数它们的基本群在某一特定置换群中表示的个数.

46

最有用的不变量之一，是 1928 年发现的亚历山大多项式. 这是通过观察 $S^3 - K$ 的循环覆盖的同调来定义的，它给出的是 $\pi_1(S^3 - K)$ 的不变量，因而也是 K 的不变量. 亚历山大多项式可以如下定义. $\pi_1(S^3 - K)$ 的阿贝尔化是 $H_1(S^3 - K)$，它是具有生成元 t 的无限循环群（写成乘法形式）. 其群环是 $\mathbf{Z}[t]$，就是整系数的洛朗（Laurent）多项式环. 令 X_∞ 是 $S^3 - K$ 的循环阿贝尔覆盖. 它的第一同调群 $H_1(X_\infty)$ 是 $\mathbf{Z}[t]$ 上的一个挠模，它的阶理想是主理想，而亚历山大多项式 $\Delta(K)$ 就被定义为这个理想的生成元. 这个定义下 $\Delta(K)$ 成为 t 的洛朗多项式；$\Delta(K) \in \mathbf{Z}[t]$，在相差一个单位因子 $\pm t^{\pm n}$ 的意义下唯一. 这蕴含着两个互为镜像的组结的亚历山大多项式是相等的. 环链的亚历山大多项式有一个递归公式. 令 L_+, L_- 和 L_0 是定向的基本环链，它们在一个交叉处的邻域之外的部分完全相同. 而在这个邻域中的差别则可见图 14，那么亚历山大公式为

$$\Delta(L_+) - \Delta(L_-) = \left(\frac{1}{\sqrt{t}} - \sqrt{t} \right) \Delta(L_0)$$

及 $$\Delta(\text{无组结}) = 1$$

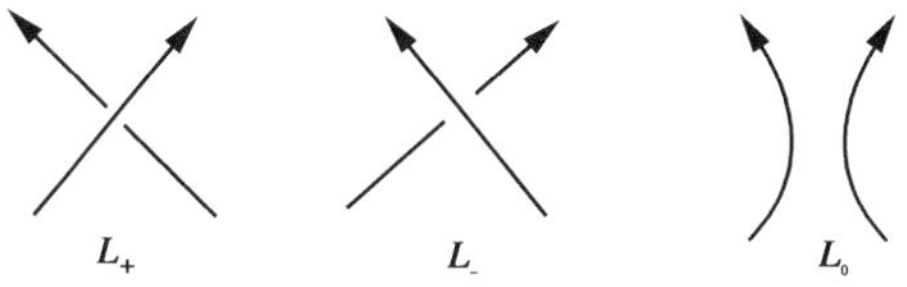

图 14　基本的环链

亚历山大多项式的定义表明，它们从根本上可扩充到：

（ⅰ）其他 3 维流形（不仅是 S^3）.

（ⅱ）其他维数（不仅是 3 维）.

1984 年左右，琼斯发现了另一种环链的多项式不变量. 琼斯多项式可以区分组结及其镜像，因而比亚历山大多项式更为有力. 琼斯证明了下面的定理.

定理 1 存在一个函数 $V:\{S^3$ 中的定向环链 $L\}\to \mathbf{Z}[t]$,它由下式唯一地确定

$$\frac{1}{t}V(L_+) - tV(L_-) = \left(\sqrt{t} - \frac{1}{\sqrt{t}}\right)V(L_0) \quad (1)$$

$$V(\text{无纽结}) = 1 \qquad\qquad (2)$$

其中,L_+, L_-, L_0 的关系如上所述.

对琼斯多项式的存在性,考夫曼(Kauffman)找到一个近乎平凡的证明,他用了组合学、统计物理学以及对交叉数和赖德迈斯特(Reidemeister)移动(move)系列做归纳.1943 年赖德迈斯特证明了,两个环链等价当且仅当其中的一个环链的图示可以经过一系列的赖德迈斯特移动或其逆移动变到另一个环链的一种图示.这些移动的第 Ⅰ,Ⅱ 和 Ⅲ 型如图 15 所示.在每种情况,除了所描述的小面积,图在移动前后是一致的.

第Ⅰ型　　　　第Ⅱ型　　　　　第Ⅲ型

图 15　Reidemeister 移动

琼斯多项式的发现在分子生物学中找到了应用.DNA,组成生命机体的基因的复杂的螺旋分子,形式上表现为复杂的纽结,而琼斯多项式使生物学家们可以把这些纽结分类.看来一些酶能够在 DNA 分子中实行赖德迈斯特移动从而改变环链如图 16 所示.在图 17 和 18 中给出了纽结及其琼斯多项式的一些例子.

图 16　酶产生的赖德迈斯特移动

一个有趣的问题:琼斯多项式能否推广,像它本身是亚历山大多项式在上述式(1)(2)条件下的推广

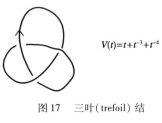

$$V(t) = t + t^{-3} + t^{-4}$$

图 17　三叶 (trefoil) 结

$$V(t) = t^2 - t + 1 - t^{-1} + t^{-2}$$

图 18　8 字形结

那样. 为尝试理解琼斯多项式, 我们以两种方式将其联系到二维物理学:

（1）二维共形场论;

（2）二维统计力学.

我们已经看到了与量子场论的联系. 琼斯理论对一个环链制造出一个多项式, 或者有限洛朗级数

$$f(t) = \sum a_n t^n$$

而在威顿理论中, 它恰是数值 $f(e^{2\pi i/k})$, 其中 k 为整数, 威顿的理论是一个内在的三维理论而不要求有一个纽结的投影为基础. 此外, 它可推广到一般三维流形中的纽结, 而不仅是 S^3. 另一方面, 不同于亚历山大多项式的是, 它不能推广到高维.

在考夫曼的组合证明中给出了琼斯多项式和统计力学的一种联系. 其中一个"状态"的含意即对一个交叉可以安排两个值之一, 类似于一个粒子的状态可以是几种自旋之一. 琼斯推广了这些思想并证明了杨 – 巴克斯特方程与辫子群的表示有关 (琼斯多项式最先是在这种意义下设想出来的). 另一方面, 它们与德林费尔德的量子群理论, 哈密尔顿系统可积性, R 矩阵, 以及作为量子场模型的协调性条件等有关系.

49

我们将在第 5 节中讨论这些关系.

4.2 辫子群

一个辫子定义为一个映射 $\beta : [0,1] \to \{\mathbf{C}$ 中 n 个点的构型空间$\}$ 且 $\beta(0) = \beta(1)$,即 β 是 $\mathbf{C}$ 中 n 个点的构型空间中的闭路(loop). 辫子群 B_n 是 $\mathbf{R}^2$ 中 n 个点的子集的集合的基本群. 它可以用生成元 σ_i 和以下关系来表示

$$B_n = \{\sigma_1, \sigma_2, \cdots, \sigma_{n-1} \mid \sigma_i \sigma_j - \sigma_j \sigma_2$$
$$\text{当} \mid i - j \mid \geqslant 2, \sigma_i \sigma_{i+j} \sigma_i = \sigma_{i+1} \sigma_i \sigma_{i+1}\}$$

$$(**)$$

B_n 的一个元素几何上对应着 n 个自左向右移动的弦的构型,并可以看成是 n 个粒子的发展过程(图 19).

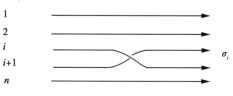

图 19　辫子 σ_i

对任一元素 $\alpha \in B_n$,我们可以为之联系一个环链 $\hat{\alpha}$,这只要简单地联结(以标准方式)α 的几何构形中的各弦的右端点到其左端点. 例如,我们可以封闭 $\sigma_1 \sigma_2^{-1} \sigma_1 \sigma_2^{-1} \in B_3$ 而得到有 4 个交叉的纽结(图 20).

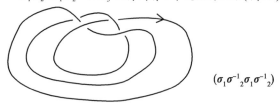

$(\sigma_1 \sigma^{-1}_2 \sigma_1 \sigma^{-1}_2)$

图 20　4 个交叉的纽结

50

亚历山大证明了任一定向环链都可以用这种方式表示(组合代数). 很明显不同的辫子可给出同一纽结. 环链 $\overset{\wedge}{\alpha}$ 可以看成是辫子 α 的"迹". 给定辫子群 B_n 的表示 R, 我们从 $\text{trace}_R(\alpha)$ 得到辫子 $\alpha \in B_n$ 的一个不变量, 但不是纽结 $\overset{\wedge}{\alpha}$ 的不变量.

从几何组结理论的观点, 主要问题是以经典的代数拓扑(同调论、同伦论)或微分几何(微分形式、联络)的语言来解释琼斯多项式. 威顿和德林费尔德之前形形色色的尝试都毫无结果. 把环链表示成闭合辫子这一方法曾被琼斯用来给出该多项式存在的证明. 它用到一些在量子统计力学中用到的同样的数学方法. 杨 – 巴克斯特方程的解是从单李代数 A_{m-1} 作为 $\mathbf{Z}[t]$ 的元素, 即环链不变量的基本表示推导出来的.

4.3 杨 – 巴克斯特方程

令 V 是交换环 F 上的自由模, 有基底 $e_1, e_2, \cdots, e_m$. 设 $R : V \otimes V \to V \otimes V$ 是一个自同构. 令 $R_i : V^{\otimes n} \to V^{\otimes n}$($n$ 重张量积)是 $1 \otimes 1 \cdots 1 \otimes R \otimes 1 \otimes 1, R$ 作用在第 $(i, i+1)$ 对分量上, 那么 R 称为杨 – 巴克斯特算子, 如果它满足杨 – 巴克斯特方程

$$R_i R_{i+1} R_i = R_{i+1} R_i R_{i+1}$$
$$R_i R_j = R_j R_i, \ |i - j| \geq 2$$

请注意这与辫子群关系($**$)的相似性. 给定一个杨 – 巴克斯特算子 R, 我们可以得到辫子群的一个表示 ϕ, 即

$$\phi : B_n \to \text{Aut } V^{\otimes n}, \phi(\sigma_i) \equiv R_i$$

杨 – 巴克斯特方程意味着这一表示是有明确定义的. 对任一 $\alpha \in B_n$, 定义

$$T(\alpha) \equiv \text{trace } \phi(\alpha)$$

如果一个定向的环链 L 是 $\alpha \in B_n$ 的闭合, $\overset{\wedge}{\alpha} = L$, 那么 $T(L) = T(\alpha)$ 是一个有明确定义的环链不变量.

下列杨 - 巴克斯特方程的解是从单李代数 A_{m-1} 的基本表示派生出的. 令 $F = \mathbf{Z}[t]$, 并令 $E_{i,j} \in \text{End } V$, 由

$$E_{i,j}(e_i) = e_j, E_{i,j}(e_k) \neq 0, k \neq i, j$$

给定. 用繁复但简单的计算可以验证, 下列是杨 - 巴克斯特方程的一个解

$$R = -q \sum_i E_{i,i} + \otimes E_{i,i} + \sum_{i \neq j} E_{i,j} \otimes E_{j,i} +$$

$$(q^{-1} - q) \sum_{i < j} E_{i,i} \otimes E_{j,j}$$

已经证明, 单李代数的每个不可约表示由此方法都诱导出环链的不变量. 从统计量子力学知道很多其他杨 - 巴克斯特方程的解, 在统计量子力学中杨 - 巴克斯特方程也被叫作三解方程 (triangle equations).

为造出量子杨 - 巴克斯特方程的解, 德林费尔德和金博 (Jimbo) 设计出了量子群的理论. 这些解的对偶就是量子群的生成元.

5　量子群:德林费尔德

量子群 (或霍普夫代数) 理论起源于研究可积量子系统的量子逆散射方法 (最主要地是由法捷耶夫 (Faddeev) 发展起来的). 已经很明显, 在经典系统的量子化中, 一些结构发生了"量子形变". 计数可用量子逆散射方法解决的离散量子系数个数的问题, 就化为计数满足以下关系的算子值函数 $T(u)$ 的个数的问题, 即

$$R(u - v) T_1(u) T_2(v) = T_2(v) T_1(u) R(u - v)$$

其中 $R(u)$ 是以下量子杨 - 巴克斯特方程的一个固定解, 即

$$R_{12}(u - v) R_{13}(u) R_{23}(v)$$
$$= R_{23}(v) R_{13}(u) R_{12}(u - v)$$

(其中 $T_1 = T \otimes 1, T_2 = 1 \otimes T$)

这两个简单的代数公式是量子逆散射问题的基础,它们是物理学家们熟知的贝特(Bethe)方法,就是说贝特方法是经典逆散射问题的量子化.对特定模型实现这些公式带给德林费尔德新的代数结构,它们被看成是李代数的形变.他论述了霍普夫代数语言在描述这些结构时很有用,并通过引入量子群的概念得到一种先前结果的深刻推广.

量子群理论是从代数观点来看量子化,它根据的是可观测量,而不是状态.回想到经典力学中的状态是(辛)流形 M 中的点,在量子力学中对应于一个希尔伯特空间 H 中的元素.经典力学中的可观测量是 M 上的函数,在量子力学中对应于 H 上的算子.依照德林费尔德,经典力学与量子力学的关系以可观测量为根据更容易理解.在经典的量子力学中,可观测量都形成结合代数,在经典情形可交换,而在量子情形不可交换(图21).

经典力学		量力力学
$f, g: M \to \mathbf{C}$	可观测量	$P, Q: H \to H$
泊松括号		交换子
$\{f, g\} = 0$		$[P, Q] \neq 0$
例如 $\{q_i, p_j\} = 0$		例如 $[\hat{q}_i, \hat{p}_j] = 1$

$$\text{可交换的} \xrightarrow{\quad \text{量子化} \quad} \text{不可交换的}$$

图 21

因此,量子化类似于把交换代数换成非交换代数.这是用霍普夫代数来叙述的.一个非交换霍普夫代数的自然例子如下所述:

令 G 是一个泊松(Poisson)群,即 G 是一个群且在 G 上的函数的空间 $Fun(G)$ 上有一个泊松括号 $\{\cdot, \cdot\}$,它使得 $Fun(G)$ 成为一个泊松 – 霍普夫代数.换句话说,这个泊松括号必须与群运算相容,即 $\mu(g, h) = gh$ 必须是一个泊松映射,这也就是说诱导映射

$$\mu^*: Fun(G) \to Fun(G \times G)$$

必须是李代数同态.代数 $A = Fun(G)$ 由 G 上函数所组

成,它们在 G 是李群时为光滑函数,在 G 是代数群时为正则函数,……

我们把元素 $g \in G$ 当作状态,而把函数 $\phi \in Fun(G)$ 当作可观测量. $A = (Fun(G), \{\cdot, \cdot\})$ 是一个交换的泊松 – 霍普夫代数,而 $Fun(G \times G) = A \otimes A$. 群乘法 $\mu: G \times G \to G$ 诱导一个代数同态 $\Delta: A \to A \otimes A$,称之为余数乘法(comultiplication). 考虑对偶霍普夫代数 A^*,乘法映射 $\mu^*: A^* \otimes A^* \to A^*$ 是由 A 的余乘法 Δ 诱导,而 A^* 的余乘法,$\omega: A^* \to A^* \otimes A^*$ 是由 A 的乘法 $v: A \times A \to A$ 所诱导. $(Fun(G))^*$ 可交换当且仅当 G 可交换. 注意 $(Fun(G))^*$ 不过是 G 的群代数. 如果 G 不可交换,那么 $A^* = (Fun(G))^*$ 是一个余可交换,不可交换的霍普夫代数. 基本上,任何余可交换的霍普夫代数都对某个群 G 有 $(Fun(G))^*$ 的形式. 其他霍普夫代数的例子来自万有包络代数 U_g 以及冯·诺伊曼(von Neumann)代数. 如果 g 是李群 G 的李代数,那么 U_g 可以当成 $(C^\infty(G))^*$ 的子代数,它由满足 $\sup \phi \subset \{e\}$ 的分布 $\phi(C_0(G))^*$ 组成.

空间 $A^* = (Fun(G))^*$ 被当成量子空间. 有一个一般性的原理说,从"空间"范畴到可交换结合单位(unital)代数的函子 $X \to Fun(X)$ 是一个反等价,所以群范畴反等价于可交换霍普夫代数范畴. 量子空间范畴则被定义于结合单位代数范畴的对偶范畴. 用 $\text{Spec} A$ 表示对应于代数 A 的量子空间. A 的谱(spectrum),$\text{Spec} A$ 是 A 的所有素理想的集合,或等价地说是扎里斯基(Zariski)拓扑中所有的闭集. 量子群定义为一个霍普夫代数的谱.

霍普夫代数的量子化定义霍普夫代数的形变并通过 Y – 矩阵和量子杨 – 巴克斯特方程联系到李双代数. 令 A_0 是一个泊松 – 霍普夫代数. 在 k 上 A_0 的一个量子化是依赖于一个参数 h(普朗克常数)的 A_0 的一个形变,即一个 $k[[h]]$ 上的一个泊松 – 霍普夫代数 A 使得 $A/hA = A$,而且 A 是一个拓扑自由的 $k[[h]]$

模. 给定 A, 我们可以在 A_0 上定义一个泊松括号

$$\{a \bmod h, b \bmod h\} = \frac{[a,b]}{h} \bmod h$$

$$(* * *)$$

霍普夫代数 A 称为 A_0 的一个量子化, 当 A_0 上由式 (* * *) 定义的泊松括号等于 A_0 上事先给定的括号.

泊松 – 李群很容易以李双代数来描述. 一个李双代数 $(g, [\,,\,], \in)$ 是一个李代数 $(g, [\,,\,])$ 再带上一个 g 上的雅可比 (Jacobi) 一维闭上链 (1 - cocycle) ε, 即 $\varepsilon: g \to g \otimes g$ 是线性的并使得 $\delta = 0$ (闭链条件), 其中 δ 是相对于伴随表示的边缘算子, 而且相应的映射 $\varepsilon^* : g^* \otimes g^* \to g^*$. 定义了一个李括号 (雅可比条件). 如果 ε 是恰当的, 即 $\varepsilon = \delta R$ 对某个 $R \in g \otimes g$, 那么 R 定义了一个雅可比一维闭上链 (即 g 是一个李双代数), 当 R 满足经典的杨 – 巴克斯特方程时

$$[RX, RY] - R([RX, Y] + [X, RY]) - [X, Y] = 0$$

如果 $R \in g \otimes g, r = \sum_i a_i \otimes b_i$ 并且

$$R^{12} = \sum_i a_i \otimes b_i \otimes 1 \in (U_g)^{\otimes 3}$$

$$R^{13} = \sum_i a_i \otimes 1 \otimes b_i \in (U_g)^{\otimes 2}$$

$$R^{23} = \sum_i 1 \otimes a_i \otimes b_i \in (U_g)^{\otimes 2}$$

那么 (g, R) 是一个李双代数, 当且仅当

$$[R^{12}, R^{13}] + [R^{12}, R^{23}] + [R^{13}, R^{23}] = 0$$

举个例说, 其中

$$[R^{12}, R^{13}] = \sum_{i,j} [a_i, a_j] \otimes b_i \otimes b_j$$

这些等价于经典的杨 – 巴克斯特方程, 也叫作三角方程. 如果我们把 $R(\lambda, \mu)$ 想象成结构常数, 那么杨 – 巴克斯特关系成为量子群 $A(R)$ 生成元 T 的雅可比恒等式

$$RT \otimes T = T \otimes TR$$

55

一个李双代数 g 的量子化定义为 U_g 在形变意义上的一个量子化，其中 U_g 被当作一个余泊松 – 霍普夫代数. 若 A 是 g 的一个量子化，则 g 称为 A 的经典极限.

一个具体的量子化实验的例子是仿射李代数 g 的量子化. 这里 $U_n g$ 有一个具体表示，它以顶点算子表示

$$X(a,z) =: \exp q_a(z):$$

其中：：表示正常顺序（ordering），即重新排列所有项 $e^a, a(n), n \in \mathbf{Z}$，使得"产生算子"（creation operators）$e^a, a(n), n < 0$，出现在"湮灭算子"（annihilation operators）$a(n), n \geq 0$ 的左边.

这也一方面引申出与共形量子场论的很深刻的联系，并另一方面引申到哈密尔顿系统，孤子方程和可积性的深刻联系. 德林费尔德的量子群理论可以纲要性地介绍，如图 22 所示.

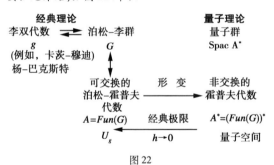

图 22

本书的篇幅不大，但论题精且深，从本书的目录中就可看出：

本书成书较早,后期又有一些新的结果出现,所以我们再摘录一篇题为《辫子和环链理论的最新进展》① 的文章,以飨读者.

以下是关于辫子理论和三维球面中环链的几何,以及它们之间的新联系. 我们特别感兴趣的是在 1984 年,琼斯发现的一族环链型的多项式不变量及其最近的推广. 1984 年,三维空间中可定向环链的、新的强有力且易于计算的不变量的发现,是令人非常惊奇的. 过硬的工作已经通过似乎完全不相关的冯·诺伊曼代数完成. 首先由琼斯,以后由其他人所给出的新不变量的拓扑不变性的证明,本质上并没有给出这新工具的几何意义. 当我们认识到琼斯的环链多项式以令人迷惑的方式与物理学领域相关联,而以前却没有任何迹象表明环链或纽结与它相关,这种惊奇更加深了. 从事(量子)杨 – 巴克斯特方程研究的物理学家,虽然他们不知道杨 – 巴克斯特方程以何种方式与环链理论相联系,但似乎却为大量计算环链多项式准备好了工具,好像人们需要新的不变量去区分这些多项式不变量似的. 新的多项式不变量全都是拓扑学家所

---

① 原题:"Recent Developments in Braid and Link Theory". 译自 *The Mathematical Intelligencer*, 1991, 13: 52-60.

不了解的. 最近, 进行了把 S_3 中的环链新不变量推广为闭三维流形以及环链在三维流形中的补集的新不变量的可喜尝试.

阿廷 (Artin) 在 1925 年引进辫子群. 阿廷研究它们的动机: 编辫和打结之间存在着有趣的联系. 尽管辫子群有明显的本身趣味. 但在 1984 年以前, 它们对组结理论并没有提供什么新东西. 直到 1984 年才变得很清楚, 某些种类的辫子的存在, 正好把组结理论、算子代数以及众多的有关物理领域串在一起. 这就是本文所要探索的主题. 整个事情的认识只是刚刚开始, 它肯定蕴涵着深刻和深远的意义.

1 环链和闭辫子

一个环链 K 是有限多个两两不变的可定向的圆周在定向的三维欧氏空间 $\mathbf{R}^3$ 或 3 维球面 S^3 中的嵌入. 如果 K 仅包含一个嵌入的圆周就称为纽结. 我们只考虑逐段线性, 或 (等价地) 光滑嵌入的情形, 以避免那些具有病态的局部性质的环链. 环链 K 和 K' 决定同一个环链型, 假如定向的环链 K 能被 S^3 中的同痕形变成 K'. 与 K 具有相同的环链型的所有环链的等价类记为 K.

在如图 23 所示的 9 个例子中, 它们决定的环链型少于 9 个. 我们怎样区分? 这个问题就是打结问题. 这是一个麻烦问题. 每位试图理顺乱麻的人都知道, 判断 "没有结" 这个特殊情形都很难. 似乎没有系统的方法来解决这一问题.

在快要进入 20 世纪之时, 有一些物理学家极热衷于这一问题. 著名的开尔文 (Kelvin) 勋爵和彼得·古思里·泰特 (Peter Guthrie Tait) 认为, 在周期表上排不同的元素可能会与在空间打结有关联, 他们的想法导致了收集大量的、估计会有不同的环链型的实验

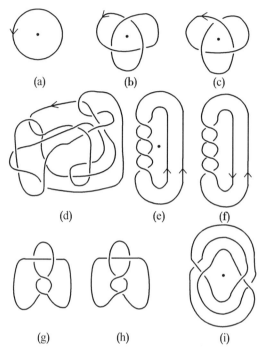

图 23　粗结和环链的例子

数据表. 这个表是按照在一个平面上的投影的重点个数来排列的. 很明显, 这些早期的工作需要极大的耐心和大量使用橡皮擦, 其目的是通过收集这些数据, 使可计算的环链型不变量能展示出来. 然而让他们失望的是, 这种展示并没有发生. 但是, 这些图表具有另外两个同样重要的作用. 首先, 它们给出了令人信服的证据, 表明环链问题的麻烦性. 第二, 它们为后来的更复杂的研究提供了丰富的例子. 这些表现在还在使用, 而且对这个领域的所有工作产生了强烈影响. 我们能看到它们的各种优美之处, 而且令人惊奇的是, 它们只做很少的修正后, 便出现在现行的关于这主题的研究生水平的教程中, 图 24 给出了有 10 个交叉点的纽结图表的样本.

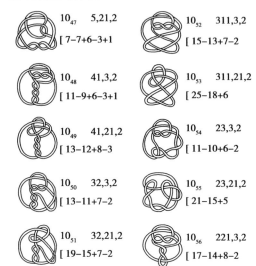

10_{47}　5,21,2
[7−7+6−3+1]

10_{52}　311,3,2
[15−13+7−2]

10_{48}　41,3,2
[11−9+6−3+1]

10_{53}　311,21,2
[25−18+6]

10_{49}　41,21,2
[13−12+8−3]

10_{54}　23,3,2
[11−10+6−2]

10_{50}　32,3,2
[13−11+7−2]

10_{55}　23,21,2
[21−15+5]

10_{51}　32,21,2
[19−15+7−2]

10_{56}　221,3,2
[17−14+8−2]

图24　从纽结表上取出的一个样本

　　面对有太多不同的方式表示一个环链型这一问题,人们试图增加额外构造来减少代表的个数. 亚历山大在 1923 年就是这样做的. 他的贡献对纽结理论来说是非常重要的,所以我们停下来描述它. 令 K 为一纽结或环链－型,令 K 是它的一个以 $\mathbf{R}^3$ 中的柱坐标 (r, θ, z),$r \neq 0$ 为参数的代表,设 t 表示 K 上的弧长,代表 K 称为闭 n－辫子. 如果在 K 上的所有点 $\mathrm{d}\theta/\mathrm{d}t > 0$,整数 n 为 K 与通过 z－轴的一个半平面的交点个数(该数必须不依赖于半平面的选取). 那么 z－轴 A 就是链轴. 图23(a) ~ (c),(e) 和(i) 是一些例子,辫轴与这张纸所在平面正交,且它们的交点用一黑点表示.

　　定理 1　每个环链型均可由一闭辫子代表.

　　证　如果 K 还不是一个闭辫子,我们证明怎样变化而得到闭辫子.假设 K 为多边形(可能要作小的形变) 是方便的, 它的边为 $e_1, \cdots, e_m$, 且在每条边的内点上 $d\theta/dt \neq 0$. 如果在边 e_i 上 $d\theta/dt < 0$, 我们就把边 e_i 称为不好的. 如果需要的话, 我们把不好的边进行重分, 使得每个不好的边是一个平面三角形 τ_i 的一边, 且 $K \cap \tau_i = e_i, A \cap \tau_i$ 恰好只有一点, 我们可以用 $\partial\tau_i - e_i$ 来代替 e_i 以便除去不好的边. 在经过有限次这种替换之后, 我们将得到 K 的一个闭辫子代表.

闭辫子对读者可能产生的下述问题提供了直接的答案. 例如, 我们怎样用电话来向另一个城市的同事描述一个令人喜欢的环链. 为了描述闭辫子的一个代表 K, 我们令 $\pi : \mathbf{R}^3 \to \mathbf{R}^2$ 为到平面 $z = 0$ 的正交投影. 我们可以假设 (如果必要的话, 作一个小的同痕) $\pi \mid K$ 的奇点最多只有有限个横截的重点, 比如说在

$$\theta = \theta_1 < \theta_2 < \cdots < \theta_k$$

K 与由 $\theta = \theta_j - \varepsilon$ (ε 很小且不为 0) 所定义的半平面 $H(\theta)$ 相交于 n 个点. 这 n 个点有不同的 r — 坐标

$$r_1(\theta) < r_2(\theta) < \cdots < r_n(\theta)$$

因此, 在第 j 个重点 θ_j 上, 有唯一一对 $r_j(\theta)$ 和 $r_{i+1}(\theta)$ 的 r — 顺序互换. 我们根据 $r_i(\theta_j)$ 的 z — 坐标大于 (或小于) $r_{i+1}(\theta_j)$ 的 z — 坐标, 给第 j 个重点指定一符号 σ_i (相应的 σ_{i-1}), 用这种方式我们得到长度为 k, 符号为 $\sigma_1, \cdots, \sigma_{n-1}$ 及其逆的循环词. 我们就其用来描述作为可定向的闭辫子 K. 这个词, 通过电话传达, 将会给我们的朋友准确的指示, 从而去重新构造作为闭辫子 K 的图像. 同时, 这也说明了所有环链型之集是可数的.

2 辫子群

闭辫子以如下的方式自然导致开辫子: 把 $\mathbf{R}^3 \backslash A$ 沿着任意一个半平面 $H(\theta)$ 切开, 就得到一个开的实心圆柱 $D \times I$ 中的 n 个无交弧的并. 它们与每个圆盘

$D \times \{t\}$ 交于 n 个点. 这些弧的并是一(开)辫子. 由环链的等价关系诱导出开辫子上的等价关系, 图 25 显示了与图 23(i) 中的闭辫子相应的开辫子. 现在可以进一步标准化: 我们在 D 中选取 n 个不同的点 $z^0 = (z_1, \cdots, z_n)$, 且不失一般性, 可以假设辫子弧的起点(相应的, 终点)在 $z^0 \times \{0\}$(相应 $z^0 \times \{1\}$). 辫子的这种描述使我们可以对两个 n - 辫子以某种方式作"乘积", 即把相联的两个 $D \times I$ 联结起来, 把第一个的 $D \times \{1\}$ 与第二个的 $D \times \{0\}$ 叠合, 然后重新定坐标. 可以看出这乘积为结合的. 而且 $z^0 \times I$ 代表单位元, 每个辫子通过 $D \times \{1\}$ 作反射得到它的逆. 简言之, n - 辫子形成一个群, 即 n - 串辫子群 B_n, 它是由阿廷在 1925 年发现的.

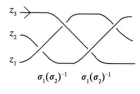

$$\sigma_1(\sigma_2)^{-1} \quad \sigma_1(\sigma_2)^{-1}$$

图 25　一个开辫子

我们现在证明有个漂亮且简单的方法来定义群 B_n. 这个定义一举多得, 它既能使我们已经描述过的更准确, 又能显示出 B_n 的构造, 并易于推广及应用. 为此, 我们定义流形 M 的共形空间
$$\Sigma_n(M) = \{(z_1, \cdots, z_n) \mid z_i \in M \text{ 且 } z_i \neq z_j, \text{ 若 } i \neq j\}$$
注意, 尽管 $\Sigma_n(M)$ 的维数为 n 与 M 的维数的乘积, 我们可以把 $\Sigma_n(M)$ 当作在同一个 M 上的 n 个不同点所构成的集合. 现在, 置换群 S_n 自由作用于 $\Sigma_n(M)$, 该作用为坐标转换, 从而我们可以定义另一个且与 $\Sigma_n(M)$ 紧密联系的轨道空间 $\Omega_n(M) = \Sigma_n(M)/S_n$. 费德尔(Fadell)和纽沃思(Neuwirth)处理辫子群 B_n 的新方法是, 把 B_n 当作基本群 $\pi_1(\Omega_n(D), z^0)$, 还有一个着色的辫子群 $P_n = \pi_1(\Sigma_n(D), z^0)$, 这样叫是由于

62

可以对 n 串线中的每条赋予一颜色, 这个颜色在群的乘积作用下是保持的.

我们能以如下方式重新得到 B_n 的前述直观定义: 一元素 $B \in \pi_1(\Omega_n(D), z^0)$ 是由空间 $\Omega_n(D)$ 中以 z^0 为基点的一条回路代表, 等价地, 也就是 n 个坐标函数 $B_0, \cdots, B_n$, 它们的图是 $D \times I$ 中的 n 条联结 $z^0 \times \{0\}$ 到 $z^0 \times \{1\}$ 的弧. 这些弧与每个中间平面 $D \times \{t\}$ 恰交于 n 个不同的点. 我们用 Ω_n 而不是 Σ_n 这个事实, 是允许第 i 串线可以从 z_i 开始而终止于其他的 z_j. B_n 中元素的各种多样的几何代表的等价关系, 就是在共形空间中的同伦关系. 这意味着辫子串可以用任意的保水平线的形变来变形, 只是两串不能相互穿过. 当然, 这就是纽结和环链现象的本质.

3 B_n 的代数结构

我们说过要揭示 B_n 的构造, 现在就来做. 首先注意到 Σ_n 是 Ω_n 的(正则)覆叠空间, S_n 为它的覆叠变换群. 这马上显示出 P_n 为 B_n 的正规子群, 商群为 S_n; 等价地, 我们有短正合序列

$$\{1\} \to P_n \to B_n \to S_n \to \{1\} \qquad (1)$$

我们说其间有更多的东西. 去掉最后一个坐标, 有一自然映射 $f_n: \Sigma_n \to \Sigma_{n-1}$, 直接构造(试把它作为练习)可以证明 Σ_n 是底空间 Σ_{n-1} 上的纤维空间, 投影为 f_n, 纤维为 $D \backslash (z_1, \cdots, z_{n-1})$, 即平面 D 上刺穿 $n-1$ 个孔的空间. 后者的群为秩是 $n-1$ 的自由群 F_{n-1}. 对该纤维化的长同伦正合列的进一步研究会得到: 在我们已经确定的群, 即 F_{n-1}, P_n 和 P_{n-1} 的前面和后面的所有群为平凡的. 因此, 我们得到一短正合列

$$\{1\} \to F_{n-1} \to P_n \to P_{n-1} \to \{1\} \qquad (2)$$

进一步, 很清楚, P_{n-1} 可以作为 P_n 的一个子群, 它就是

前 $n-1$ 串所成的纯粹辫子. 事实上, 式(2) 这个短正合列为分裂的, 也就是说, P_n 为 F_{n-1} 和 P_{n-1} 的半直积.

我们能对 P_{n-1} 作刚刚描述过的分解过程, 且可以一直进行到 P_2, P_2 与无限循环群 F_1 同构. 用这种方法, 我们知道, P_n 由自由群 $F_{n-1}, F_{n-2}, \cdots, F_1$ 通过一系列的半直积构造得出. 一个纯粹 4 - 辫子, 它为 F_3, F_2 和 F_1 的积, 在图 26 中给出. 这里要点是每一个纯粹辫子允许唯一一个这种形式的因子分解.

对我们刚刚描述的方法进一步研究, 就得到 B_n 的一个表现, 其生成元是早先描述过的基本辫子 $\sigma_1, \cdots, \sigma_{n-1}$, 可以证明定义关系为

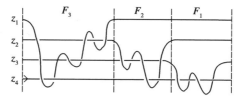

图 26　一个纯粹 4 - 辫子的分解

$$\sigma_i \sigma_j = \sigma_j \sigma_i, 若 \mid i-j \mid > 1 \tag{3}$$

$$\sigma_i \sigma_j \sigma_i = \sigma_j \sigma_i \sigma_j, 若 \mid i-j \mid = 1 \tag{4}$$

这些关系在图 27 中被表示出来.

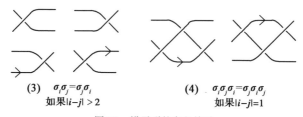

(3)　$\sigma_i \sigma_j = \sigma_j \sigma_i$
　　如果 $\mid i-j \mid > 2$

(4)　$\sigma_i \sigma_j \sigma_i = \sigma_j \sigma_i \sigma_j$
　　如果 $\mid i-j \mid = 1$

图 27　辫子群的定义关系

我们做最后一个评注, 在纽结和环链理论中, 有两种特别令人感兴趣的对称性, 而且从辫子的观点看它们有简单的意义. 第一个为变换 K 的定向, 第二个为变换所在空间 S_3 的定向. 假如 K 为 n - 辫子 B 的闭包, B 可表为生成元 $\sigma_1, \sigma_2, \cdots, \sigma_{n-1}$ 的一字, 变换 K 的

定向对应于倒读这个辫子字, 而变换 S_3 的定向对应于把 σ_i 换为 a_i^{-1}. 因此, 把辫子字用它的逆来替换, 对应于同时变换 K 和 S^3 的定向.

4　马尔可夫定理

马尔可夫(Markov)定理考虑这样的关系: 在各种各样的(开)辫子中, 它们的闭包决定同一个可定向的环链型. 在我们进行这个重要定理讨论之前, 先回到上述概念不太严格的环链图. 令 D 和 D' 为定向环链图, 称 D 和 D' 为赖德迈斯特等价, 如果它们决定相同的环链型. (参看图 28) 注意, 关系(4)为 R–Ⅲ 的特殊情形, B_n 中的"自由度减少"本质上就是 R–Ⅱ.

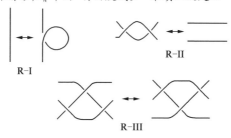

图 28　赖德迈斯特运动

定理 2　赖德迈斯特等价由图 28 中所示的三个运动 R–Ⅰ, R–Ⅱ, R–Ⅲ 所生成.

稍作试验(或者基于用多边形代表的证明)应使读者相信定理 2 的合理性. 该证明非常类似于我们在定理 1 的证明所给的概要, 即从一个环链的两个多边形代表入手, 且假设它们在一有限运动后等价. 每个运动是用一个平面三角形的一边代替两边, 或两边代替一边.

现在, 我们将看到马尔可夫定理与赖德迈斯特定理很相似, 其差别是所讨论的图为闭辫子, 其等价关系用一系列闭辫子图来完成. 由于这些要求, 证明更困难了. 为了陈述该定理, 令 B_∞ 表示辫群 $B_1, B_2, \cdots$ 的无交并. 我们称 $\beta \in B_n$ 和 $\beta' \in B_m$ 为马尔可夫等价, 如果它们决定的闭辫子有相同的定向环链型.

定理 3 马尔可夫等价由以下的步骤生成:

（ⅰ）共轭;

（ⅱ）映射 $\mu^\pm : B_k \to B_{k+1}$, 其定义为 $\beta \longmapsto \beta\sigma_k^{\pm 1}$.

定理 3 是马尔可夫在 1935 年宣布的, 并且给出了证明梗概.

马尔可夫定理有一直接结果. 函数 $f : B_\infty \to K$, 这里 K 为环, 称为马尔可夫迹, 如果它在每个 B_k 上为类不变的且满足 $f(\beta) = f(\mu^+(\beta)) = f(\mu^-(\beta))$, 对所有 $\beta \in B_k$. 下面的马尔可夫定理的推论是直接的.

推论 任何马尔可夫迹为环链不变量.

事实上, 大多数环链型不变量均可解释为 B_∞ 上的马尔可夫迹.

5　对称群和辫子群

直接处理 B_∞ 中的马尔可夫等价是极端困难的, 但我们有可能期望通过 B_n 的商群做些东西. 由于上面的短正合序列 (1), 合乎逻辑的一步是, 我们可以从对称群 $S_1, S_2, S_3, \cdots$ 开始. 令 $\pi : B_n \to S_n$ 为正合列 (1) 中所定义的同态, 存在着一个明显的可以通过 n 来分解的马尔可夫迹, 即令 $f(\beta)$ 等于 $\pi(\beta)$ 中循环的个数. 它所决定的环链型不变量为分支的个数.

由于受成功的鼓舞, 我们透过表示论来寻求更微妙的不变量. 一个引人注目的现象出现了. 为了在非平凡情形来描述它, 我们首先注意, 群 S_n 由对换 $s_i = (i, i+1)\ (i = 1, \cdots, n-1)$ 生成, 且这些生成元有以下定义关系

$$s_i s_j = s_j s_i, 若 \mid i - j \mid > 1 \qquad (5)$$

$$s_i s_j s_i = s_j s_i s_j, 若 \mid i - j \mid = 1 \qquad (6)$$

$$s_i^2 = 1, i = 1, \cdots, n - 1 \qquad (7)$$

由于关系(3) ~ (7)的相似性,我们当然会问 B_n 的表示怎样与 s_n 的表示联系起来. 我们考查一例子, S_n 有一个整数上的 $(n + 1) \times (n + 1)$ 维矩阵表示,即把 s_i 映到矩阵 $\mathbf{s}_i, \mathbf{s}_i$ 在第 i 行第 $i - 1, i, i + 1$ 个数由 $(0, 1, 0)$ 换为 $(1, -1, 1)$,而其他元素与单位矩阵一样. 令 t 为接近于 1 的实数. 我们通过将这三个元素变为 $(t, -t, 1)$ 或 $(1, -t^{-1}, t^{-1})$,就能"形变"刚得到的表示. 这两种选择给出形变矩阵 $\mathbf{S}_i(t)$ 或它的逆. 稍作计算知道 $\mathbf{S}_i(t)$ 满足关系(5)和(6),但不满足关系(7);事实上,如果 $t \neq 1, \mathbf{S}_i(t)$ 有无穷阶. 由于 B_n 的定义关系由(3)(4)给出,形变矩阵给出了 B_n 的一个单参数 $n + 1$ 维表示,换一种说法就是,我们可以把他们看作 B_n 的、元素取自环 $\mathbf{Z}[t, t^{-1}]$ 的矩阵表示.

把矩阵的行和列标上 $0, 1, \cdots, n$. 我们的表示显然是可约的,因为每个 $\mathbf{S}_i(t)$ 的第 0 行和第 n 行为单位向量. 去掉第 0 个和第 n 个行和列所得的矩阵乘积独立于所剩下的元素,因此,产生一 $(n - 1)$ 维表示 ρ_n: $B_n \rightarrow M_{n-1}(\mathbf{Z}[t, t^{-1}])$. 它是不可约的,因为令 $t = 1$ 所得到的 S_n 的表示为不可约的.

表示 ρ_n 由维尔纳·布鲁(Werner Burau)在 1938 年发现,从此成为深入细致的研究对象. 它们产生了由以下公式定义的马尔可夫迹 $\Delta: B_n \rightarrow \mathbf{Z}[t, t^{-1}]$,则

$$\Delta_\beta(t) = \frac{t^{n-1-\omega(\beta)} \det(1 - \rho_n(\beta))}{1 + t + t^2 + \cdots + t^{n-1}} \qquad (8)$$

这里 $\Delta_\beta(t)$ 是由 $\beta \in B_n$ 的象 $\rho_n(\beta)$ 所决定的 t 的洛朗多项式,且 $\omega(\beta)$ 为把 β 写成 σ_i 的乘积后的指数和. 不变量 $\Delta_\beta(t)$ 为由闭辫子所决定的环链的亚历山大多项式.(然而,亚历山大最初的方法与辫子毫无关系)为了明白它确实为马尔可夫迹,我们必须证明,它在

定理 3 中所描述的两种改变下为不变的. 关系(3)的不变性是直接的, 因为特征多项式 $\rho_n(\beta)$ 为类不变的. 同样 $\omega(\beta)$ 在辫子关系(3)(4)和共轭下为不变的.

我们把一个特别的 S_n 的矩阵表示, 形变为一参数族的 B_n 表示, 这个事实并不是一孤立现象. 实际上, 有许多类似现象存在. S_n 的不可约表示是熟知的. 它们可用 Young 图来分类, 而且能够由所有元素为 0 和 1 的矩阵来给出. 每一个 S_n 的不可约表示形变到 B_n 的一参数族的不可约表示. 事实上, 整个 S_n 的群代数形变到 H_n(对称群的 Hecke 代数), 而 H_n 正好是 B_n 的群代数的商. 代数 H_n 提供一个马尔可夫迹所决定的环链不变量就是 "HOMFLY" 或 2 – 变量的琼斯多项式.

事情并没有至此为止. 考夫曼还发现了另外的空向环链型的 2 – 变量多项式不变量, 它与我们刚刚描述过的多项式无关. 不同于 1 – 变量的琼斯多项式, 考夫曼多项式纯粹由组合技巧得到, 而且初看上去与辫子完全无关. 且提供一 2 – 参数族马尔可夫迹, 与它相应的环链不变量为考夫曼多项式. 每个 W_n 包含 H_n 为其一直和项, 且定义 HOMFLY 多项式的马尔可夫迹, 就是由定义考夫曼多项式的马尔可夫迹在 H_n 上的限制. 此外, 正如 H_n 为 $\mathbf{C}S_n$ 的形变, W_n 为复群代数 $\mathbf{C}S_n$ 的推广的形变.

如果 S_n 的不可约表示限制在最多只有两行的 Young 图所对应的表示, 则所得到的形变代数为琼斯代数 A_n. 我们来总结一下, 令 R_n 表示由 Burau 矩阵所生成的代数(在复数上), 由于 R_n 作为 A_n 的一个不可约直和项, 我们有一列代数同态

$$\mathbf{C}B_n \rightarrow W_n \rightarrow H_n \rightarrow A_n \rightarrow R_n \rightarrow S_n \qquad (9)$$

每个代数提供一个马尔可夫迹, 因此决定一个环链型不变量. 用这种方法, 新旧环链不变量的统一描述出现了, 在这描述中, B_n 的表示论扮演了一个重要的角色.

6   组合与环链论

在弄清了从马尔可夫迹所产生的新环链不变量的关系以后,1 – 变量琼斯多项式作为一个最简单的例子,在新多项式中间扮演了很特别的角色. 我们转向考夫曼的工作,那里给出一异常简单的琼斯多项式为定向的 S^3 中的定向环链型不变量的证明. 同时,它也告诉我们怎样从环链图去计算琼斯多项式.

考夫曼的工作从赖德迈斯特定理开始,即我们叙述的定理 2. 我们在图 28 所表示的环链图的变化是型为 Ⅰ、Ⅱ 和 Ⅲ 的赖德迈斯特运动. 考夫曼的方法是用赖德迈斯特运动推断出琼斯多项式的存在性和不变性. 我们从一个记为 K 的图的定向环链开始. 一般地,我们的图并不是辫子图. 这个图决定一个代数交叉数 $\omega(K)$,符号法则在图 29(a) 中给出. 考夫曼方式的琼斯多项式取这种形式

$$F_K(a) = (-a)^{-3\omega(K)} \langle K \rangle \tag{10}$$

这里 $\langle K \rangle$ 是变量为 a 的多项式,它将从不考虑定向的环链图中算出. 它就是"括号多项式".

我们描述考夫曼计算 $\langle K \rangle$ 的方法. 它依赖于琼斯多项式已知的性质. 令 O 表示平面上的简单闭曲线. 令 $K \cup O$ 为非空图 K 与图 O 的无交并. 考虑 4 个环链全由没有定向的环链图定义,这 4 个图除了在一个交叉点的附近,这些图表均一样,在这点附近,它们的形状表示在图 29(b) 中. 我们称这 4 个图为 K_1, K_2, K_3, K_4. 一般地,它们决定 4 个不同的环链型. 用来刻画 $F_k(a)$ 的性质是

$$\langle O \rangle = 1 \tag{P_1}$$

$$\langle K \cup O \rangle = (-a^2 - a^{-2}) \langle K \rangle \tag{P_2}$$

$$\langle K_1 \rangle = a^{-1} \langle K_3 \rangle + a \langle K_4 \rangle \tag{P_3}$$

$$\langle K_2 \rangle = a \langle K_3 \rangle + a^{-1} \langle K_4 \rangle \tag{$P_3{'}$}$$

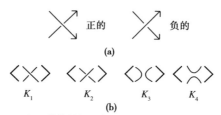

正的　　　负的

(a)

$\langle \times \rangle$　$\langle \times \rangle$　$\langle)(\rangle$　$\langle \asymp \rangle$

K_1　　　K_2　　　K_3　　K_4

(b)

图 29　(a) 带符号的叉点;(b) 四个相关的环链图

注意 (P_3) 隐含 (P_3'),因为假如我们把这些图像按顺时针方向旋转 $90°$,则我们互换 K_1 和 K_2,K_3 和 K_4,如果这些图是定向的,那么这是不对的.

因为重复应用 (P_3) 和 (P_3') 产生无交叉点的图,所以,它只能是一些不相交的圆周的并集,$\langle K \rangle$ 对所有的环链图都是确定的,它是不定元 a 的一个整系数的洛朗多项式.而且,若 K 有 r 个交叉点,则 $\langle K \rangle$ 为 2^r 项的和.我们用两个例子来说明这一点.

例 1　令 K 是一个有 r - 分支的"平凡环链",即能表示为 r 个平面上的圆周的无交并的环链.用 $r-1$ 次 (P_2),我们得到 $F_k(a) = (-a^2 - a^{-2})^{r-1} \langle O \rangle$.因此,从 (P_1) 我们得到 r - 分支的平凡环链的多项式为 $(-a^2 - a^{-2})^{r-1}$.

例 2　(更复杂) 我们计算早先在图 23(b) 中所示的三叶瓣纽结的多项式.对计算步骤,参见图 30,它是重复地使用式 (P_3) 和 (P_3').

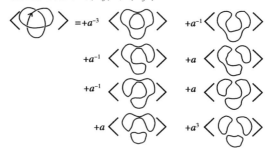

$$F_K(a) = -a^9(-a^{-5} - a^3 + a^7) = a^4 + a^{12} - a^{16}$$

图 30　三叶瓣的考夫曼型的琼斯多项式

假如能够证明 $F_K(a)$ 只依赖于 K, 那么我们将证明这个三叶瓣纽结不等价于平凡纽结. 很幸运, 根据定理 2, 有一个很容易的方法.

用图表可以证明 $F_K(a)$ 在 R–Ⅱ 作用下为不变的, 参看图 31. 我们把在 R–Ⅰ 和 R–Ⅲ 作用下的, 不变性证明作为一个简单练习留给不倦的读者.

多项式 $F_K(a)$, 经变量变换后, 为琼斯多项式. 这个论断的证明及有关的讨论, 对区分纽结和环链是很有效的, (尽管有不同的环链, 其琼斯多项式相同) 而且可能使泰特及其合作者干了几年的工作减少为几天的计算.

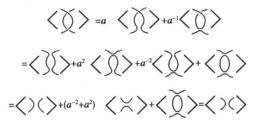

图 31　$F_K(a)$ 在赖德迈斯特 R–Ⅱ 型运动下的不变性

7　杨–巴克斯特方程

直接处理寻找出马尔可夫等价的不变量这一问题是极端困难的. 但是从物理学家那里可得到些帮助. 在两个物理问题上, 即统计力学中的恰当可解模型理论和完全可积系统理论, 杨–巴克斯特方程及其解起着重要的作用. 在统计力学中, 人们研究相互作用的粒子系统, 并且试图预测系统中的、依赖于该系统的所有可能的形态或状态的平均值的性质. 作为例子, 我们研究原子在二维格点上的排列, 而格的"状态"就由赋予每个顶点上的旋体现 (旋可取 $q \geqslant 2$ 个可能值). 全能量 $E(\sigma)$ 依赖于状态 σ; 区分函数, 我们最感兴趣的东西，就是所有可能的 σ 的函数 $\exp(-kE(\sigma))$ 的和，这里 k 为一适当常数.

计算区分函数在代数上的困难是可怕的；然而，在一定条件下，这个问题事实上为可解的. 这条件就是描述该系统状态的那些矩阵要满足所谓的杨 - 巴克斯特方程. 这时有一意外的几何意义：矩阵满足杨 - 巴克斯特方程当且仅当它们决定辫子群 B_n 的一个表示. 为使这点更准确，我们令 V 为交换环 K 上自由模，它的基为 $v_1,\cdots,v_m$. 令 $V^{\otimes n}$ 为 V 的 n 重张量积，我们定义 $\mathrm{Aut}(V^{\otimes n})$ 的元素 $\{R_i \mid i=1,2,\cdots,n-1\}$，其中 R_i 是这样的：R_i 在限制于第 i 和 $i+1$ 个因子上为一固定的 K 线性同构

$$R:V\otimes V\to V\otimes V \qquad (11)$$

而在其他因子上为恒同映射. 注意，这时立即有 R_1，$R_2,\cdots,R_{n-1}$ 满足条件

$$R_iR_j=R_jR_i,\text{如果} |i-j|>1 \qquad (12)$$

此外，如果还有 $R_1R_2R_1=R_2R_1R_2$，那么自同构 R 满足杨 - 巴克斯特方程. 由于我们定义 R_i 的方式，这就蕴含着

$$R_iR_jR_i=R_jR_iR_j,\text{如果} |i-j|=1 \qquad (13)$$

把方程（3）和（4）与方程（12）和（13）做比较，我们看到，对每个 n，杨 - 巴克斯特方程的每一个解决定了辫子群 B_n 在 $\mathrm{Aut}(V^{\otimes n})$ 的一个表示，它由 $\sigma_i\to R_i$ 决定. 接着，这个表示又决定 B_n 的一个有限维矩阵表示. 在 1984 年之前，人们根本不了解杨 - 巴克斯特方程与辫子有任何联系，而且在写本文时，我们仍不清楚编辫是如何在物理问题中出现的.

实际上，每一个杨 - 巴克斯特方程的解总可使其满足 Turaev 的附加条件. 因此，有一个现成的工具来获得更多的环链不变量. 如果我们把环链用它上面的一个适当的"(p,q) 缆（cable）"代替的话，列什埃蒂肯（Reshetiken）证明了，它们实际上全都能从那些我们早先用式（9）中的代数同态描述过的更基本的多

项式得到. 因此, 有序从混沌中产生, 然而这个序似乎是一个更大序的一部分. 它涉及共形场论物理学, 且现在已在任意3 – 流形上诱发出更多的不变量.

对琼斯多项式和与它有关的诸事项中, 存在的最大的疑惑之一: 我们对它们的拓扑意义还没有任何实质性的理解. 尽管我们知道它们是定向3 – 空间中的定向环链型不变量, 但我们的证明并没有说明它们和环链补、环链群、覆叠空间以及以该环链为边的曲面有何关系. 事实上, 也没提供它们和我们所熟悉的几何和代数拓扑有何联系.

最后, 我们要求读者: 用我们上面描述的方法来区分图23 中的环链, 即通过关系(8) 或 $(P_1) \sim (P'_3)$ 的帮助, 计算出它们的琼斯或亚历山大多项式. 我们选了这样的例子: 当我们改变 S^3 的定向时, 有的环链型也随着变了, 另一些的环链型却不改变, 同时我们也给出一个环链, 在把它的一个分支反向后, 它的环链型变了. 注意, 根据我们在之前给出的推导, 在环链的每一个分支都反向时, 琼斯多项式必然是不变的.

假如两个图, 它们决定的环链有不同的不变量, 那么它们的环链型是不同的. 然而, 假如它们有相同的不变量, 那么它们也可能不相同. 我们的例子也显示了这种情况. 假如我们怀疑它们不是不同的, 则我们尽力去形变一个图到另一个图, 以完成证明.

8 瓦西列夫不变量的公理与初始条件[①]

1990 年, 瓦西列夫(Vassiliev) 的预印本开始传布时, 拓扑学家有着过于丰富的纽结及环链不变量.

[①] 原题: "New points of the view in kont theory". 译自 *Bull AMS*, Vol. 28, No. 2, 1993.

除了琼斯多项式及其推广,还可提到的有组结群不变量,能量不变量,代数几何不变量,它们似乎都是从彼此互不相关的方向中产生出来的.此外,琼斯不变量还可推广到纽结图上去,最后,出现了数值纽结不变量.

瓦西列夫不变量与琼斯不变量可能有联系的最初的一个迹象在于它们两者都可推广为奇异纽结的不变量.另一个迹象:第一个非平凡的瓦西列夫不变量 v_2,它等于康韦(Conway)–亚历山大多项式中的第二个系数.而这个系数却可以有另外的解释,即琼斯多项式的二阶导数在 1 处的取值.贝尔曼(Bellman)想到了它与琼斯不变量可能有联系,从而最后导致了用一些"公理初始条件"来重述瓦西列夫中的结果.本节将对此进行描述.

设 $v:M-\Sigma\to Q$ 为从所有纽结的空间 $M-\Sigma$ 到有理数的函数,如果它满足下面的公理,它就决定了一个瓦西列夫不变量.

在叙述第一条件公理时,首先注意奇异纽结附有某个称为刚性顶点同痕的等价关系:奇异纽结的第二个重点的邻域都张成一个开圆盘 $\mathbf{R}^2\subset\mathbf{R}^3$,而这个圆盘在上面说的同痕之下要保持不变.例如,如果从三叶结及其镜像的标准图形出发(这两者都在图 26 上画出来了),任取一个交叉点,将之换成二重点,那么,得到的两个奇异纽结是同痕的,但却不是刚性顶点同痕的.如果将奇异纽结看作从 $M-\Sigma$ 中的一个纽结变到另一个分支中的纽结,这个过程中保持交叉点变换轨迹(track of crossing change)的一个步骤的话,那么这一限制是自然的.知道了存在这样一个圆盘或者平面之后,对一个奇异纽结 K^j 的奇点 p,就可以定义它在这一点的两种消解(resolution):这两种消解分别记为 K_{p+}^{j-1} 与 K_{p-}^{j-1}.第一条公理是一个交叉点变换型的公式

$$v(K_p^j)=v(K_{p+}^{j-1})-v(K_{p-}^{j-1}) \tag{14}$$

74

这个公理本身对于作为组结不变量的 v 并没有提任何限制. 但是, 在知道了它对组结的值时, 就可以用它来对奇异组结定义 v.

第二条公理使 v 可以计算

$$\exists i \in \mathbf{Z}_+, \text{使} v(K^j) = 0, \text{若} j > i \qquad (15)$$

满足这一条件的最小的 i 就是 v 的阶. 为了强调这一点, 今后将这个不变量记为 v_i.

初始条件除了式(14)与(15), 还需要初始条件. 第一个初始条件就是规范化

$$v_i(0) = 0 \qquad (16)$$

要叙述第二个初始条件, 首先给出一个定义. 组结图上的一个奇异点被称为无效点(nugatory), 如果它的正负消解定义的组结性相同. 图 32 中表明了这种情形. 很显然, 要得到一个组结不变量, 那么当 p 是无效交叉点时, 它的值 $v_i(K_{p_+}^{j-1})$ 与 $v_i(K_{p_-}^{j-1})$ 就应当相同, 从而由式(14)推知初始条件必须满足

$$v_i(K_p^j) = 0, \text{若} p \text{为无效交叉点} \qquad (17)$$

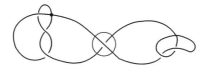

图 32　无效交叉点

最后一个初始条件是一个表的形式, 然而在讨论之前, 却必须对前面的讨论略做补充: 空间 $M_j - \Sigma_j$ 实际上可以自然地分解为连通分支, 使得属于不同分支的两个奇异组结定义的奇异组结型不相同. 说得准确一点, 令 K^j 为 j 阶的奇异组结, 即 S^1 在某个 j - 嵌入 $\phi \in M_j - \Sigma_j$ 下的象. 那么 $\phi^{-1}(K^j)$ 是一个圆周, 其上有 $2j$ 个特殊点, 它们成对出现, 每一个被映为 K^j 中的同一个二重点. K^j 所表示的 $[j]$ - 构形就是这些点对的循环有序组. 我们要用一个图来定义它, 即一个圆周, 其上用一些弧来联结成对的点. 例如在图 33 的上

面一行,显示了两种可能的[2]-构成,再标出了一个可以表示它们的奇异纽结.初始条件必须注意到下面的结果.

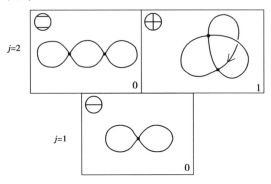

图 33 $i = 2$ 的实现表

引理 1 两个奇异纽结 K_1^j, K_2^j 在经过一系列交叉点变换之后等价的充要条件为,它们表示了同一个[j]-构成.

现在我们要构造的表是最后一个初始条件,它们为实现表(actuality table)图 33 给出了 $i = 2$ 时的例子.这个表给出阶 $j \leqslant i$ 的代表奇异纽结 $v_i(K^j)$ 的值.这个表中,对每一个[j]-构形都给出了一个表示它的奇异纽结 $K^j, j = 1, 2, \cdots, i$.这个代表纽结的选取是任意的(但若选取不当,则工作量将大增),在表中的每个 K^j 之傍是它所表示的构形,在它之下是 $v_i(K^j)$ 的值.这些值当然绝不是任意的,中心部分就是发现了能够决定它们的有限多条规则.这些规则可表为一些线性方程组的形式.未知变量是这些函数在实现表中有限个别奇异纽结上的取值.而在这些未知变元之间的线性方程就是图 33 中的局部方程(它们可以看作交叉点变换公式)的推论.这些方程并不难理解:用式(14)将每个二重点消解为两个交叉点之和,然后,图中的每个局部图就可用四个图的线性组合来代替.图 34 中的公式于是就可以化简为一系列的赖德迈斯

76

特第三移动. 这组方程在 $j = i$ 时的解, 可以从单李代数不可约表示的信息中构造出来. 目前尚不知道, 能否得出 $j = i$ 时的全部解. 要把解从 $j = i$ 推广到 $2 \leqslant j \leqslant i - 1$ 的情形目前必须用不那么平凡的方法方能处理.

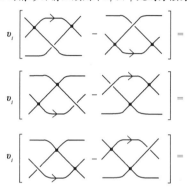

图 34 相关奇异纽结谍: 瓦西列夫
不变量的交叉点变换公式

举一个例子就足以说明. 从式 (11) ~ (14) 以及实现表可以对所有纽结计算出 $v_i(K)$. 我们的例子是对三叶结 K 计算 $v_2(K)$. 图 35 中的第一图是三叶结的代表, 中间有一个交叉点特别标出来了, 将它们变换一下就得到无纽结 0.

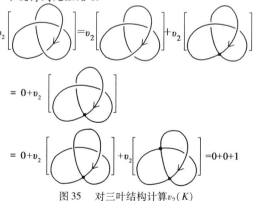

图 35 对三叶结构计算 $v_2(K)$

我们选的交叉点是正的,从而由式(14)推出

$$v_2(K) = v_2(O) + v_2(N')$$

这里 N' 是所示的奇异组结. 它与表中所列的奇异组结 K 的奇异组结型不相同,因此(使用引理)就得引进另一个交叉点变换将它变为表中所列的表示[1] – 构形的唯一的奇异组结. 为了这个目的,又得到一个有两个奇点的奇异组结 N^2,它与表中所列的表示具有相同的[2] – 构形的代表奇异组结的奇异组结拓扑型也不相同.

9 奇异辫子

我们证明了任何广义琼斯不变量都可以从辫群的某个有限维矩阵表示族通过马尔可夫迹得到. 迄今为止,在讨论瓦西列夫不变量时,辫群根本没有出现,但这很容易纠正. 为了这个目的,必须将通常的辫子与闭奇异辫子的概念推广为奇异辫子与闭奇异辫子.

设 K^j 是某个奇异组结或奇异环链 K^j 的代表,如果存在 $\mathbf{R}^3$ 中的一个轴 A(将它看作子轴)使得当 K^j 用相对于 A 的柱面坐标 (z, θ) 来参数化时,极角函数限制 K^j 上是单调递增的,这时 K^j 就称为闭奇异辫子. 这说明,存在某个 n 使 K^j 与每个半平面 $\theta = \theta_0$ 相交于恰好 n 个点. 亚历山大证明了下述著名的事实:每个组结或环链 K 都可以如此表示. 我们就以将这个定理推广到奇异组结与环链上来作为自己工作的起始.

引理 2 设 K^j 是奇异组结或环链 K^j 的任一代表元. 在 $\mathbf{R}^3 - K^j$ 中选取任意一根直线 A. 那么,K^j 可以形变为某个以 A 为轴奇异 n – 辫子.

证 将 A 看作 $\mathbf{R}^3$ 的子轴. 将 K^j 在 $\mathbf{R}^3 - A$ 中做一同痕变换之后,可以假定 K^j 是由 (r, θ) 平面的一个图来定义的. 在进一步的同痕变换之后,可以使得每个奇点 p_k 都有一个邻域 $N(p_k) \in K^j$,使得极角函数在限

制 $\cup_{k=1}^{j} N(p_k)$ 上时是单调递增的. 即将

$$K^j - \cup_{k=1}^{j} N(p_k)$$

修改一下成为一个逐段线性弧的族 A, 如果必要的话, 再细分这个族, 从而使得每个 $\alpha \in A$ 最多包含纽结图的一个下行点或一个上行点. 在作一个很小的同痕之后, 可以假定极角函数在每个 $\alpha \in A$ 上都有非常数. 依照极角函数在一个弧 $\alpha \in A$ 上是递增或者递减, 称这个弧 α 为坏的或好的. 若根本没有坏弧, 则已经得到一个闭辫子. 因此, 可以假定至少有一个坏弧, 称之为 β. 像图 36 那样修改 K^j, 将 β 换成两根好边 $\beta_1 \cup \beta_2$. 这么做唯一可能的障碍在于, 用 $\beta \cup \beta_1 \cup \beta_2$ 围成的三角形的内部被 K^j 的其余部分穿过, 然而这也是可以避免的, 只要重新选取 $\beta_1 \cap \beta_2$ 的顶点, 当弧包含的是这个图的下行点(上行点) 时, 使这个顶点在 K^j 的其余部分上方(下方) 很远的地方就行了.

图 36　将一个坏弧换成两个好弧

根据引理 2, 实现每个奇异纽结都可以有一个闭奇异辫子. 下一步, 要将这些闭奇异辫子沿着某个平面 $\theta = \theta_o$ 打开, 就成了我们下面要定义的"开"闭奇异辫子. 几何辫子被描述成 n 根交错的旋, 联结 $\mathbf{R}^2\{0\}$ 中标号为 $1, 2, \cdots, n$ 的点与 $\mathbf{R}^2 \times \{1\}$ 中的相应的点, 使它与每个中间平面 $E \times \{t\}$ 相交正好为 n 个点. 要推广为奇异辫子, 只要放松后一个条件, 允许有有限个 t 值使得辫子与平面 $\mathbf{R}^2 \times \{t\}$ 的交不是 n 个点而是 $n - 1$ 个点. 两个奇异辫子等价, 当且仅当它们通过奇异辫子序列而同痕的, 这个同痕固定每根奇异辫子弦的起点与端点. 奇异辫子的复合与普通的辫子相同,将两个辫子重合,抽去中间平面,然后再压缩.

选取 SB_n 的元素的任一代表元,则在一个适当的同痕之后,可以假定不同的二重点位于不同的 t 水平面上. 由此可知 SB_n 由基本辫子 $\sigma_1, \cdots, \sigma_{n-1}$ 与基本奇异辫子 $\tau_1, \cdots, \tau_{n-1}$ 生成. 我们分别将 σ_i 与 τ_i 称为交叉点和二重点,以在奇异辫图中有所区别. 投影下来之后,它们决定的都是二重点.

SB_n 的定义关系为

$$[\sigma_i, \sigma_j] = [\sigma_i, \tau_j] = [\tau_i, \tau_j] = 0, 若 \parallel i - j \parallel \geqslant 2 \tag{18}$$

$$[\sigma_i, \tau_i] = 0 \tag{19}$$

$$\sigma_i \sigma_j \sigma_i = \sigma_j \sigma_i \sigma_j, 若 [j - i] = 1 \tag{20}$$

$$\sigma_i \sigma_j \tau_i = \tau_j \sigma_i \sigma_j, 若 [i - j] = 1 \tag{21}$$

其中总是假定 $1 \leqslant i, j \leqslant n - 1$ 是作为广义赖德迈斯特移动出现的. 这些关系的正确性从图上看是显然的. 例如,图 37 给出了式 $(18) \sim (21)$ 的某些特例. 然而,就我们所知,在文献中还没有一个充分的证明,连证明摘要也没有,所以我们现在简述一个证明,因为知道不需要更多的关系对我们是很重要的.

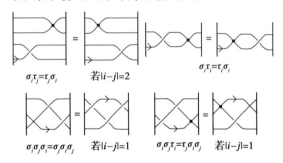

图 37　B_n 中的关系

引理 3　monoid SB_n 是 $\{\sigma_i, \tau_i \mid i \leqslant i \leqslant n - 1\}$ 生成的. 定义关系就是式 $(18) \sim (21)$.

证　已经证明了 σ_i 与 τ_i 生成 SB_n,因而唯一的问题是,要证明每一个关系都是关于式 $(18) \sim (21)$

的概述.

　　将辫子看作用投影片图定义的. 设 $\bar{z}, \bar{z}'$ 为表示 SB_n 中同一元素的奇异辫子,令 $\{\bar{z}_s \mid S \in I\}$ 为联结它们的辫子族. 注意这些位于中间的辫图 $\bar{z}_s$ 都没有三重点,因而每根弦上的奇点就有一个在同痕变换下得以保持的顺序, 而这使得在 $\bar{z}$ 与 $\bar{z}'$ 的二重点之间有一个一一对应,现在再来考查在同痕变换中的其他变化. 把 s 的 $[0,1]$ 区间再细分成小区间,使得在每个小小区间内仅有一个下述的辫图变化:

　　（ⅰ）辫子投影图中的两个二重点交换它们的 t 平面. 参看关系 (18) (19) 与图 37.

　　（ⅱ）在投影图中形成了一个三重点,这时有一根"自由弦"穿过一个二重点或者投影中的交叉点. 参看关系 (21) 与图 36.

　　（ⅲ）在纽结图中产生了新的交叉点或者去掉了一个交叉点. 参看图 24 中的赖德迈斯特移动.

　　所有在（ⅰ）中可能出现的情形都可用关系 (18) 与 (19) 来描述. 注意 σ_i 是可逆的,而且 $\sigma_i, \sigma_i^{-1}, \tau_i$ 的镜像分别是 $\sigma_i^{-1}, \sigma_i, \tau_i$,容易看出关系 (20) (21) 包含了（ⅱ）的所有的情形. 至于（ⅲ）的情形,则当我们限制在一个二重点产生或者消去时这附近某个小区间内时,这些产生或者消去的点就会成对出现,因此可以用平凡的关系 $\sigma - i\sigma_i^{-1} = \sigma_i^{-1}\sigma_i = 1$ 来描述. 在这些特殊的 s 区间之外,可以用同痕来修改奇异辫图,这不会产生新的关系. 因此关系 (18) (19) 确实是 SB_n 的定义关系.

　　设 $\widetilde{\sigma_i}$ 为从辫群 B_n 到它的群代数 CB_n 的自然映射下的象.

　　定理 4　定义一个映射

　　$\eta : SB_n \to CB_n$ 为 $\eta(\sigma_i) = \widetilde{\sigma_i}, \eta(\tau_i) = \widetilde{\sigma} - \widetilde{\sigma_i^{-1}}$ 则 η 是一个 monoid 之间的同态.

证　验证在 B_n 中关系(18) ~ (21) 都是辫群关系的推论.

推论　设 $\rho_n : B_n \to GL_n(\varepsilon)$ 为有限维矩阵表示，定义 $\widetilde{\rho}_n(\tau_i) = \rho_n(\sigma_i) - \rho_n(\sigma_i^{-1})$，则可将 ρ_n 扩张为 SB_n 的表示 $\widetilde{\rho}_n$.

证　显然.

因此，作为特例，B_n 的所有 **R** 矩阵表示都可扩张为奇异辫 monoid SB_n 的表示.

10　定理 1 的证明

对定理 1 的证明首先是对于 HOMFLY 多项式与考夫曼多项式的特例的证明，然后是对一般的量子群不变量给出了证明. 现在要给一个新证明. 它是用于特例的证明的修改. 我们很喜欢这个证明. 因为它简单而且能够说明，辫群不仅对研究琼斯不变量非常重要，对于瓦西列夫不变量也同样有用. 我们证明的工具是 **R** 矩阵表示，第 8 节中的公理与初始条件，以及奇异辫 monoid.

定理 1 的另一种证明：

设 ε 为在整数上 q 的洛朗多项式环.（在某些情况下也可以是 q 的某次方根的洛朗多项式环）假定给了一个量子群不变量 $g_q : M - \Sigma \to \varepsilon$. 利用引理 2，可以找到 K 的一个闭辫子代表元 $K_\beta, \beta \in B_n$. 然后，过渡到与 g_q 相联系的 **R** 矩阵表示 $\rho_{n,R} : B_n \to GL_m(\varepsilon)$. 由推论，这个表示可扩张为 SB_n 的表示 $\widetilde{\rho}_{n,R}$. 由洛朗多项式 $g_q(K)$ 是 $\rho_{n,R}(\beta) \cdot \mu$ 的迹，其中 μ 是 $\rho_{n,R}$ 的扩大.

表示 $\rho_{n,R}$ 是由选取一个作用在向量空间 $V^{\otimes 2}$ 上的矩阵 **R** 而决定的. 注意到若令 $q = 1$，则矩阵 $\mathbf{R} = (R_{i_1 i_2}^{j_1 j_2})$ 变为 $id_v \otimes id_v$. 由此推知，作用在 $V^{\otimes n}$ 上的

$\rho_{n,R}(\sigma_i)$ 在 $q = 1$ 时的阶为 2. 因此，若令 $q = 1$，则 σ_i 变为对换 $(i, i + 1)$，而 $\rho_{n,R}$ 成为对称群的表示. 特别，这意味着 $q = 1$ 时，σ_i 与 σ_i^{-1} 在 $\rho_{n,R}$ 下的象相等，这就又推出 σ_i 与 σ_i 在 $\rho_{n,R}$ 下的象当 $q = 1$ 时是一样的.

知道了这一点之后，作变量替换，如定理 1 的陈述中那样，将 q 换成 e^x. 将 e^x 的幂都展开成泰勒级数，那么，任意一个元素 β 在 $\rho_{n,R}$ 下的象将为一个矩阵幂级数

$$\rho_{n,R}(\beta) = M_0(\beta) + M_1(\beta) + M_2(\beta) + \cdots \quad (22)$$

其中，$M_i(\beta) \in GLm_n(Q)$.

引理 4 在扩张表示中，$M_0(\tau_i) = 0$.

证 因为 $M_0(\sigma_i) = M_0(\sigma_i^{-1})$，从而推出结论.

现在来考查 g_q 的幂级数展开，即考查 $g_x(K) = \sum_{i=0}^{\infty} u_i(K) x^i$. 当 K 取遍所有纽结型时，系数 $u_i(K)$ 就决定了一个泛函 $u_i : M - \Sigma \to Q$. 我们要证明 u_i 是一个 i 阶的瓦西列夫不变量.

若用关系 (18) 将 u_i 的定义推广到奇异纽结的话，则仅需证明关系 (14) ~ (17) 是成立的而且有一个协调的实现表. 首先要注意因为 g_q 是纽结型不变量，从而泛函也是纽结型不变量. 由此，可以推知这可以扩张到奇异纽结上去，因此利用 u_i 在纽结上的值就可以写出实现表.

要注意的第二件事是关系 (16) 的满足，因为每个琼斯不变量都满足 $g_q(0) \equiv 1$，由此推出 $p_x(0) \equiv 1$. 至于关系 (17) 也是满足的. 因为如若不然，则 u_i 就不可能是纽结型不变量. 因而，仅有的问题是要证明 u_i 满足关系 (15). 但是，注意到由引理 4 有

$$\tilde{\rho}_{n,R}(\tau_i) = M_1(\tau_i) x + M_2(\tau_i) x^2 + M_3(\tau_i) x^3 + \cdots$$

而且由此推出，若 K^j 有 j 个奇异纽结，而任何一个表示 K^j 的奇异闭辫子 $K_\gamma^j, \gamma \in SBr$，也有 j 个奇点. 奇点辫子的字 γ 就包含 j 个基本奇异辫子. 由此推出

$$\widetilde{\rho}_{n,R}(\gamma) = M_j(\gamma)x^j + M_{j+1}(\gamma)x^{j+1} + \cdots$$

在此幂级数中 x^i 的系数为 $u_i(K^j)$. 那么当 $i < j$ 时, $u_i(K^j) = 0$, 即关系(15)也成立, 从而完成了定理 1 的证明.

11   未解决的问题

下面我们做一个总结, 并问一下用瓦西列夫不变量来解释量子群不变量使我们得到了什么? 我们的目的是要将拓扑引入到整个的讨论中来. 这个目的确实达到了. 因为我们已经证明, 当用 x 的幂级数展开时, 一个组结 K 的琼斯不变量 x^i 的系数给出了在 K 的某个邻域内, 判别曲面 $z\Sigma$ 的稳定同调群的信息. 这是在"深度"为 i 处的信息, 这当然还是一个开端. 判别曲面 Σ 是无穷维空间 M 的一个相当复杂的子集, 似乎没有办法可以直观地考虑 Σ. 确实, 有关的工作才刚刚开始.

瓦西列夫不变量的研究刚开始不久, 现在概述一下在过去几年中所得到的有关结果. 自然的起点为当 i 很小时的特殊情形, 即对于所有组结 K, $v_1(K)$ 都等于零. 第一个非平凡的瓦西列夫不变量的阶为 2, 而且这样的不变量组成了一维向量空间. 不过在琼斯不变量与瓦西列夫不变量出现之前, 拓扑学家就已经知道 $v_2(K)$ 了, 即:

（ⅰ）它是康韦给出的亚历山大多项式的第二个系数 $[C]$.

（ⅱ）它的 mod 2 约化是组结的 Arf 不变量, 这与协边理论有联系, 现在它还有其他解释.

（ⅲ）它是组结的"全扭量"(total twist), 它们用下述递推公式计算, 即

$$v_2(K_{p+}) - v_2(K_{p-}) = L_k(K_{p_0})$$

其中 L_k 表示有两个分支的环链 K_{p_0} 的环绕数.

（ⅳ）它是琼斯多项式 $J_q(K)$ 的二阶导数在 $q = 1$ 时的值.

不幸的是，这一切都不足以使我们了解 v_2 对于 $\varSigma$ 的拓扑的意义. 至于 $v_3(K)$，它居于一个由不变量做成的一维向量空间，然而却没有人知道它和经典不变量的联系. 确实，就我们所知，对于它目前一无所知.

至于高阶不变量，回想一下 i 阶瓦西列夫不变量属于一个线性向量空间 V_i. 这个空间是 i 阶不变量模 $i-1$ 阶不变量所组成的空间. 可以提的第一个问题是当 $i > 2$ 时，对任意的 i 它的维数是 m_i. 这似乎是一个艰深困难的组合问题，目前所能做的是进行一些具体计算，即构造 i 阶不变量的实现表. 这个问题自然分为两部分，首先是要决定顶端一行的奇异纽结 K^i 的瓦西列夫不变量. 根据式（15），它们仅仅依赖于它们所表示的 $[i]$ - 构形. 因此，决定它们比决定其他各行要容易. 解空间的维数就是所要找的整数 m_i. 以前，巴尔·纳坦（Bar Natan）编了一个计算机程序能对 $i \leqslant 7$ 列出不同的 $[i]$ - 构形并计算维数（当然只对顶端那一行）. 随后，斯坦福（Stanford）通过另一个计算机程序，对 $i \leqslant 7$ 验证了巴尔·纳坦全部的"顶行"解都可以推广到实现表中其余各行去，就是推广到更为复杂的方程组的解上去. 因而巴尔·纳坦算出来的数字恰好就是要找的 m_i. 这两个计算结果：

i	1	2	3	4	5	6	7
m_i	0	1	1	3	4	9	14

我们得到的数据产生出一个重要的问题. 在定理 1 中我们证明了

$$\{量子群不变量\} \subseteq \{瓦西列夫不变量\}$$

问题：这是真包含吗？上面的数据之所以会有关系，是因为对某个固定的 i，如果能证明量子群不变量生成维数 $d_i < m_i$ 的向量空间，那么就足以解决这个问

题. 但是, 在 $i = 6$ 时, 结果表明有足够的线性无关的量子群不变量张成向量空间 V_i. 在 $i = 7$ 时, 巴尔·纳坦计算机结果说明, d_7 至少为 12, 而 $m_7 = 14$; 然而关于量子群不变量的数据却是不精确的, 因为当 i 增加时, 就要用到由非例外李代数得来的不变量. 而目前唯一被研究了的还只有 G_2.

在 $i = 8$ 的情形, 计算本身就很难. 巴尔·纳坦所做的计算已接近目前计算能力的极限了. 因为要决定 m_8, 必须解决由 41 874 个 (没有分离弧的不同的 $[8]$ - 构形的数目) 未知变量、334 908 个方程组成的线性方程组. 他的粗略计算表明解空间的维数为 27. 不过, 即使他的答案正确, 依然需要计算实现表中的其余部分, 方能确信 $m_8 = 27$, 而不仅是 $m \leqslant 27$.

实际上, 瓦西列夫不变量组成一个代数, 而不仅是一个向量空间序列, 因为一个 p 阶瓦西列夫不变量与一个 q 阶不变量的乘积为一个 $p + q$ 阶的不变量. 这是林晓松用简单的方法证明的 (未发表). 因此, 新不变量的维数 $\hat{m_i}$ 一般说来小于 m_i, 因为我们表中的数据还包括了那些作为低阶不变量乘积的不变量. 要修正已有数据而求出 m_i 并不难. 例如, 一个四阶不变量可能为两个二阶不变量的乘积, 所以注意到二阶不变量是唯一空间这一事实, 就有 $\hat{m_4} = 3 - 1 = 2$. 对 $i = 1, 2, 3, 4, 5, 6, 7$, 就有 $\hat{m_i} = 0, 1, 1, 2, 3, 5, 8$, 即斐波那契序列的开始部分. 这使人们大为激动, 然而后来巴尔·纳坦对 m_8 的计算却说明 m_8 顶多为 12, 不可能是 13. 当 $i \to \infty$ 时, m_i 的渐近行为的确是一个有趣的问题.

是不是真包含这个问题, 还可以从另一个角度来处理. 纽结理论的早期问题之一与纽结型定义中所体现的基本对称性有关. 我们将纽结型定义为对 (S^3, K) 的拓扑等价类, 且要求所使用的同胚同时保持 S^3 与 K 的定向. 纽结型被称为双向的, 如果它等价于逆转 S^3

的定向(但不逆转 K 的定向)而得到的组结型;它被称为可逆的,如果它等价于逆转 K 的定向(但不逆转 S^3 的定向)而得到的组结型. 马克斯·德恩(Max Dehn)在1913年就证明了存在非双向的组结,然而令人惊奇的是,过了四十年才知道存在不可逆的纽结. 这件事与我们的关系:虽然量子群不变量能判定组结是否为双向的,但它不能判定组结是否为可逆. 因此,如果能够证明某个瓦西列夫不变量能区分某个不可逆组结与它的逆,则是否为真包含的问题也许就是对的. 我们知道,对 $i \leqslant 7$ 是不能用这种方式来解决这个问题的,而对于 $i = 8$ 又有巨大的计算困难. 另一方面,作为理论问题它似乎又是意想不到的微妙. 因此,瓦西列夫不变量能否判定可逆性的问题目前仍待解决.

除了经验证据与未解决的问题,还可以提一些容易的问题使琼斯不变量与瓦西列夫不变量能否区分组结型这个问题得以进一步强化. 之前我们注意到,有三个非常直观的不变量目前还很难理解:交叉点数 $C(K)$(unknotting number) 解开组结的次数 $u(K)$(crossing number) 以及辫指标 $s(K)$(braid index). 它们显然是空间 $M - \Sigma$ 上的泛函,从而是群 $\hat{H}^0(M - \Sigma)$ 中的元素. 瓦西列夫不变量就是 $\hat{H}^0(M - \Sigma)$ 的逼近序列. 因而,一个合理的问题:$C(K)$,$u(K)$ 与 $S(K)$ 是瓦西列夫不变量吗? 已有的结论说明 $u(K)$ 不是,修改那里的证明即可说明 $C(K)$ 与 $S(K)$ 也都不是. 因此,至少我们知道,在所有组结的瓦西列夫空间上存在不是瓦西列夫不变量的整数值泛函. 这就产生了下面的问题:是否存在收敛到它们的瓦西列夫不变量?

另一个问题:如果仅限于考查有界阶的不变量的话,瓦西列夫不变量有多大的效力呢? 答案并不很好,它基于由林晓松与斯坦福同时而独立发现的例子之上. 现在来描述一下构造. 在我们看来它特别有趣,因为它是基于用闭辫子来处理组结与环链的方法之上的.

为了叙述他的定理,再回来考查辫群. 设 P_n 是纯辫子组成的群,即从 B_n 到对称群 S_n 的自然同态的核. 归纳地定义 P_n 的下中心序列 $\{P_n^k \mid k = 1,2,\cdots\}$ 为 $P_n^1 = P_n, P_n^k = [P_n, P_n^{k-1}]$. 注意,若 $\beta \in B_n$,使闭辫子 $\hat{\beta}$ 为组结,则对任意 $\alpha \in P_n$,$\alpha\hat{\beta}$ 也是组结.

定理 5 设 K 为任意组结型,并设 $K_\beta, \beta \in B_n$,为 K 的任意闭辫子代表,选取任意 $\alpha \in P_n^k$,那么组结 K_β 与 $K_{\alpha\beta}$ 的所有小于等于 k 阶的瓦西列夫不变量都是相同的.

由于本书部头较小,以现在的图书定价规则很难摊平各种成本,所以本编辑"肆意妄为"了一下,人工对其进行了"增肥",希望能得到读者的谅解.

刘培杰

2020 年 7 月 16 日

于哈工大

组合极值问题及其应用
（第3版）（俄文）

瓦列里·伊万诺维奇·
巴拉诺夫

鲍里斯·谢尔盖耶维奇·　　著
斯捷奇金

编辑手记

　　本书是一部版权引进自俄罗斯的俄文版组合数学专著,中文书名可译为《组合极值问题及其应用(第3版)》.

　　本书的作者是瓦列里·伊万诺维奇·巴拉诺夫,俄罗斯人,莫斯科国立 A. H. 柯西金纺织大学教授,主要研究方向包括组合极值问题及其应用等;另一位作者是鲍里斯·谢尔盖耶维奇·斯捷奇金,俄罗斯人,莫斯科的俄罗斯科学院斯捷克洛夫数学研究院高级研究员.

　　本书提出了组合极值问题的三个大类:整数拆分、集合系统和矢量系统,展示了在信息科学和计算机技术中,极值组合问题解决方案实际使用的可能性. 本书特别注重一个新的方向,即有关整数拆分的极值问题. 该问题的基础是整数拆分的可嵌入性概念. 整数拆分的可嵌入性使得人们可以将重要的实际问题形式化,包括硬件和软件的设计、计算机资源的分配、背包问题、装袋问题、运输问题. 本书适用于数学、控制学、信息科学、计算机科学等领域的研究人员,以及学生和工程师. 本书第1版出版于 1989 年.

　　本书的俄文版权编辑佟雨繁女士为了方便国内读者的阅读,特翻译了本书的目录如下:

正如本书作者在第 1 版前言中所介绍的:

本书是工程师和数学家联手合作的成果,为了开发自动化控制系统的建立所引发问题的解决途径,这一合作的主要成果是书中介绍的组合模型 —— 数字分割的嵌入性.

对数字分割嵌入性的研究发生在对一系列实际问题的分析之前,这些问题是在设计计算机内存分配的有效管理方法、开发自动化管理系统软件结构的分析方法等方面出现的. 用于研究的组合模型的选择预先决定了针对实际问题的新的、重要的开发主题 —— 关于数字分割嵌入性的组合极值问题. 事实证明,这种组合方向不仅对形式化和解决许多工程问题有重要作用,而且还可用于解决有关图形的一类极值问题.

本书的目的是使工程师和数学家熟悉作者开发的解决许多应用和数学问题的方法. 本书的内容分为5 章.

第 1 章是对必要组合概念的简要介绍. 特别是除了所有基本组合方案,本章还给出了由作者提出的列表方案,借此可以统一最简单的组合方案.

第 2 章包含数字分割嵌入性研究的主要数学成果,并且是这一方向成果目前最全面的总结. 为了说明这些结果的适用性,指出了它们与旧加权问题及其他问题的联系. 通过练习的形式,给出了有关数字分割嵌入性的问题和命题.

第 3 章专门介绍图形和集合系统的极值问题. 显示了它们与数字分割嵌入性结果的联系.

第 4 章介绍了一些极值几何问题及其解决方案的应用.

第 5 章介绍了在设计自动化控制系统时数字分割嵌入性组合极值问题解的结果使用方法. 这里给出了用于研究自动化控制系统任务执行管理过程和电子计算机内存分配的组合模型,展示了应用嵌入性原理来计算电子计算机运算存储器大小,给出了一系列新工程概念的定义,这些概念与应用组合分析方法来研究自动化控制系统功能有关,而且还提出了新的方法用于评估极值边界算法的效率.

本书的一个特点是它延续了俄罗斯数学书中重视数学史的传统,在附录中专门收录了西方人眼中的组合数学鼻祖——德国数学家莱布尼兹的早期著作,但在国人的意识中《易经》才是组合学的起源. 2020 年 9 月 22 日下午,北京大学人文社会科学研究院第九期邀访学者内部报告会(第一次)在北京大学静园二院 111 会议室举行. 北京大学人文社会科学研究院邀访学者、中国科学院大学人文学院科学技术系教授韩琦做主题报告,题目就为《莱布尼兹、康熙帝和二进制——耶稣会士白晋和宫廷的〈易经〉研究》. 以下为本次报告的纪要①.

论坛伊始,韩琦老师对讲题的缘起做了简单回

①　摘自微信公众号"北京大学人文社会科学研究院".

顾.20世纪80年代初,随着计算机在国内的普及,二进制引起了大家的兴趣,由此,莱布尼兹发明的二进制及其与《易经》封爻的关系也引起了国内学者的极大关注.此后,在莱布尼兹、二进制和《易经》研究之间扮演重要角色的法国耶稣会士白晋也进入了学者的视野.韩琦老师回顾了攻读博士期间,注意到《圣祖实录》中康熙有关《易经》和数学关系的谈话,觉得事出蹊跷,背后一定有传教士在起作用.近三十年来他一直试图破解这段中西交往的历史之谜.本次报告中,韩琦老师分享了在罗马、巴黎访学期间发现资料和解决问题的喜悦.

报告第一部分,主要是学术史回顾.韩琦老师谈到了19世纪末、20世纪初欧美学者对莱布尼兹和中国关系的研究,特别是意大利数学家、汉学家华嘉1899年对莱布尼兹未刊手稿的研究,继而谈到20世纪20年代,英国汉学家阿瑟·韦利、法国汉学家伯希和德国汉学家卫礼贤之子的相关研究,以及20世纪40年代著名史学家劳端纳的博士论文.最后,韩琦老师梳理了20世纪70年代之后直至目前国内外对莱布尼兹和中国关系的研究,以及20世纪90年代之后国内学者对白晋和《易经》关系研究的热潮.

第二部分,韩琦老师简要论及莱布尼兹的学术性格和对不同文化借鉴的渴望,特别是对中国的浓厚兴趣.随后,韩琦老师对莱布尼兹的交流网络,与来华传教士的来往,在罗马与闵明的见面以及之后与白晋等法国耶稣会士通信做了系统的梳理.在简要介绍白晋的生平之后,韩琦老师详细分析了莱布尼兹二进制和《易经》封爻的关系,指出莱布尼兹研究二进制的动机——从神学观点出发,一切数都可从1和0创造出来.在莱布尼兹看来,二进制对中国哲学家会产生很大的影响,甚至康熙皇帝都会对此感兴趣.莱布尼兹力劝白晋把它献给康熙帝.依据"莱布尼兹中国通信集",韩琦老师对莱布尼兹和白晋的互动做了深入解读. 而新发现的史料也证明传教士确实响应莱布尼兹的要求, 将二进制文章到达北京的消息面告康熙皇帝 —— 这也是目前所知康熙帝听闻莱布尼兹之名的唯一史料. 可惜因为耶稣会士内部意见相左, 莱布尼兹的二进制文章并没有被正式翻译成中文献给康熙皇帝. 韩琦老师也对二进制传入失败的原因做了简短分析.

第三部分, 通过对保存在欧洲的大量中文和拉丁文《易经》研究手稿的研读, 韩琦老师分析了白晋研究易学的原因. 他首先回顾了明末耶稣会士的传教策略, 即康熙所称的"利玛窦规矩", 继而讨论白晋研究《易经》的动机 —— 即如何通过阐释《易经》来和《圣经》相附会, 以达到使中国人信教的目的. 报告还通过一些具体例证, 回答了康熙为何让耶稣会士研究《易经》这一问题. 白晋对《易经》封爻中的数学原理和明代《算法统宗》一书的阐释, 无疑迎合了热衷数学的康熙皇帝的需求. 韩琦老师最后讲述将欧洲所藏档案与满文朱批奏折以及清人文集相结合, 分析御制《周易折中》的编纂过程, 进而揭示康熙皇帝、大学士李光地及其弟子与白晋的密切互动. 通过比对欧洲所藏白晋中文手稿和《周易折中》启蒙附论, 结合清人记载, 韩琦老师确认白晋对《易经》像数学的研究, 确定对《周易折中》的编撰产生了直接影响. 报告还提及了中西交往中士人 (特别是教徒) 在其中扮演的"代笔者"角色, 试图通过对中西文献的比对, 还原康熙时代中西交流史中一些跨文化的问题.

本书的第 3 章 3.1 节重点介绍了三个定理, 即蒙泰尔、图兰和斯潘纳尔定理, 其中第三个常被称为斯潘纳尔引理, 它关联着 IMY 不等式.

在 1993 年全国高中数学联赛中, 浙江省提供了一道以此为背景的试题 (第二试第二题):

试题 1 设 A 是一个包含 n 个元素的集合, 它的 m 个子集 $A_1, A_2, \cdots, A_m$ 两两互不包含, 试证:

(1) $\displaystyle\sum_{i=1}^{m} \frac{1}{C_n^{|A_i|}} \leqslant 1$.

(2) $\displaystyle\sum_{i=1}^{m} C_n^{|A_i|} \geqslant m^2$.

其中, $|A_i|$ 表示 A_i 所含元素的个数, $C_n^{|A_i|}$ 表示从 n 个不同元素中取 $|A_i|$ 个的组合数.

证 (1) 证明的关键在于证明如下不等式

$$\sum_{i=1}^{m} |A_i|! \, (n - |A_i|)! \leqslant n! \qquad (1)$$

设 $|A_i| = m_i (i = 1, 2, \cdots, m)$. 一方面 A 中 n 个元素的全排列为 $n!$; 另一方面, 考虑这样一类 n 元排列

$$a_1, a_2, \cdots, a_{m_i}, b_1, b_2, \cdots, b_{n-m_i} \qquad (2)$$

其中, $a_j \in A_i (1 \leqslant j \leqslant m_i)$, $b_j \in A \backslash A_i$ (即 $\bar{A}_i$, $1 \leqslant j \leqslant n - m_i$).

我们先证明一个引理.

引理 1 若 $i \neq j$, 则 A_i 与 A_j 由上述方法所产生的排列均不相同.

证 用反证法. 假设 A_j 所对应的一个排列

$$a'_1, a'_2, \cdots, a'_{m_j}, b'_1, b'_2, \cdots, b'_{n-m_j}$$

与 A_i 所对应的一个排列

$$a_1, a_2, \cdots, a_{m_i}, b_1, b_2, \cdots, b_{n-m_i}$$

相同, 则有以下两种情况:

① 当 $|A_i| \leqslant |A_j|$ 时, 有 $A_j \supsetneqq A_i$.

② 当 $|A_i| > |A_j|$ 时, 有 $A_i \supsetneqq A_j$.

而这均与 $A_1, A_2, \cdots, A_m$ 互不包含相矛盾, 故引理 1 成立.

由引理 1 可知式 (1) 成立. 由式 (1) 立即可得

$$\sum_{i=1}^{m} \frac{|A_i|! \, (n - |A_i|)!}{n!} = \sum_{i=1}^{m} \frac{1}{C_n^{|A_i|}} \leqslant 1$$

(2) 利用柯西不等式及式 (1) 可得

$$m \leqslant \left(\sum_{i=1}^{m} \frac{1}{C_n^{|A_i|}} \right) \left(\sum_{i=1}^{m} C_n^{|A_i|} \right) \leqslant 1$$

近十几年来,背景法命题在数学奥林匹克中已形成潮流,一道优秀的竞赛试题应有较高深的背景已成为命题者的共识.

首先就研究对象来看,试题 1 实际上研究了一个子集族,即 A 是一个 n 阶集合,$S = \{A_1, A_2, \cdots, A_m\}$ 且满足:

(1)$A_i \subsetneqq A(i = 1, 2, \cdots, m)$.

(2) 对任意的 $A_i, A_j \in S, i \neq j$ 时满足 $A_i \nsubseteq A_j, A_j \nsubseteq A_i$.

那么这样的子集族称为 S 族,S 族中的元素都是集合. 之所以称为 S 族,是因为数学家斯潘纳尔最先研究了这类问题. 1928 年斯潘纳尔证明了一个被许多组合学书称为斯潘纳尔引理的结果,它是组合集合论中的经典结果之一.

斯潘纳尔引理　设集合
$$X = \{1, 2, \cdots, n\}$$
$A_1, A_2, \cdots, A_p$ 为 X 的不同子集,$E = \{A_1, A_2, \cdots, A_p\}$ 是 X 的子集族. 若 E 为 S 族,则 E 族的势至多为 $C_n^{[\frac{n}{2}]}$(其中 $[x]$ 为高斯函数),即 $\max p = C_n^{[\frac{n}{2}]}$.

证　令 $q_k \triangleq |\{k \mid |A_i| = k, 1 \leq i \leq p\}|$,则由试题 1 证明中的式(1)有
$$\sum_{k=1}^{n} q_k k! (m-k)! \leq n!$$
由于
$$\max_{1 \leq k \leq n} C_n^k = C_n^{[\frac{n}{2}]}$$
所以
$$
\begin{aligned}
p &= \sum_{k=1}^{m} q_k \leq C_n^{[\frac{n}{2}]} \sum_{k=1}^{p} q_k \frac{k! (n-k)!}{n!} \\
&\leq C_n^{[\frac{n}{2}]} \sum_{k=1}^{p} q_k \frac{1}{C_n^k} \\
&= C_n^{[\frac{n}{2}]} \sum_{k=1}^{p} \frac{1}{C_n^{|A_i|}} \\
&\leq C_n^{[\frac{n}{2}]}
\end{aligned}
$$

斯潘纳尔引理在数学竞赛中有许多精彩的特例. 再举一个最近的例子.

试题 2 （2017 年中国国家集训队测试三）设 X 是一个 100 元集合. 求具有下述性质的最小正整数 n：对于任意由 X 的子集构成的长度为 n 的序列

$$A_1, A_2, \cdots, A_n$$

存在 $1 \leqslant i < j < k \leqslant n$，满足

$$A_i \subseteq A_j \subseteq A_k \text{ 或 } A_i \supseteq A_j \supseteq A_k$$

（翟振华供题）

解 答案是 $n = \mathrm{C}_{102}^{51} + 1$.

考虑如下的子集序列：$A_1, A_2, \cdots, A_N$，其中 $N = \mathrm{C}_{100}^{50} + \mathrm{C}_{100}^{49} + \mathrm{C}_{100}^{51} + \mathrm{C}_{100}^{50} = \mathrm{C}_{102}^{51}$，第一段 C_{100}^{50} 项是所有 50 元子集，第二段 C_{100}^{49} 项是所有 49 元子集，第三段 C_{100}^{51} 项是所有 51 元子集，第四段 C_{100}^{50} 项是所有 50 元子集. 由于同一段中的集合互不包含，因此只要考虑三个子集分别取自不同的段，易知这三个集合 A_i, A_j, A_k 不满足题述条件. 故所求 $n \geqslant \mathrm{C}_{102}^{51} + 1$.

下证若子集序列 $A_1, A_2, \cdots, A_m$ 不存在 $A_i, A_j, A_k (i < j < k)$ 满足 $A_i \subseteq A_j \subseteq A_k$，或者 $A_i \supseteq A_j \supseteq A_k$，则 $m \leqslant \mathrm{C}_{102}^{51}$. 我们给出三个证明.

证法 1（付云皓） 对每个 $1 \leqslant j \leqslant m$，定义集合 B_j 如下：另取两个不属于 X 的元素 x, y. 考查是否存在 $i < j$，满足 $A_i \supseteq A_j$，以及是否存在 $k > j$，满足 $A_k \supseteq A_j$. 若两个都是否定，则令 $B_j = A_j$；若前者肯定后者否定，则令 $B_j = A_j \cup \{x\}$；若前者否定后者肯定，则令 $B_j = A_j \cup \{y\}$；若两个都肯定，则令 $B_j = A_j \cup \{x, y\}$.

下面验证 $B_1, B_2, \cdots, B_m$ 互不包含. 假设 $i < j$，且 $B_i \subseteq B_j$，则有 $A_i \subseteq A_j$. 由 B_i 的定义可知 $y \in B_i$，故 $y \in B_j$，这样，存在 $k > j$，使得 $A_j \subseteq A_k$，这导致 $A_i \subseteq A_j \subseteq A_k$，与假设矛盾. 类似可得 $B_i \supseteq B_j$ 也不可能. 这样 $B_1, B_2, \cdots, B_m$ 是 102 个元素的集合 $X \cup \{x, y\}$ 的互不包含的子集，由斯潘纳尔引理得 $m \leqslant \mathrm{C}_{102}^{51}$.

如果用到爱尔迪希 – 塞凯赖什定理则有下面的证法.

证法 2 考虑 $C = \{C_0, C_1, \cdots, C_{100}\}$，其中 $C_0, C_1, \cdots, C_{100}$ 是 X 的子集，$|C_i| = i (0 \leqslant i \leqslant 100)$，且 $C_0 \subset C_1 \subset \cdots \subset C_{100}$，

称这样的 C 为 X 的一条最大链. 对 X 的任意子集 A, 定义 $f(A) = C_{100}^{|A|}$. 用两种方式处理下面的和式

$$S = \sum_{C} \sum_{A_i \in C} f(A_i)$$

其中第一个求和遍历所有 X 的最大链 C, 第二个求和对属于 C 的 A_i 求和.

在每条最大链 C 中, 至多有 4 个 $A_i \in C$. 这是因为, 如果有 5 个 $A_i \in C$, 由于这 5 个集合互相有包含关系, 由爱尔迪希 – 塞凯赖什定理, 存在三项子列依次包含或者依次被包含, 与假设不符. 并且在同一条最大链上的 A_i, 至多有两个相同. 因此对每条最大链 C, 有

$$\sum_{A_i \in C} f(A_i) \leqslant 2C_{100}^{50} + 2C_{100}^{49} = C_{102}^{51}$$

给定一条最大链等价于给出 X 中所有元素的一个排列, 故最大链条数等于 $100!$, 于是 $S \leqslant 100! \, C_{102}^{51}$.

另外, 通过交换求和符号, 有

$$S = \sum_{i=1}^{m} \sum_{C; A_i \in C} f(A_i) = \sum_{i=1}^{m} f(A_i) n(A_i)$$

其中 $n(A_i)$ 表示包含 A_i 的最大链的条数. 包含 A_i 的最大链, 其对应的 X 中的排列前 $|A_i|$ 个元素恰为 A_i, 因此

$$n(A_i) = |A_i|! \, (100 - |A_i|)!$$

故 $f(A_i) n(A_i) = 100!$, 从而 $S = 100! \, m$. 再结合 $S \leqslant 100! \, C_{102}^{51}$, 即得 $m \leqslant C_{102}^{51}$.

如果用上霍尔定理和门格定理则可得到下面的证法.

证法 3 我们将 X 的全体子集在包含关系下构成的偏序集 $P(X)$ 划分成 C_{100}^{50} 条互不相交的链, 使得其中有 $C_{100}^{50} - C_{100}^{49}$ 条链仅由一个集合构成. 若可以做到上述划分, 则由证法 2 中的讨论可知, 每条链上至多有 4 个 A_i, 但在仅有一个集合的链上至多有 2 个 A_i, 从而 $m \leqslant 4C_{100}^{49} + 2(C_{100}^{50} - C_{100}^{49}) = C_{102}^{51}$. 设 $P_i(X) \subset P(X)$ 是 X 的所有 i 元集合构成的子集族. 构作简单图 G, 其顶点集为 $P(X)$, 对 $A \in P_i(X)$ 以及 $B \in P_{i+1}(X)$, A, B 之间用边相连当且仅当 $A \subset B$. G 限制在 $P_i(X) \cup P_{i+1}(X)$ 上是一个二部图, 记为 G_i. 对于 $0 \leqslant i < 49$, 我们说明 G_i 有一个覆盖 $P_i(X)$ 的匹

配. 注意到对 $A \in P_i(X)$,$\deg_{G_i}(A) = 100 - i$,对 $B \in P_{i+1}(X)$,$\deg_{G_i}(B_i) = i + 1 < 100 - i$. 对任意 $V \subseteq P_i(X)$,V 在 G_i 中的邻点个数

$$| N_{G_i}(V) | \geq | V | \cdot \frac{100 - i}{i + 1} \geq | V |$$

由霍尔定理,在 G_i 中存在覆盖 $P_i(X)$ 的匹配. 对每个 $i = 0$,$1,\cdots,48$,取定 G_i 中覆盖 $P_i(X)$ 的匹配,将其余边删去. 类似地,对每个 $i = 51,52,\cdots,99$,在 G_i 中存在覆盖 $P_{i+1}(X)$ 的匹配,取定这样一个匹配,而将其余边删去.

考虑 G 限制在 $P_{49}(X) \cup P_{50}(X) \cup P_{51}(X)$ 得到的三部图 H,我们证明 H 中存在 C_{100}^{49} 条互不相交长度为 2 的链,每条链的三个顶点分别属于 $P_{49}(X)$,$P_{50}(X)$ 和 $P_{51}(X)$. 这需要用到门格定理:设 $G = (V,E)$ 是一个简单图,$U,W \subseteq V$ 是两个不相交的顶点子集. 考虑 G 中一组从 U 出发到 W 结束的互不相交的路径,这样的一组路径最大个数记为 k. 再考虑从 G 中删去若干个顶点(可以是 U 和 W 中顶点)使得剩下的图中不存在从 U 中顶点出发到 W 中顶点的路径,所需删去的最少顶点数记为 l,则有 $k = l$.

根据门格定理,只要说明从 H 中至少删去 C_{100}^{49} 个顶点才能使得没有从 $P_{49}(X)$ 中顶点到 $P_{51}(X)$ 中顶点的路径. H 中所有这样的长度为 2 的路径共有 $C_{100}^{49} \times 51 \times 50$ 条. 一个 $P_{50}(X)$ 中的顶点恰落在 50×50 条这样的路径上,一个 $P_{49}(X)$ 或 $P_{51}(X)$ 中顶点恰落在 51×50 条这样的路径上,因此删去一个 $P_{50}(X)$ 中的顶点恰好破坏 50^2 条路径,删去一个 $P_{49}(X)$ 或 $P_{51}(X)$ 中的顶点恰好破坏 51×50 条路径,于是至少删去 C_{100}^{49} 个顶点才能破坏所有的路径.

将这 C_{100}^{49} 条路径连同之前得到的那些匹配中的边合在一起,便得到了我们所需的链划分.

1981 年 5 月,加拿大举行了第 13 届数学竞赛,其最后一道试题:

试题 3 共有 11 个剧团参加会演,每天都排定其

中某些剧团演出,其余的剧团则跻身于普通观众之列.在会演结束时,每个剧团除了自己的演出日,至少观看过其他每个剧团的一次表演.问这样的会演至少要安排几天?

试题 3 可以很容易地用斯潘纳尔引理证明.

证法 1 令 $A = \{1, 2, \cdots, n\}$,以 $A_i (i = 1, 2, \cdots, 11)$ 表示第 i 个剧团做观众的时间集合,则 $A_i \subseteq A (i = 1, 2, \cdots, 11)$.

因为每个剧团都全面观摩过其他剧团的演出,所以 A_i,$A_j (1 \leqslant i, j \leqslant 11)$ 互不包含(第 i 个剧团观摩第 j 个剧团的那一天属于 A_i 而不属于 A_j),故

$$\{A_1, A_2, \cdots, A_{11}\}$$

为 S 族.由斯潘纳尔引理知,只须求

$$n_0 = \min\{n \mid C_n^{[\frac{n}{2}]} \geqslant 11\}$$

由于 $f(n) = C_n^{[\frac{n}{2}]}$ 是增函数,故由 $C_5^2 = 10$,$C_6^3 = 20$ 知,$n_0 = 6$.证毕.

证法 1 固然简洁明快,但它是以知道斯潘纳尔引理为前提的,不适合于普通中学生,下面给出另一种证法.

证法 2 设共有 m 天,集合 $M = \{1, 2, \cdots, m\}$;有 n 个队,$A_i = \{$第 i 队的演出日期$\}$.显然 $A_i \subsetneqq M$.我们将满足全面观摩要求称为具有性质 P.

定义 $f(n) \triangleq \min\{n \mid A_1, A_2, \cdots, A_n$ 具有性质 P$\}$,故我们只须证 $f(11) = 6$.

为了便于叙述,先来证明两个简单的引理.

引理 2 以下三个结论是等价的:

(1) $A_1, A_2, \cdots, A_n$ 具有性质 P.

(2) 对任意的 $1 \leqslant i \neq j \leqslant n$,$A_i \bar{A}_j \neq \varnothing$.

(3) $\{A_1, A_2, \cdots, A_n\}$ 是 S 族.

证 (1)$\Rightarrow$(2).用反证法:假若存在 $1 \leqslant i \neq j \leqslant n$,使得 $A_i \bar{A}_j = \varnothing$,则第 j 个队就无法观看第 i 个队的演出,与结论(1)矛盾.

(2)$\Rightarrow$(3).假若 $\{A_1, A_2, \cdots, A_n\}$ 不是 S 族,则必定存在

$1 \leqslant i \neq j \leqslant n$, 使得 $A_i \subsetneqq A_j$, 则有 $A_i \bar{A}_j \subsetneqq A_j \bar{A}_j$. 而 $A_j \bar{A}_j = \varnothing$, 故 $A_i \bar{A}_i = \varnothing$, 与结论 (2) 矛盾.

(3)$\Rightarrow$(1). 如果第 i 个队始终看不到第 j 个队的演出, 意味着第 i 个队在演出时, 第 j 个队也一定在演出, 即 $A_i \subsetneqq A_j$, 与结论 (3) 矛盾.

引理 3 若 $\{A_1, A_2, \cdots, A_n\}$ 是具有性质 P 的, 则 $\bar{A}_1$, $\bar{A}_2, \cdots, \bar{A}_n$ 也具有性质 P.

证 注意到对任意 $1 \leqslant i \neq j \leqslant n$, 有关系式
$$\bar{A}_i \bar{A}_j = \bar{A}_i \bar{A}_j A_j \bar{A}_i$$
故由引理 1 知结论为真.

下面我们来证明试题 3. 首先证明 $f(11) \leqslant 6$. 今构造一个安排如下

$$A_1 = \{1, 2\}, A_2 = \{1, 3\}, A_3 = \{1, 4\}, A_4 = \{1, 5\}$$
$$A_5 = \{2, 3\}, A_6 = \{2, 4\}, A_7 = \{2, 5\}$$
$$A_8 = \{3, 4\}, A_9 = \{3, 5\}$$
$$A_{10} = \{4, 5\}$$
$$A_{11} = \{6\}$$

显然这个安排满足引理 2 中的结论 (3), 由引理 2 知它满足全面观摩的要求, 故 $f(1) \leqslant 6$.

接着证 $f(11) > 5$, 即对 $M_1 = \{1, 2, 3, 4, 5\}$ 无法构造出 $A_1, A_2, \cdots, A_{11}$ 使之具有性质 P. 为此我们还需要证明几个引理, 对于 M_1 我们有如下的引理.

引理 4 $|A_i| \neq 1 (1 \leqslant i \leqslant 11)$.

证 用反证法: 假设存在某个 $i(1 \leqslant i \leqslant 11)$, 使 $|A_i| = 1$; 不失一般性可设 $|A_1| = 1, A_1 = \{1\}$. 则由引理 2 中结论 (3) 可知 $\{1\} \not\subseteq A_j (2 \leqslant j \leqslant 11)$, 即它们也具有性质 P. 下面证 $|A_j| \neq 1, 2, 3 (2 \leqslant j \leqslant 11)$.

(1) 若存在某个 $2 \leqslant i \leqslant 11$, 使得 $|A_i| = 1$, 则不妨设 $|A_2| = 1$, 且 $A_2 = \{2\}$. 由引理 2 可得
$$\{2\} \not\subseteq A_j, 3 \leqslant j \leqslant 11$$
于是 $A_j \subsetneqq M_2 - A_2 = \{3, 4, 5\}$ (记为 $M_3, 3 \leqslant j \leqslant 11$). M_3 的所有真子集共 $2^3 - 2 = 6$ (个), 但 $A_3, A_4, \cdots, A_{11}$ 共有 9 个, 故由抽屉原理知至少有两个相同, 与引理 2 矛盾.

（2）假设存在某个 $2 \leqslant i \leqslant 11$，使得 $|A_i| = 3$，不失一般性可假设 $|A_2| = 3$，且 $A_2 = \{2,3,4\}$，那么 $A_j \subseteq M_2 - A_2$（$3 \leqslant j \leqslant 11$）. 而 $M_2 - A_2$ 的真子集共有

$$(2^4 - 2) - (2^3 - 1) = 7（个）$$

由抽屉原理知在 $A_2, \cdots, A_{11}$ 中一定有两个相同，与引理 1 矛盾.

（3）由（1）（2）可知，对所有的 $2 \leqslant i \leqslant 11$，都有 $|A_i| = 2$，而 M_2 的所有二元子集总共只有 $C_4^2 = 6$（个），由抽屉原理知必有两个 A_i 和 A_j（$2 \leqslant i \neq j \leqslant 11$）相同，与引理 2 矛盾.

综合（1）（2）（3）可知引理 4 成立. 证毕.

引理 5 $|A_i| \neq 4$（$1 \leqslant i \leqslant 11$）.

证 由引理 3 知，若 $A_1, A_2, \cdots, A_{11}$ 具有性质 P，则 $\bar{A}_1, \bar{A}_2, \cdots, \bar{A}_{11}$ 也具有性质 P，故由引理 3 知

$$|\bar{A}_i| \neq 1, 1 \leqslant i \leqslant 11$$

注意到

$$|A_i| = |A_i \cup \bar{A}_i| - |\bar{A}_i| = 5 - |\bar{A}_i|$$

故 $|A_i| \neq 4$.

引理 6 我们记 $M^{(i)}$ 表示 M 的所有 i 元子集，且

$$\alpha = |\{A_i \mid |A_i| = 2, 1 \leqslant i \leqslant 11\}| = |M^{(2)}|$$
$$\beta = |\{A_i \mid |A_i| = 3, 1 \leqslant i \leqslant 11\}| = |M^{(3)}|$$

则 $\beta \geqslant 6$.

证 用反证法：假设 $\beta \leqslant 5$.

（1）先证 $\beta \neq 1$，$|M^{(2)}| = C_5^2 = 10$，故 $\beta = 1$ 时，$\alpha = 11 - \beta = 10$，可以取到，但此时这个唯一的三元集 A_j，一定存在某个 $A_p \in \{A_i \mid |A_i| = 2, 1 \leqslant i \leqslant 11\}$，使 $A_p \subsetneqq A_j$，与引理 1 矛盾. 所以 $\beta \neq 1$.

（2）若 $\beta = 2$，设 $|A_1| = |A_2| = 3$，且 $A_1 = \{1,2,3\}$，考虑 $A_1 \cap A_2$，$|A_1 \cap A_2| = 1$ 或 2.

① 若 $|A_1 \cap A_2| = 1$，则可设 $A_2 = \{3,4,5\}$，于是

$$|A_1^{(2)}| + |A_2^{(2)}| = C_3^2 + C_3^2 = 6$$

故 $\alpha \leqslant |\{A_i \mid |A_i| = 2, A_i \nsubseteq A_1$ 且 $A_i \subseteq A_2\}| = 4, \alpha + \beta \leqslant 4 + 2 = 6$，与 $\alpha + \beta = 11$ 矛盾.

② 若 $|A_1 \cap A_2| = 2$，则可设 $A_2 = \{2,3,4\}$，于是

$|\{B_j||B_j|=2, B_j \subseteq A_1$ 或 $B_j \subseteq A_2\}| = C_3^2 + C_3^2 - 1 = 5$. 可知 $\alpha \leqslant 10 - 5 = 5$, 故 $\alpha + \beta \leqslant 5 + 2 = 7$, 与 $\alpha + \beta = 11$ 矛盾.

综合 $(1)(2)$ 可知 $\beta \neq 2$.

(3) 若 $\beta = 3$, 则不妨设 $|A_1| = |A_2| = |A_3| = 3$, 且 $A_1 = \{1,2,3\}$, 仍考虑 $A_1 \cap A_2$, $|A_1 \cap A_2| = 1$ 或 2.

① 若 $|A_1 \cap A_2| = 1$, 则可设
$$A_2 = \{3,4,5\}$$
$$|A_1^{(2)} \cup A_2^{(2)}| = |A_1^{(2)}| + |A_2^{(2)}| = 3 + 3 = 6$$
考查 $A_3^{(2)}$.

若 $A_3^{(2)} \subsetneq A_1^{(2)} \cup A_2^{(2)}$, 则因 $|A_3^{(2)}| = 3$, 故由抽屉原则可知, 存在两个 $Y_1, Y_2 \in A_3^{(2)}$, 使得 $Y_1, Y_2 \in A_1^{(2)}$ 或 $Y_1, Y_2 \in A_2^{(2)}$, 即 $|A_3^{(2)} \cap A_j^{(2)}| = 2 (j = 1$ 或 2), 但这可导致 $A_1 = A_j$ ($j = 1$ 或 2), 矛盾.

② 若 $|A_1 \cap A_2| = 2$ 也会产生类似矛盾.

由①②可知, $A_3^{(2)} \not\subseteq A_1^{(2)} \cup A_2^{(2)}$, 故
$$|\bigcup_{i=1}^{3} A_i^{(2)}| \geqslant |\bigcup_{i=1}^{2} A_i^{(2)}| + 1$$
$$= |A_1^{(2)}| + |A_2^{(2)}| - |A_1^{(2)} \cap A_2^{(2)}| + 1$$
$$= \begin{cases} 7, & |A_1 \cap A_2| = 1 \text{ 时} \\ 6, & |A_1 \cap A_2| = 2 \text{ 时} \end{cases}$$

由引理 2 的 (3) 可知
$$\alpha \leqslant |M_1^{(2)}| - |\bigcup_{i=1}^{3} A_i^{(2)}| \leqslant 10 - 6 = 4$$
因此 $\beta \geqslant 11 - 4 = 7$, 这与假设的 $\beta \leqslant 5$ 矛盾, 故引理 6 成立.

引理 7 $\alpha \geqslant 6$.

证 若 $A_1, A_2, \cdots, A_{11}$ 具有性质 P, 由引理 3 知 $\bar{A}_1, \bar{A}_2, \cdots, \bar{A}_{11}$ 也具有性质 P. 记
$$\alpha' = |\{\bar{A}_i||\bar{A}_i| = 2, 1 \leqslant i \leqslant 11\}|$$
$$\beta' = |\{\bar{A}_i||\bar{A}_i| = 3, 1 \leqslant i \leqslant 11\}|$$
由于 $|M_1| = 5$, 则 $|\bar{A}_i| = 2 \Rightarrow |A_i| = 3$, $|\bar{A}_i| = 3 \Rightarrow |A_i| = 2$, 故 $\beta' = \alpha$, $\alpha' = \beta$.

由引理 6 知, $\beta' \geqslant 6$, 故 $\alpha = \beta' \geqslant 6$, 证毕.

由引理 6、引理 7 可知 $\alpha + \beta \geqslant 6 + 6 = 12$, 与 $\alpha + \beta = 11$ 矛

盾. 故对 $M_1 = \{1,2,3,4,5\}$ 不能构造出 $A_1, A_2, \cdots, A_{11}$ 具有性质 P, 即 $f(11) > 5$. 再由开始所证 $f(11) \leqslant 6$, 可知 $f(11) = 6$.

证法 2 使用了最少的预备知识, 只用到集合的运算, 条分缕析, 自然流畅, 但过程冗长, 因此我们希望得到一个精炼却不失于"初等"的解答. 经过对证法 2 的分析, 我们可以看到 $f(11) \leqslant 6$ 这步已无法压缩, 对 $f(11) > 5$ 却可以通过引入某种特殊的结构加以简化.

定义 1 如果 $X = \{1,2,\cdots,n\}$ 的子集族 $F = \{A_1, A_2, \cdots, A_m\}$ 中的元素满足 $A_1 \subseteq A_2 \subseteq \cdots \subseteq A_m$, 并且满足以下两个关系式:

(1) $|A_{i+1}| = |A_i| + 1 (i = 1,2,\cdots,m-1)$;

(2) $|A_1| + |A_m| = n$.

则称链 F 为对称链.

对称链有如下性质:

性质 1 若 $|A_1| = 1$, 则 X 中对称链的总条数为 $n!$.

证 设 $A_1 \subseteq A_2 \subseteq \cdots \subseteq A_m$ 是一条对称链. 若 $|A_1| = 1$, 则由定义 1 中 (1)(2) 可知

$$|A_2| = 2, |A_3| = 3, \cdots, |A_m| = n-1$$

若 A_1 选 $\{i\} (1 \leqslant i \leqslant n)$, 可有 n 种选法, 注意到 $A_2 \supseteq A_1$, 则 A_2 为 $\{i,j\}$ 型, $i \neq j, j$ 有 $n-1$ 种选法, 依次类推, 这种链的条数为

$$n \cdot (n-1) \cdot (n-2) \cdots \cdot 2 \cdot 1 = n!$$

性质 2 若 $A_1 \subseteq A_2 \subseteq \cdots \subseteq A_m$ 是 X 中的一条对称链, 那么 $\bar{A}_1 \supseteq \bar{A}_2 \supseteq \cdots \supseteq \bar{A}_m$ 也是 X 中的一条对称链.

证 由 $A_1 \subseteq A_2 \subseteq \cdots \subseteq A_m$ 是 X 中的一条链, 可知 $\bar{A}_m \subseteq \bar{A}_{m-1} \subseteq \cdots \subseteq \bar{A}_2 \subseteq \bar{A}_1$ 也是 X 中的一条链. 另外

$$|\bar{A}_i| = |X - A_i| = |X| - |A_i|$$
$$|\bar{A}_{i+1}| = |X - A_{i+1}| = |X| - |A_{i+1}|$$
$$= |X| - |A_i| - 1$$

所以

$$|\bar{A}_i| = |\bar{A}_{i+1}| + 1$$

且

$$|\bar{A}_1| + |\bar{A}_m| = |X - A_1| + |X - A_m|$$
$$= 2|X| - (|A_1| + |A_m|)$$

$$= 2n - n = n$$

故由定义 1 知，$\bar{A}_m \subseteq \bar{A}_{m-1} \subseteq \cdots \subseteq \bar{A}_2 \subseteq \bar{A}_1$ 也是 X 中的一条对称链.

性质 3 $|A_1| = 1$ 和 $|A_{n-1}| = n - 1$ 包含在 $(n-1)!$ 条对称链中.

证 因为 $|A_1| = 1$，不妨设 $A_1 = \{1\}$，则以 A_1 开始（即 $A_1 \subseteq \cdots \subseteq A_m$ 型）的每条链都包含 1，故 $H = \{A_2 - \{1\}, A_3 - \{1\}, \cdots, A_{n-1} - \{1\}\}$ 是一条长为 $n - 2$ 的对称链. 由性质 1 知 H 的种数为 $(n-1)!$.

同理可证，满足 $|A_{n-1}| = n - 1$ 的对称链有 $(n-1)!$ 种. 证毕.

用以上性质 1 及性质 3 我们可有如下证法.

证法 3 $f(11) \leq 6$ 的证法同证法 2. 以下证明 $f(11) > 5$. 因为每个剧团标号是一个子集 $A \subseteq \{1,2,3,4,5\}$，并且显然 $1 \leq |A| \leq 4$. 定义一条对称链 $A_1 \subseteq A_2 \subseteq A_3 \subseteq A_4$，其中 $|A_i| = i (1 \leq i \leq 4)$. 由性质 1 可知这种链的总条数为 120. 由性质 3 知每个满足 $|A_i| = 1$ 或 4 的子集出现在 $(5-1)! = 24$（条）链中，而每个满足 $|A_i| = 2, 3$ 的子集出现在 $2 \times 3 \times 2 = 12$（条）链中（例如 A_2 含有两数，则 A_1 含有这两数之一，A_3 含有其余三数之一，A_4 含有其余两数之一）. 因为共有 11 个剧团，每个剧团的标号在 120 条链中出现 24 次或 12 次，所以 11 个标号总共至少出现 $11 \times 12 = 132$（次）. 根据抽屉原理，至少有两个标号（记为 A 和 B）出现在同一条链中，但这与 A, B 属于斯潘纳尔族矛盾.

利用对称链的方法我们还可以给出斯潘纳尔引理的一个新证明.

定义 2 如果 $F_1, F_2, \cdots, F_n$ 是 $X = \{1, 2, \cdots, n\}$ 的 m 条对称链，且对每个 $A \subseteq X$：

(1) 存在一个 $i (1 \leq i \leq m)$，使得 $A \in F_i$；

(2) 不存在 $i, j (1 \leq i \neq j \leq m)$，使得 $A \in F_i \cap F_j$.

则称 $F_1, F_2, \cdots, F_m$ 为 m 条互不相交的对称链.

对不相交对称链的条数，我们有如下定理.

定理 1 设 $F_i (i = 1, 2, \cdots, m)$ 为 $X = \{1, 2, \cdots, n\}$ 的对称

链,$F = \{F_1, F_2, \cdots, F_m\}$,则$|F| = C_n^{\left[\frac{n}{2}\right]}$.

证 对 n 用数学归纳法:

(1) 当 $n = 1$ 时,结论显然成立.

(2) 假设当 $n = k$ 时结论成立,即 $\{1, 2, \cdots, n-1\}$ 的全体子集可以分拆为 $C_n^{\left[\frac{n}{2}\right]}$ 条互不相交的对称链.

(3) 设 $F_j = \{A_1, A_2, \cdots, A_t\}$ 为其中任一条

$$A_1 \subseteq A_2 \subseteq \cdots \subseteq A_t \tag{3}$$

考查链

$$A_1 \subseteq A_2 \subseteq \cdots \subseteq A_t \subseteq A_t \cup \{n\} \tag{4}$$

与

$$A_1 \cup \{n\} \subseteq A_2 \cup \{n\} \subseteq \cdots \subseteq A_{t-1} \cup \{n\} \tag{5}$$

显然链(4)(5)都是 X 的对称链,设 $A \subseteq X$,则有以下两种情况:

① 若 $n \notin A$,则 n 必恰在一条形如式(3)的链中,从而也必在一条形如式(4)的链中,但它一定不在形如(5)的链中.

② 若 $n \in A$,则 $A - \{n\}$ 必恰在一条形如式(3)的链中;当 $A - \{n\} = A_t$ 时,它恰在一条形如(4)的链中;当 $A - \{n\} \neq A_t$ 时,它恰在一条形如(5)的链中.

于是 X 的全部子集被分拆成若干条互不相交的对称链,显然每个对称链都含有一个 $\left[\frac{n}{2}\right]$ 元子集,所以所有不相交对称链的条数为 $C_n^{\left[\frac{n}{2}\right]}$.

我们从每条链中至多只能选出一个集合组成 S 链,故 S 链中元素个数最多为 $C_n^{\left[\frac{n}{2}\right]}$,即给出了斯潘纳尔引理的又一证明.

其实当链不是对称链时,链的条数不一定恰好等于 S 族的元素个数的最大值. 一般地,有如下定理.

迪尔沃思(Dilworth)定理 集族 $A = \{A_1, A_2, \cdots, A_p\}$,$F = \{F_1, F_2, \cdots, F_q\}$ 是 A 中的 q 条不相交链,若 $A = \bigcup\limits_{i=1}^{q} F_i$,则

$$\min |F| = \max |\{A_i \mid A_i \in S\}|$$

即当集族 A 被分拆为不相交链时,所需用的最少条数为 A 中元素个数最多的 S 族的元素个数.

1977 年苏联大学生数学竞赛试题也出现过斯潘纳尔引理的特例:

试题 4 由 10 名大学生按照下列条件组织运动队:

(1) 每个人可以同时报名参加几个运动队;

(2) 任一运动队不能完全包含在另一个队中或者与其他队重合(但允许部分地重合).

在这两个条件下,最多可以组织多少个队? 各队包含多少人?

解 设 $M \triangleq \{$满足条件 (1)(2),且所含队数最多的运动队的集合$\}$,则

$$M_i \in M, |M_i| = i$$
$$r = \min\{i \mid M_i \neq \varnothing\}$$
$$s = \max\{i \mid M_i \neq \varnothing\}$$

(1) 如果 $s > 5$,设 $N \triangleq \{M_s \mid$ 去掉一名运动员所得到的一切可能的运动队$\}$,则 $|N| = s - 1$,故对任意的 $A \in M_s$,都存在 $B_j \in N(1 \leq j \leq s)$,使得 $B_j \subsetneqq A(1 \leq j \leq s, B_j$ 是由 A 去掉 s 个人之中一个所得到的);而对每个 $B \in N$,则存在不多于 $11 - s$ 个 $A_j(1 \leq j \leq 11 - s)$,使 $B \subsetneqq A_j$(加上至多 $10 - (s - 1) = 11 - s$(个)不在 N 中的运动队中的人之一得到的运动队有可能不在 M_s 中),因此

$$(11 - s)|N| \geq s|M_s|$$

故

$$|N| \geq \frac{s}{11 - s}|M_s| \geq \frac{6}{5}|M_s| > |M_s|$$

$$\sum_{j=r}^{s-1} |M_j| + |N| > \sum_{j=r}^{s-1} |M_j| + |M_s|$$

$$= \sum_{j=r}^{s} |M_j| = |M|$$

下面我们证明 $M_j(r \leq j \leq s - 1)$,N 都满足条件 (1)(2). 满足条件(1) 是显然的;再看条件(2),若存在 $X \in M_i$,且 $X \in N$,由 N 的定义知,存在一个 $Y \in M_s$,使得 $X \subsetneqq Y$ 与 M 的定义矛盾.

又注意到,对任意 $P \in N, Q \in M_i$ 都有 $|P| \geqslant |Q|$,故不能有 $P \subsetneqq Q$,而这与 M 的最大性假设矛盾,故 $s \leqslant 5$.

(2)同理可证 $r \geqslant 5$,从而 $r = s = 5$,即运动队全由 5 个人组成. 由 5 个人组成的运动队有 C_{10}^5 个,显然满足条件(1)(2),故最多有 $C_{10}^5 = 252$(个)队,每队含 5 人.

用这种方法我们还可以给出斯潘纳尔引理的另一种证法. 先证一个引理.

引理 8 设 $X = \{1, 2, \cdots, n\}, A = \{A_i \mid |A_i| = k, A_i \subseteq X\}$, $B = \{B_i \mid |B_i| = k + 1, B_i \subseteq X\}$,且满足:

(1)对于每个 $B_i \in B$,一定有某个 $A_j \in A$,使得 $B_i \supseteq A_j$;

(2)对于每个 $A_i \in A$,以及所有 $B_l \supseteq A_i$,有 $B_l \in B$,则

$$|B| \geqslant \frac{n - k}{k + 1} |A|$$

证 由条件(2)可知

$$m_i = |\{B_l \mid B_l \supseteq A_i, B_l \in B, A_i \in A\}| = n - k$$

$$\sum_{i=1}^{|A|} m_i = \sum_{i=1}^{|A|} (n - k) = |A|(n - k)$$

反过来,对每个 $B_j \supseteq B, \max |\{A_i \mid A_i \supseteq B_j\}|$,故

$$(k + 1)|B| \geqslant (n - k)|A|$$

即

$$|B| \geqslant \frac{n - k}{k + 1} |A|$$

利用引理 8 我们有斯潘纳尔引理的如下证法.

证 记 K_0 为 n 阶集合 X 的 S 类子集族中阶数最高的,并记 $n = 2m$(对 $n = 2m + 1$ 的情形我们可类似证明). 设 $F = \{A_i \mid A_i \subseteq X, |A_i| = m\}$,我们将证明 $K_0 = F$.

(1)先证 $K_0 \subsetneqq F$.

用反证法:设 K_0 中有 $r \geqslant 1$ 个元素 $A_1, A_2, \cdots, A_r$ 是 A 的 $k \geqslant m + 1$ 阶子集,记

$$K_3 = \{B_i \mid |B_i| = k - 1, B_i \subseteq A_j, 1 \leqslant j \leqslant r\}$$

即 K_3 也是 X 的子集族,$|K_3| = s$. 由于每个 k 阶集合皆含 k 个不同 $k - 1$ 阶子集,所以 $B_1, B_2, \cdots, B_s$ 连同重复出现的次数共 kr 个,但每个 $k - 1$ 阶子集可包含于 A 的 $n - (k - 1)$ 个不同的 k 阶子集中,故从整体来看,$B_1, B_2, \cdots, B_s$ 连同重复出现的次数不会

超过 $s(n - k + 1)$ 个,因此有

$$kr \leqslant s(n - k + 1) \tag{6}$$

由于

$$k \geqslant m + 1 = \frac{n + 2}{2} > \frac{n + 1}{2}$$

故由式(6)知

$$s \geqslant \frac{k}{n - k + 1} r > r$$

用 $B_1, B_2, \cdots, B_s$ 取代 K_0 中的 $A_1, A_2, \cdots, A_r$ 得一新子集族 K_1,易见 K_1 仍为 S 类. 但由 $s > r$,知 $|K_1| > |K_0|$,此与 K_0 的最大性矛盾.

(2)再证 $K_0 \not\supseteq F$.

设 K_0 中含有 $r_1 \geqslant 1$ 个 $k \leqslant m - 1$ 阶的 A 的子集 $A'_1, A'_2, \cdots, A'_{r_1}$,记 $K'_1 = \{A'_1, A'_2, \cdots, A'_{r_1}\}$.

按引理 8 中的方式构造相应的

$$K'_2 = \{B'_1, B'_2, \cdots, B'_{s_1}\}$$

并以 $B'_1, B'_2, \cdots, B'_{s_1}$ 取代 K_0 中的 $A'_1, A'_2, \cdots, A'_{r_1}$ 得到一新子集族 K_2. 当然 K_2 也是一个 S 族, 由引理 8 及 $k \leqslant m - 1 = \frac{n - 2}{2} < \frac{n - 1}{2}$,知 $s_1 \geqslant \frac{n - k}{k + 1} r_1 > r_1$,又得出 $|K_2| > |K_0|$,所以 K_0 中的元素都应为 A 的不低于 m 阶的子集,即 $K_0 \not\supseteq F$.

综合(1)(2)可知 $K_0 = F$,且

$$|F| = C_n^m = C_n^{\left[\frac{n}{2}\right]}$$

对 $n = 2m + 1$ 的情形,可同理证明.

布尔矩阵和图论证法

美籍朝鲜学者金基恒 1982 年出版了第一部有关布尔矩阵理论和应用方面的专著 Boolean Matrix Theory and Applications,其中令人信服地用布尔矩阵证明了其他分支的大量问题,其中我们也发现了斯潘纳尔引理的证明. 下面我们就介绍这一堪称精品的证明.

斯潘纳尔引理(另一种表述) 从 V_n 中取出一个向量集合,使得这个集合中没有任何一个向量小于另外某一个向量,

这种向量集合最大的就是 $C_n^{[\frac{n}{2}]}$.

证法 1 定义 $S_{w(k)} \triangle U_m$ 中权为 k 的向量集合,构造一个函数 $g:S_{w(k)} \to S_{w(k-1)}$,$a_i \triangle v$ 中第 i 个分量以前的 0 的个数,$p \triangle \min\{\sum\limits_{i=1}^{k} a_i (\bmod k)\}$. 令 $g(v)$ 是把 v 中的第 p 个 1 改为 0 而得到的向量,假定 $g(v) = g(v')$,除了在一个位置上的 0 被 1 替换了,v 和 v' 中的每一个都与 $g(v)$ 相同.

假定这种替换在 v 中发生在 x 位置上,在 v' 中发生在 y 位置上,这样位置 y 一定是 v' 中第 p' 个 1 的位置.

记 $a_i(v) \triangle$ 向量 v 中的第 i 个分量. 不妨设 $y > x$,则 $a_i(v) = a_i(v')$,除非 $p \le i \le p'$,$1 + a_i(v) = a_{i-1}(v)$. 对 $p \le i \le p'$,有 $a_p(v) = x - p$ 及 $a'_p(v') = y - p'$.

将这些方程相加得

$$\sum_{i=1}^{k} a_i(v) + (p' - p) - (x - p) + (y - p') = \sum_{i=1}^{k} a_i(v')$$

$$\sum_{i=1}^{k} a_i(v) + y - x = \sum_{i=1}^{k} a_i(v')$$

$$x - p \equiv y - p' (\bmod k)$$

由于位置 x 是 v 中第 p 个 1 的位置,$x - p$ 是 v 中这个位置之前 0 的个数. 一个向量中第 p 个 1 以前的 0 的个数与另外向量中第 p' 个 1 以前的 0 的个数同余,这两个数的差 z 比每一个向量中位置 p 和位置 p' 之间的 0 的个数多,因而 $z \equiv 0 (\bmod k)$,$1 \le z \le n - k$. 这是因为总共只有 $n - k$ 个 0,对于 $n - k < k$,这是一个矛盾,因此 g 是一一对应的.

现令 C 为向量的规模最大的一个反链,将 g 作用于 C 中权数最高的向量,只要这个权数 $k > n - k$,我们就可以得到一个新的反链,这个反链的元素个数与原来的反链相同. 重复这种"操作",我们就可以保证在反链中的一个向量的最高权数不超过 $[\frac{n}{2}]$. 对权数量低的那些向量应用一个与 g 对偶的函数,我们就能保证不会出现权数小于 $[\frac{n}{2}]$ 的向量,因此

$$\max|C| = C_n^{[\frac{n}{2}]}$$

近些年来随着图论的迅速发展,对许多已经给出证明的数学定理,图论专家们往往还要别出心裁地用图论的方法再给出一个证明来. 著名图论专家博洛巴斯在其 1985 年出版的名著《随机图》中用图论方法给出了斯潘纳尔引理的一个十分简单且巧妙的证明.

证法 2 设 A 是一个正则二部图,并且 V_1,V_2 是两顶点集,$|V_1| \le |V_2|$,从 V_1 到 V_2 存在一个匹配,因此当 $k < \dfrac{n}{2}$ 和 $l < \dfrac{n}{2}$ 时有一个单射

$$f:Z^{(k)} \to Z^{(k+1)}$$
$$g:Z^{(l)} \to Z^{(l+1)}$$

满足 $A \subseteq f(A)$ 和 $g(B) \subseteq B$,对于 $A \in Z^{(k)}$ 和 $B \in Z^{(l)}$,这里 $Z^{(j)}$ 表示 Z 的 j 元子集,因此 Z 的所有子集能够覆盖 $C_n^{[\frac{n}{2}]}$ 条链. 由于定义每条链包含多于一个 S 族的子集,故斯潘纳尔引理正确. 证毕.

沿着斯潘纳尔引理再发展下去就是所谓的迪尔沃思定理和极集理论.

一个偏序集就是一个集合 S 连同 S 上的一个二元关系 $\le$(有时用 $\subseteq$),使其满足:

(1)对一切 $a \in S$ 有 $a \le a$(反射性);

(2)若 $a \le b,b \le c$,则 $a \le c$(传递性);

(3)若 $a \le b$ 且 $b \le a$,则 $a = b$(反对称性).

如果对 S 中任意两个元素 a 和 b,或者 $a \le b$ 或者 $b \le a$,则这个偏序称为全序或线性序. 如果 $a \le b$ 且 $a \ne b$,那么记为 $a < b$. 例如,整数集及整数间的通常的大小关系就构成一个偏序集;一个集的子集及集合的包含关系也构成一个偏序集. 如果集合 S 的一个子集是全序的,那么这个子集就称为是一条链. 若一个集合中的元素是两两不可比较的,则这个集合称为反链.

下述定理归功于迪尔沃思(1950),下述的证明是特维伯格(1967)给出的.

定理 2　令 P 是一个有限偏序集, P 中元素划分为不相交链的最小个数 m 等于 P 的一个反链所含元素的最大个数 M.

证　(1) 显然有 $m \geqslant M$.

(2) 对 $|P|$ 使用归纳法. 若 $|P| = 0$, 显然定理为真. 令 C 是 P 的一条极大链. 若 $P\backslash C$ 中每一个反链包含最多 $M - 1$ 个元素, 则定理成立. 因此, 假设 $\{a_1, a_2, \cdots, a_M\}$ 是 $P\backslash C$ 中的一个反链. 我们定义 $S^- \triangleq \{x \in P \mid \exists_i [x \leqslant a_i]\}$, 类似地定义 S^+. 因为 C 是极大链, 所以 C 中的最大元不在 S^- 里, 故按归纳假设, 对 S^- 定理成立. 因此 S^- 是 M 个不交的链 S_1^-, S_2^-, $\cdots$, S_M^- 的并, 其中 $a_i \in S_i^-$. 假设 $x \in S_i^-$ 且 $x > a_i$. 因为存在 j, 使 $x \leqslant a_j$, 从而有 $a_i < a_j$, 这与 $\{a_1, a_2, \cdots, a_M\}$ 是反链矛盾. 这样就证明了 a_i 是 S_i^- 的极大元, 其中 $i = 1, 2, \cdots, M$. 我们可同样地对 S^+ 进行讨论. 与链联系起来, 这个定理就得到了证明.

米尔斯基 (1971) 给出了迪尔沃思定理的对偶.

定理 3　令 P 是一个偏序集. 若 P 不具有 $m + 1$ 个元素的链, 则 P 是 m 个反链的并.

证　对 $m = 1$, 定理显然成立. 令 $m \geqslant 2$ 且假定对 $m - 1$ 定理为真. 令 P 是一个偏序集且没有 $m + 1$ 个元素的链. 令 M 是 P 的极大元集合, 则 M 是一个反链. 假设 $x_1 < x_2 < \cdots < x_m$ 是 $P\backslash M$ 中的一条链, 那么它也是 P 的极大链, 因此 $x_m \in M$, 故得矛盾. 所以 $P\backslash M$ 没有 m 个元素的链. 故按归纳假设, $P\backslash M$ 是 $m - 1$ 个反链的并. 定理得证.

下述的著名定理归功于斯潘纳尔 (1928), 它与上述定理有相似的性质, 这个定理的下述证明是卢贝尔 (1966) 给出的.

定理 4　如果 $A_1, A_2, \cdots, A_m$ 是 $N \triangleq \{1, 2, \cdots, n\}$ 的一些子集, 且满足对任意 $i \neq j$, A_i 不是 A_j 的子集, 那么 $m \leqslant \binom{n}{[n/2]}$.

证　考虑由 N 的子集构成的偏序集. $\mathscr{A} \triangleq \{A_1, A_2, \cdots, A_m\}$ 是这个偏序集的一个反链.

这个偏序集的一个极大链 $\mathscr{C}$ 由元素个数为 i 的子集组成, 其中 $i = 0, 1, \cdots, n$, 它可按下述方法得到: 开始的一个是空集, 然后是包含一个单一元素的子集 (有 n 种选取), 接下来是包含

前面子集的 2 – 子集(有 $n - 1$ 种选取),再接下来是包含前面子集的 3 – 子集(有 $n - 2$ 种选取),依次类推. 因此有 $n!$ 个极大链. 类似地,给定 N 的一个 k – 子集 A,恰有 $k! \ (n - k)!$ 个极大链包含 A.

现在计算有序对 $(A, \mathscr{C})$ 的个数,其中 $A \in \mathscr{A}, \mathscr{C}$ 是极大链,而 $A \in \mathscr{C}$. 因为每一个极大链 $\mathscr{C}$ 最多包含一个反链中的一个成员,因此有序对的个数最多为 $n!$ 个. 若令 $A \in \mathscr{A}$ 且 $|A| = k$ 的子集的个数为 α_k,则有序对的个数为 $\sum\limits_{k=0}^{n} \alpha_k \, k! \ (n - k)!$. 因此

$$\sum_{k=0}^{n} \alpha_k \, k! \ (n - k)! \ \leqslant n!$$

或等价于

$$\sum_{k=0}^{n} \frac{\alpha_k}{\dbinom{n}{k}} \leqslant 1$$

因为 $k = \lceil n/2 \rceil$ 时,$\dbinom{n}{k}$ 达到最大,以及 $\sum \alpha_k = m$,由此可得到定理的结论.

如果我们取 N 的所有 $\lceil n/2 \rceil$ – 子集作为反链,则定理 4 中的等式成立.

现在我们讨论由 n – 集 N 的所有子集(2^n 个) 在集合包含关系下组成的偏序集 B_n. N 的 i – 子集的集合用 $\mathscr{A}_i$ 表示. B_n 的一条对称链定义为顶点的一个序列 $P_k, P_{k+1}, \cdots, P_{n-k}$,使得对 $i = k, k + 1, \cdots, n - k - 1$ 有 $P_i \in \mathscr{A}_i$ 和 $P_i \subseteq P_{i+1}$. 现在我们叙述由德布勒蕴,Van Ebbenhorst Tengbergen 和 Kruyswijk(1949) 给出的把 B_n 分裂为(不相交) 对称链的算法.

算法 从 B_1 开始,归纳地进行. 如果 B_n 已被分裂为对称链,那么对每一个这样的对称链 $P_k, \cdots, P_{n-k}$,定义 B_{n+1} 中的两个对称链,即 $P_{k+1}, \cdots, P_{n-k}$ 和 $P_k, P_k \cup \{n + 1\}, P_{k+1} \cup \{n + 1\}, \cdots, P_{n-k} \cup \{n + 1\}$.

容易看出,这个算法确实把 B_n 分裂为对称链,进而还提供了 B_n 的 k – 子集和 $(n - k)$ – 子集之间的一个自然的匹配.

问题 A 令 $a_1, a_2, \cdots, a_{n^2+1}$ 是整数 $1, 2, \cdots, n^2 + 1$ 的一个

置换. 证明由迪尔沃思定理可推出, 这个序列中有一个长为 $n + 1$ 的单调子序列.

下述是问题 A 的一个优美的直接证明. 假设不存在 $n + 1$ 项的递增子序列. 令 b_i 是自 a_i 项开始的最长递增子序列的长度. 那么按抽屉原理, 在这些 b_i - 序列里至少有 $n + 1$ 个有相同的长度. 因为 $i < j$ 且 $b_i = b_j$, 所以必有 $a_i > a_j$, 因此我们就得到长为 $n + 1$ 的递减子序列.

定理 3 是通常称之为极集理论领域里的一个相当容易的例子, 而极集理论中的问题通常是十分困难的. 下面我们再给出一个例子作为简单练习.

问题 B 令 $A_i (1 \leq i \leq k)$ 是集合 $\{1, 2, \cdots, n\}$ 的 k 个不同的子集. 假设对所有的 i 和 j 有 $A_i \cap A_j \neq \varnothing$, 证明 $k \leq 2^{n-1}$, 并给出使等式成立的一个例子.

我们再介绍一个典型的方法, 该方法在证明斯潘纳尔定理时使用过.

定理 5 令 $A = \{A_1, \cdots, A_m\}$ 是集合 $\{1, 2, \cdots, n\}$ 的 m 个不同 k - 子集的集合, 使得任何两个子集有非空的交, 其中 $k \leq n/2$. 证明 $m \leq \binom{n-1}{k-1}$.

证 将 1 到 n 这 n 个整数由小到大排成一个圆圈, 令 F_i 表示集合 $\{i, i + 1, \cdots, i + k - 1\}$, 其中这些整数取模 n. 记 $F \triangleq \{F_1, F_2, \cdots, F_n\}$ 为圈上所有 k 个相继元素集合的总体. 如果某个 F_i 等于某个 A_j, 那么集合 $\{l, l + 1, \cdots, l + k - 1\}$ 和 $\{l - k, \cdots, l - 1\} (i < l < i + k)$ 中最多有一个在 A 中, 因此, $|A \cap F| \leq k$. 对 $\{1, 2, \cdots, n\}$ 应用一个置换 π, 则由 F 得到 F^π, 那么对 F^π 上述结论同样成立. 因此有

$$\Sigma \triangleq \sum_{\pi \in S_n} |A \cap F^\pi| \leq k \cdot n!$$

我们固定 $A_j \in A$ 和 $F_i \in F$, 计算这个和, 并注意到使 $F_i^\pi = A_j$ 的置换有 $k!(n - k)!$ 个. 因此

$$\Sigma = m \cdot n! \cdot (n - k)!$$

这样定理就得到了证明.

如果假定 A 中每一个集合最多含有 k 个元素, 并且它们构

成一条反链,那么对上述证明略加修改,就能证明在这种条件下该定理仍然成立.

定理 6 令 $A = \{A_1, \cdots, A_m\}$ 是集合 $N \triangleq \{1, 2, \cdots, n\}$ 的 m 个子集的集合,使得对 $i \neq j$ 有 $A_i \nsubseteq A_j$ 且 $A_i \cap A_j \neq \varnothing$,以及对一切 i 有 $|A_i| \leqslant k \leqslant n/2$,则 $m \leqslant \binom{n-1}{k-1}$.

证 (1) 如果所有子集都有 k 个元素,则按定理 5 结论成立.

(2) 令 $A_1, \cdots, A_s$ 是基数最小的子集,设其基数为 $l \leqslant \dfrac{n}{2} - 1$. 考虑 N 的包含一个或多个 $A_i (1 \leqslant i \leqslant s)$ 的所有 $(l+1)$ - 子集 B_j. 显然这些 B_j 均不在 A 里. 每一个集合 $A_i (i \leqslant j \leqslant s)$ 恰在 $n - l$ 个 B_j 里,并且每一个 B_j 最多包含 $l + 1 \leqslant n - l$ 个 A_i. 因此,可以选取 s 个不同的集合,比如 $B_1, \cdots, B_s$,使得 $A_i \subseteq B_i$. 如果用 B_i 替换 A_i,那么新的集合 A' 满足定理的条件,且最小基数的子集有大于 l 个元素. 按归纳法,可归结为情况(1).

把定理 5 证明中的计数论证改为赋权子集的计数论证,这样,我们就能证明下述推广.

定理 7 令 $A = \{A_1, \cdots, A_m\}$ 是 $\{1, 2, \cdots, n\}$ 的 m 个不同子集的集合,其中对 $i = 1, \cdots, m$,有 $|A_i| \leqslant n/2$. 如果任何两个子集都有非空的交,则

$$\sum_{i=1}^{m} \frac{1}{\binom{n-1}{|A_i|-1}} \leqslant 1$$

证 设 π 是排成一个圈的 $1, 2, \cdots, n$ 的一个置换,如果 A_i 中的元素相继地出现在该圈的某一段,则称 $A_i \in \pi$. 与定理 5 的证明相同,我们可证,若 $A_i \in \pi$,则所有满足 $A_j \in \pi$ 的 j 最多有 $|A_i|$ 个.

定义

$$f(\pi, i) \triangleq \begin{cases} \dfrac{1}{|A_i|} & \text{若 } A_i \in \pi \\ 0 & \text{其他} \end{cases}$$

根据上述论证 $\sum_{\pi \in S_n} \sum_{i=1}^{m} f(\pi, i) \leqslant n!$. 改变和的次序,对于固定的

A_i,我们必须计算置换 π 排成一个圈使 $A_i \in \pi$ 的 π 的个数. 这个数(用定理 5 的相同论证)是 $n \cdot |A_i|! (n-|A_i|)!$. 因此有

$$\sum_{i=1}^{m} \frac{1}{|A_i|} \cdot n \cdot |A_i|! (n-|A_i|)! \leqslant n!$$

由此可得所需结果.

问题 C 令 $A = \{A_1, \cdots, A_m\}$ 是 $N \triangleq \{1, 2, \cdots, n\}$ 的 m 个不同的子集的集合,使得若 $i \neq j$,则 $A_i \nsubseteq A_j, A_i \cap A_j \neq \varnothing, A_i \cup A_j \neq N$. 证明

$$m \leqslant \binom{n-1}{[\frac{n}{2}]-1}$$

问题 D 考虑把 B_n 按上述描述分解为对称链. 证明定理 4 是这种分解的一个直接结果. 证明定理 6 通过这种分解能归结为定理 5. 使链的最小元在 A_i 里的链有多少个?

问题 E 给定偏序集 B_n 的一个元素 $S(\{1, 2, \cdots, n\}$ 的一个子集),构造 B_n 包含 S 的对称链的算法. 用 x 表示 S 的特征向量. 例如 $n = 7, S = \{3, 4, 7\}$,那么 $x = (0, 0, 1, 1, 0, 0, 1)$. 标记所有相继的 10 对,暂时去掉这些标记的对,然后再标记所有相继的 10 对,重复这个过程,一直到剩下的数串为形式 $00\cdots01\cdots11$ 为止. 在我们的例子里,我们得到 0011001,其中对 $i = 3, 4, 5, 6$,第 i 个坐标被标记,当去掉这些被标记的坐标后,剩余数串为 001. 这条链上的诸子集的特征向量可如下得到:固定所有被标记的坐标,然后让其余坐标组成的数串取遍 $0\cdots000, 0\cdots001, 0\cdots011, \cdots, 1\cdots111$. 在我们的例子里,这些特征向量为

$$(0, 0, \dot{1}, \dot{1}, 0, 0, 0)$$
$$(0, 0, \dot{1}, \dot{1}, 0, 0, 1)$$
$$(0, 1, \dot{1}, \dot{1}, 0, 0, 1)$$
$$(1, 1, \dot{1}, \dot{1}, 0, 0, 1)$$

它们对应的子集为

$\{3,4\},\{3,4,7\},\{2,3,4,7\},\{1,2,3,4,7\}$

评注 斯潘纳尔是以组合拓扑学中的一个引理而出名的,通常把这个引理称之为"斯潘纳尔引理". 该引理出现在他的毕业论文里(1928),被用于证明布劳威尔的不动点定理.

本书第 3 章 3.5 节则介绍了著名的拉姆塞理论,大多数读者可能都知道弗朗克·拉姆塞是拉姆塞数和拉姆塞理论的发现者和奠基人,但也许仅此而已. 可是他的其他成就,其中有些同样是用他的名字来命名的,也并不逊色,而且其涉及范围之广更引人注目:逻辑学、数学基础、经济学、概率论、判定理论、认知心理学、语义学、科学方法论等. 最不寻常的是他在如此短暂的一生中做出了这么多开创性的工作 —— 他在 1930 年因黄疸病去世时年仅 26 岁. 我相信对这位非常人物的生平和工作即便做一很简略的概述,也会引起那些仍在钻研他的天才成果的人们的兴趣.

弗朗克·拉姆塞出生于一个杰出的剑桥家庭. 他的父亲 A. S. 拉姆塞也是数学家,并曾经担任麦格达林学院院长;他的弟弟迈克尔担任过坎特伯雷大主教. 拉姆塞是无神论者,但兄弟俩一直很亲近. 年青的拉姆塞早在进三一学院攻读数学之前就通过家庭和麦格达林学院接触到剑桥的一群卓越的思想家:著名的贝尔特兰德·罗素和他的哲学同事摩尔和路特维希·维特根斯坦以及经济学家和概率的哲学理论家约翰·梅纳德·凯因斯,他们激发了拉姆塞以后的志趣.

罗素和维特根斯坦给予拉姆塞早期研究形而上学、逻辑学和数学哲学等学科的原动力. 1925 年,也就是拉姆塞作为剑桥大学的数学拔尖学生毕业后两年,他写出了论文《数学的基础》,此文通过消除其主要缺陷来为罗素的《数学原理》把数学化归成逻辑做辩护. 例如,论文简化了罗素的使人难以置信的、复杂的类型理论;通过要求它们也是在维特根斯坦的《逻辑哲学论》意义上的同义反复,把罗素关于数学命题的弱定义加强成为纯一般的定义. 尽管逻辑学家对数学的这种化归从来不受数学家的欢迎,但它近来却得到了有力的辩护,这也增加了拉姆塞对很多事情有先见之明的记录,也使得认为他的逻辑主义

117

已被宣告埋葬的说法现在看来是过于轻率了.

凯因斯对拉姆塞的影响使他从事概率论和经济学这两门学科的研究. 凯因斯在 1921 年出版的《论概率》一书至今仍有影响,该书把概率当作从演绎逻辑(确定性推断的逻辑)到归纳逻辑(合理的非确定性推断的逻辑)的一种推广. 它诉诸一种所谓"部分继承"的根本逻辑关系,在可以度量时,后者用概率来说明从两个相关的命题中的一个推出另一个的推断有多强. 拉姆塞对这个理论的批评是如此有效,以致凯因斯本人也放弃了它,尽管后来它又重现于卡尔纳普和其他人的工作中. 拉姆塞在其 1926 年的论文《真理与概率》中提出了自己的理论,这种理论指出如何用赌博行为来度量人们的期望(主观概率)和需要(效用),从而为主观概率和贝叶斯决策的近代理论奠定了基础.

尽管拉姆塞搞垮了他的《论概率》,凯因斯仍然使拉姆塞成为剑桥皇家学院的研究员,并鼓励他研究经济学中的问题,当时拉姆塞 21 岁. 其结果是拉姆塞完成了论文《对征税理论的一点贡献》和《储蓄的一种数学理论》,分别发表在 1927 年和 1928 年的《经济学杂志》(*The Economic Journal*)上. 在凯因斯撰写的对拉姆塞的讣告中,凯因斯把这两项工作赞誉为"数学经济学所取得的最杰出的成就之一". 从 1960 年以来,这两篇论文的每一篇都发展成为经济学理论的繁荣分支:最优征税和最优积累.

值得指出的是,这些经济学论文和拉姆塞的几乎所有工作一样,发表后几十年才被人们了解并得到进一步发展. 其部分原因在于拉姆塞的工作都是高度独创性的,从而难以被理解. 而且,拉姆塞的非常质朴明快的散文体也倾向于掩藏其思想的深刻和精确. 他的文章不爱用行话,不矫揉造作,以致使人们在试图自己去思索其所说内容之前往往低估了它. 此外,拉姆塞不爱争论. 正如他早年的老师和后来成为朋友的评论家和诗人理查兹在关于拉姆塞的无线电广播节目中所说:"他从来不想引人注意,丝毫没有突出自己的表现,非常平易近人,而且几乎从不参加争辩性的对话 …… 我想,他在自己的心里觉得事情非常清楚,没必要去驳倒别人." 他的妻子和还在世的朋友都确认这种说法符合实际情况. 所以在他去世后的几十年中,一些光辉夺人的强手的名声遮盖了他,并且分散了人们对其工作的注意也就不足为奇了.

上述现象肯定发生在哲学方面. 20 世纪 30 年代和 40 年代,维特根斯坦处于剑桥哲学界的支配地位,所以拉姆塞的大部分哲学工作没有直接引起注意,而直到后来通过他的主要著作的影响才重新 —— 主要在美国 —— 被发现,是由拉姆塞的朋友勃雷特怀特在 1931 年整理出版的. 正如勃雷特怀特所说,哲学即使不是拉姆塞的专业也是他的"天职(vocation)". 这里不可能总结他的哲学成果,更不用说这些成果在现今的影响和分支情况了. 为了对拉姆塞类型的实用主义哲学的现况有所了解,可参看为悼念他逝世五十周年而编写的文集中的论文. 下面用两个例子来说明拉姆塞的哲学思想的惊人的独创性和深刻的质朴性.

第一个例子是拉姆塞关于真理的理论,它后来被称作"冗余理论". 比拉多是 1 世纪罗马帝国驻犹太行省的总督. 据《新约全书》记载,耶稣由他判决钉死在十字架上的大名鼎鼎的问题"真理是什么?" —— 把一种信念或断言叫作"真"是什么意思? —— 是哲学中最古老和令人困惑的问题之一. 在关于实用主义语义学的论文《事实和命题》中,拉姆塞用两页文字讲清了这一问题. 他写道:"显然,说'恺撒被谋杀'是真,无非是说恺撒被谋杀. "认为别人的信念是真就是觉得自己也有这种信念. 所以,正如拉姆塞所说,并没有单独的真理问题,要问的问题是"信念是什么?":信念和其他态度,如希望和忧虑,一般有什么不同;一个具体的信念和另一个又有什么区别. 不过直到最近,大多数哲学家才从比拉多的问题中解脱出来,并开始用拉姆塞所明白无误地概述的想法解决真正的问题.

第二个例子是在他死后发表的"理论"中,拉姆塞惊人地预见到很多才出现的关于科学地建立理论的思想. 他比大部分同代人早得多地注意到,以可观察或可操作(operational)的方式定义理论实体(比如基本粒子)无助于理解所发展的理论实际上如何用于新现象及其解释. 拉姆塞说,理论的谓词实际上可当作存在量词的变元那样来处理 —— 对理论的这种表述现

119

在因此得名为"拉姆塞语句". 所以理论的各部分不能通过自身来推断或评价其真伪, 因为它们含有约束变元; 正如拉姆塞所写的那样, "对于我们的理论, 我们必须考虑我们可能会添加些什么, 或者希望添加些什么, 并考虑理论是否一定与所加的内容相符." 因此, 对立的理论也就可能对其理论性概念给出它们似乎具有的完全不同的含义, 比如像牛顿理论的物质和相对论的物质, 所以把对立的理论说成"无公度"比说成"不相容"更为恰当. 用拉姆塞的话来说: "对立理论的追随者可以充分地争辩, 尽管每一方都无法肯定另一方所否认的任何东西." 大约从1960年开始, 很多有关科学的方法论和历史的文献所论及的正是关于在科学的发展中比较和评价理论的问题; 不过对于为什么会产生这类问题, 至今还没有比拉姆塞更好的阐述.

考虑到拉姆塞在逻辑学、哲学和经济学上所做的相对来说大量的工作, 读者得知事实上无论从他所从事的职业和所受的训练来说都是一位数学家时, 也许会觉得意外. 他在 1926 年成为剑桥大学数学讲师, 并一直任职到四年后去世. 不过使人奇怪的不是他为什么去做那个使他在数学上成名的工作, 因为他在剑桥的数学院主要讲授数学基础而不是数学本身, 倒是他的著名数学定理与论文内容相当不协调, 而且这篇论文本身现在看来颇有讽刺意味.

拉姆塞是在一篇共 20 页的论文《论形式逻辑的一个问题》的前 8 页证明了他的定理, 这篇论文解决了带同异性的一阶谓词演算的判定问题的一种特殊情形. 有讽刺意味的是, 尽管拉姆塞用他的定理来帮助解决这个问题, 但事实上后者却可以不用这个定理而得到解决. 再者, 拉姆塞把解决这一特殊情形仅仅作为促成解决一般判定问题的一点贡献. 而在拉姆塞去世后一年, 哥德尔事实上证明了解决一般判定问题的目标是不可企及的. 所以, 拉姆塞在数学 —— 他的职业上的不朽名声乃是基于他并不需要的一个定理, 而这个定理又是在试图去完成现已得知无法完成的任务的过程中证明的!

我们无法断言拉姆塞对哥德尔的结果会做出什么反应, 但他未能亲眼见到并进而开发哥德尔的结果无疑是他英年早逝悲剧的重要一幕. 正如勃雷特怀特在前面提及的无线电广播节目中所说:"哥德尔的论文使得数理逻辑在事实上成为一门专门学问和一个特殊而又活跃的数学分支."他又补充说:"这将会使拉姆塞非常激动,以致他也可能在这个领域驰骋一年."考虑到自从拉姆塞提出8页数学论文以来的情况,我们只能推测我们的损失是何等巨大.

拉姆塞引理应用十分广泛,我们仅举几例.

我们先从一道冬令营试题谈起.

1986 年年初全国冬令营的竞赛试题中有下题:

试题 5 用任意方式给平面上每点染上黑色或白色,求证:一定存在一个边长为 1 或 $\sqrt{3}$ 的正三角形,它的三个顶点是同色的.

试题及解答均见《数学通讯》1986 年第 5 期.

武汉大学数学系的樊恽教授介绍了与此题有关的问题及背景.

1. 直线上的问题

为简单起见,当用 r 种颜色对集合 A 中的每点着上 r 种颜色之一时,称 A 为 r - 着色.

给直线 2 - 着色,那么当然总存在两点同色.这太容易了.因而对所求两点无任何其他要求.考查直线上顺次相距 1 的三点 A,B,C(图1),会发现,2 - 着色直线上可找到相距1或2的两点同色.如果限制更强,在 2 - 着色直线上是否总能找到相距 1 的两点同色呢?答案是否定的(图2).我们给出一种着色法如下:在坐标直线上给任意点 x,当 $[x]$ 为偶数时,着上黑色;当 $[x]$ 为奇数时,着上白色.这里 $[x]$ 表示数 x 的整数部分.那么任意两个相距 1 的点必落在不同色的区间.我们得到了下述命题.

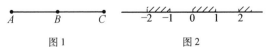

图 1   图 2

命题 1 在 2 - 着色直线上恒存在相距 1 或 2 的同色两点;

但有这样的 2 - 着色直线,其上不存在相距 1 的同色两点.

考虑三点时则有下面的命题.

命题 2 在 2 - 着色直线上恒存在成等差数列的三点同色.

证 如图 3,取 A,B 同色,不妨设为黑.若 AB 的中点 C 为黑,则已获证.不妨设 C 为白,取 D,E 使 $DA = AB = BE$.若 D,E 中有黑,比如 D 为黑,则 D,A,B 同为黑;若 D,E 均为白,则 D,C,E 同为白.

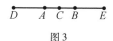

图 3

与命题 2 有关的一个惊人的近代结果是下面的定理.

范·德·瓦尔登定理 设 r,l 是任意自然数.若对整数集 r - 着色,则恒可找到 l 个同色的整数构成等差数列.

2. 平面上的问题

在 2 - 着色平面上任取边长为 1 的正 $\triangle ABC$,由抽屉原理马上知 A,B,C 三点中至少有两点同色.

进一步可给出下面更强的命题.

命题 3 在 3 - 着色平面上,必有相距 1 的两点同色.

证 如图 4,取共一边的两个边长为 1 的正 $\triangle ABC$ 与 $\triangle A'BC$,再绕点 A 将两个三角形旋转成四边形 $AB'A''C'$,使 $A'A'' = 1$.若 A,B,C 中无两点同色,则不妨设三点分别着 a 色、b 色及 c 色.若 A' 着 b 色或 c 色,则相距 1 的同色两点可找到,故可设 A' 着 a 色.同理,若 A'' 不着 a 色,则相距 1 的同色两点已找到.若 A'' 着 a 色,则 A',A'' 即是相距 1 的同色两点.

习题 1 有这样的 7 - 着色平面,其上不存在相距 1 的同色两点.(提示:用直径为 1 的正六边形覆盖平面.)

对 $4,5,6$ - 着色平面,类似问题的答案尚不可知.

以下为简便,称三顶点同色的三角形为单色三角形.

命题 4 在 2 - 着色平面上存在边长为 1 或 $\sqrt{3}$ 的单色三角形;但有这样的 2 - 着色平面,其上不存在边长为 1 的单色三角形.

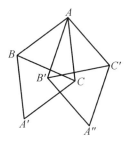

图 4

证 前一断言即是试题 5,已指出查找其证明的地方. 对后一断言,我们类似于命题 1,构造一个 2 - 着色坐标平面(图 5). 对平面上任意点 (x, y),若 $\left[\dfrac{2x}{\sqrt{3}}\right]$ 为偶数,则着上黑色;若 $\left[\dfrac{2x}{\sqrt{3}}\right]$ 为奇数,则着上白色. 那么任意边长为 1 的正三角形的三个顶点不会同落入同色区域(为什么? 请读者证明,这是一个很好的几何练习).

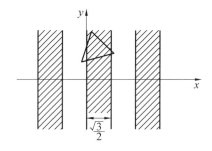

图 5

现在可以给出一个很强的也很有意思的结果.

命题 5 设 T_1, T_2 是两个三角形,T_1 有一边长为 1,T_2 有一边长为 $\sqrt{3}$. 将平面 2 - 着色,则恒可找到一个全等于 T_1 或 T_2 的单色三角形.

证 按题 4 可找到边长为 1 或 $\sqrt{3}$ 的正 $\triangle ABC$,其顶点同色,不妨设为黑色. 如 $AB = 1$,构造如图 6 的图形使四边形

123

$BCEF$ 是平行四边形, $\triangle ABC$, $\triangle CDE$, $\triangle EFG$, $\triangle BFH$ 都是正三角形, 且使 $\triangle ACD$ 全等于三角形 T_1, 那么图中共有六个三角形: $\triangle ACD$, $\triangle ABF$, $\triangle BCH$, $\triangle GFH$, $\triangle GEC$, $\triangle FED$, 它们都全等于三角形 T_1. 若前三个三角形都不是单色三角形, 则推出 D, F, H 全为白色, 那么无论 E, G 是什么色, 在后三个三角形中就总会出现单色三角形.

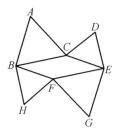

图 6

如果 $AB = \sqrt{3}$, 显然可按同样的方法证明有一单色三角形全等于三角形 T_2.

下面是一个有趣的推论.

推论 若三角形 T 有两边分别为 1 与 $\sqrt{3}$, 则在 2 – 着色平面上可找到一个全等于 T 的单色三角形.

以上内容基本上取材于著名数学家爱尔迪希等四人 1973 年发表于《组 合 论 杂 志》的一篇文章 (见 *Journal of Combinatorics Theory* (A 系列) , 14 卷 (1973 年) 341 ~ 363 页) 的部分例子. 针对以上内容 (读者可将命题 4 与推论对照) , 他们有两个猜想.

猜想 1 设 T 是一个给定的三角形, 只要 T 不是正三角形, 在任何 2 – 着色平面上就一定可找到全等于 T 的单色三角形.

猜想 2 在 2 – 着色平面上, 若不存在边长为 d 的单色正三角形, 则对任意 $d' \neq d$, 可找到边长为 d' 的单色正三角形.

但是, 若把条件"全等"放宽为相似, 则结论更好. 著名的加莱定理断言:"对任意自然数 m, r, 设 G 是平面上 m 个点构成的几何图形, 则在任意 r – 着色平面上可找到 m 个单色点, 它们构成的图形相似于 G." 加莱定理实际上对空间乃至任意 n 维空间都成立.

3. 其他问题一例

例 1 如图 7,正 $\triangle ABC$ 的三条边的每点着黑白两色之一,则必可在 $\triangle ABC$ 的边上找到同色三点构成直角三角形.

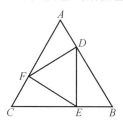

图 7

证 分别取 AB,BC,CA 的三等分点 D,E,F,则 $DE \perp BC$,$EF \perp CA$,$FD \perp AB$. D,E,F 三点中至少两点同色,不妨设 D,E 同为黑点. 若 BC 上除 E 以外还有黑点,则该黑点就与 D,E 构成单色直角三角形. 因此,以下设 BC 上除 E 以外全为白点. 若 AC 边上除 C 以外有其他白点,则这个点可与 BC 边上两个白点构成直角三角形. 因此,可以再设 AC 边除 C 以外全为黑点. 那么点 D 就可与 AC 边上的两点构成单色直角三角形.

做了以下习题后读者就可知道这个例子的结论可推广到什么程度.

习题 2 设 $\triangle ABC$ 为锐角三角形,证明:可在三边上分别找三点使得构成的内接三角形的三边分别垂直于 $\triangle ABC$ 的三边. 当 $\triangle ABC$ 为直角或钝角三角形时,结论如何?

读者可在空间中考虑各种类似以上内容的问题,其中有的问题好解决,有的问题至今尚不知答案.

然后再来看几个经典的例子.

4. 舒尔定理

舒尔定理被认为是拉姆塞理论中最早问世的著名定理,它是德国数学家舒尔在 1916 年研究有限域上的费马定理时发现的. 现在用拉姆塞定理可以很轻松地加以证明.

定理 8 对任意给定的正整数 k,存在数 n_0,使得只要 $n \geqslant$

125

n_0,则把 $[n]$ 任意 k – 染色后,必有同色的 $x,y,z \in [n]$ 满足 $x + y = z$,这里的 x,y 和 z 不一定互不相同.

证 取 $n_0 = R_k(3) - 1$ 即可,这里的

$$R_k(3) = R^{(2)}(\overbrace{3,3,\cdots,3}^{k个})$$

是拉姆塞定理中定义的数.

设 $n \geq n_0$,$[n]$ 的一个 k – 染色为 $f:[n] \to [k]$. 通过 f 可以产生 $[n+1]^{(2)}$ 的一个如下定义的 k – 染色 f^*:对 $1 \leq i < j \leq n+1$,定义

$$f^*(\{i,j\}) = f(j - i) \in [k]$$

因为 $n + 1 \geq R_k(3)$,根据拉姆塞定理,$[n+1]$ 中一定有 3 元子集 $\{a,b,c\}$,它的 3 个 2 元子集被 f^* 染成同色. 不妨设 $a < b < c$,则上述性质可以写成

$$f^*(\{a,b\}) = f^*(\{b,c\}) = f^*(\{a,c\})$$

根据 f^* 的定义,上式就是

$$f(b - a) = f(c - b) = f(c - a)$$

令 $x = b - a, y = c - b$ 和 $z = c - a$,即合于所求.

通常把定理 8 中的数 n_0 的最小可能值记成 $s_k + 1$,称 s_k 为舒尔数. 和拉姆塞数一样,人们对舒尔数所知很少. 迄今已完全确定的 s_k 只有 4 个:$s_1 = 1, s_2 = 4, s_3 = 13$ 和 $s_4 = 44$,而且 $s_4 = 44$ 还是在 1965 年借助计算机最终确定的.

5. 一个几何定理

虽然拉姆塞早在 1928 年就证明了现在以他命名的定理,并在 1930 年他不幸去世的那一年发表了他的论文,但这个定理并未引起同行的注意. 它的广为传播在很大程度上始于爱尔迪希和塞凯赖什在 1935 年发表的一篇题为《几何中的一个组合问题》的论文. 他们在论文中证明了下面的一个几何定理.

定理 9 对任意给定的整数 $m \geq 3$,一定存在数 n_0,使得在平面上无 3 点共线的任意 n_0 个点中,一定有 m 个点是凸 m 边形的顶点. 具有上述性质的数 n_0 的最小者记为 $ES(m)$.

他们的研究起始于一个简单而又新奇的几何命题:

引理 9 平面上无 3 点共线的任意 5 点中,一定有 4 点是凸四边形的顶点.

126

用定理 9 的记号,这正是 $m = 4$ 的情形,而且这里的数 5 显然不能再小了,所以引理 9 的结论正是 $ES(4) = 5$. 我们先承认引理 9 的结论,再利用拉姆塞定理给出定理 9 的证明.

定理 9 的证明 当 $m = 3$ 时定理显然成立,这时 $ES(3) = 3$. 现证当 $m \geqslant 4$ 时,令 $n_0 = R^{(4)}(m, 5)$,即合于所求.

对平面上任意给定的无 3 点共线的 n_0 个点,可以把这 n_0 个点的所有 4 点子集分成两类:如果 4 个点是凸四边形的 4 个顶点,则此 4 点集规定为第一类,其余的 4 点集都算成第二类. 根据数 $n_0 = R^{(4)}(m, 5)$ 的定义(这时设想这 n_0 个点标记成 1, $2, \cdots, n_0$,从而用 $[n_0]$ 来代表,所有 4 点子集分成两类就是 $[n_0]^{(4)}$ 的一个 2 - 染色),或者其中有 m 点,它的每个 4 点子集都属于第一类;或者其中有 5 点,它的每个 4 点子集属于第二类,即都不是凸四边形的 4 个顶点. 但根据引理 9,后一种情形不可能发生. 所以我们只要再证明这样的结论:如果平面上 m 个点中无 3 点共线,且其中任意 4 点都是凸四边形的顶点,则这 m 个点一定是凸 m 边形的顶点. 下面对 m 用归纳法来证明这个结论.

当 $m = 4$ 时结论自然成立. 设 $m > 4$,首先不难证明这 m 个点中一定有 3 点 A, B 和 C,使得其余 $m - 3$ 个点都位于 $\angle BAC$ 区域的内部,这时在 $\triangle ABC$ 内一定没有所给的点. 现在考查这 m 个点中除去 A 的 $m - 1$ 个点,根据归纳假设,它们是某个凸 $m - 1$ 边形的顶点. 又易知 BC 一定是这个 $m - 1$ 边形的一边. 把边 BC 换成 AB 和 AC 两边后得到的凸 m 边形即合于结论所求.

现在回过来看引理 9,相信读到这里的每位读者都能给出其证明.

定理 9 又一次体现了"任何一个足够大的结构中必定包含一个给定大小的规则子结构"的思想. 当然,爱尔迪希和塞凯赖什当年根本不知道拉姆塞定理,所以他们实际上重新发现了这个定理.

和拉姆塞数以及舒尔数一样,要确定数 $ES(m)$ 也极其困难. 除了 $ES(3) = 3$ 和 $ES(4) = 5$,还不难证明 $ES(5) = 9$. 但还不知道 $m > 5$ 时的任一 $ES(m)$ 值. 不过爱尔迪希和塞凯赖什当年就得到了 $ES(m)$ 的界

$$2^{m-2} + 1 \leqslant ES(m) \leqslant \binom{2m-4}{m-2} + 1$$

他们猜想其中的下界就是精确值.

在存在性方面还有一个与上述定理紧密相关的未解决难题:对 $m \geqslant 5$,是否存在正整数 N,使得在平面上无三点共线的任意 $n \geqslant N$ 个点中,一定有 m 个点是凸 m 边形的顶点,而且其余 $n - m$ 个点都在此凸 m 边形的外部? 即使对 $m = 5$,这种数 N 的存在性尚未得到肯定或否定的回答.

6. 范·德·瓦尔登定理

前面所讲的定理 8 和定理 9 现在看来可以说成是拉姆塞定理的精彩应用. 下面要讲的定理 3 则不能这样简单地证明,它是荷兰数学家范·德·瓦尔登在 1928 年首先证明的一个著名结果.

定理 10 对任意给定的正整数 l 和 k,必存在具有如下性质的数 $W = W(l,k)$:对 $[W]$ 的任一 k - 染色,$[W]$ 中有各项同色的 l 项等差数列.

当 $l = 2$ 时,因为任意两数都构成等差数列,所以由抽屉原理显然可取 $W(2,k) = k + 1$. 范·德·瓦尔登当初给出的证明写起来很烦琐,以后一直有人给出新证明. 下面我们讲述美国数学家格雷厄姆和罗斯柴尔德在 1974 年发表的一个简短证明,他们实际上证明了比定理 10 更一般的结论. 为了叙述他们的结论和证明,先规定一些符号和名词. 以下的 l, m 都是正整数

$$[0,l]^m = \{(x_1, x_2, \cdots, x_m) \mid x_i \in$$
$$\{0, 1, \cdots, l\}, i = 1, 2, \cdots, m\}$$

在 $[0,l]^m$ 中定义 $m + 1$ 个子集 $C_j(j = 0, 1, \cdots, m)$,称为 $[0,l]^m$ 的 $m + 1$ 个临界类

$$C_j = \{(x_1, \cdots, x_m) \in [0,l]^m \mid x_1 = \cdots = x_j = l,$$
$$x_{j+1}, \cdots, x_m < l\}$$

例如,$[0,l]^1$ 的两个临界类是 $C_0 = \{0, 1, \cdots, l-1\}$,$C_1 = \{l\}$,这里记 (i) 为 i. $[0,3]^2$ 的三个临界类是

$$C_0 = \{(0,0), (0,1), (0,2), (1,0), (1,1),$$
$$(1,2), (2,0), (2,1), (2,2)\}$$

$$C_1 = \{(3,0),(3,1),(3,2)\}$$
$$C_2 = \{(3,3)\}$$

下面就是比定理 10 更一般的结论, 简记为 $S(l,m)$:

"对任意给定的正整数 l,m 和 k, 必存在具有如下性质的正整数 $N = N(l,m,k)$: 对 $[N]$ 的任一 k – 染色 $f:[N] \to [k]$, 有正整数 $a,d_1,d_2,\cdots,d_m$, 使得 $a + \sum_{i=1}^{m} ld_i \leq N$, 且 $f\left(a + \sum_{i=1}^{m} x_i d_i\right)$ 当 $(x_1,x_2,\cdots,x_m)$ 属于 $[0,l]^m$ 的同一临界类时同值."

从记号的定义可知结论 $S(l,1)$ 就是定理 10, 因为 $a + x_1 d_1$ 当 $x_1 \in C_0 = \{0,1,\cdots,l-1\}$ 时构成 l 项等差数列.

我们证明下述两个归纳步骤:

(ⅰ) 若 $S(l,1)$ 和 $S(l,m)$ 成立, 则 $S(l,m+1)$ 成立.

(ⅱ) 若 $S(l,m)$ 对所有 m 成立, 则 $S(l+1,1)$ 成立.

归纳地证明结论 $S(l,m)$ 对所有 $l,m \geq 1$ 成立. 因为 $S(1,1)$ 显然成立, 从而由对 m 的归纳法以及(ⅰ)可知 $S(1,m)$ 对 $m \geq 1$ 成立, 再由(ⅱ)得 $S(2,1)$ 成立. 同样由对 m 的归纳法以及(ⅰ)又可知 $S(2,m)$ 对 $m \geq 1$ 成立, 再由(ⅱ)得 $S(3,1)$ 成立, 依次类推. 现在证明(ⅰ)(ⅱ).

证 (ⅰ) 对任意给定的数 k, 因设 $S(l,1)$ 和 $S(l,m)$ 都成立, 故有数 $N = N(l,m,k)$ 和 $N' = N(l,1,k^N)$. 现在证明只要取 $N(l,m+1,k) = NN'$ 就能保证 $S(l,m+1)$ 成立. 也就是证明对任一 k – 染色 $f:[NN'] \to [k]$, 有正整数 $a,d_1,\cdots,d_m,d_{m+1}$ 使得 $a + \sum_{i=1}^{m+1} ld_i \leq NN'$, 而且 $f\left(a + \sum_{i=1}^{m+1} x_i d_i\right)$ 当 $(x_1,\cdots,x_m,x_{m+1})$ 属于 $[0,l]^{m+1}$ 的同一临界类时同值.

对 $j = 1,2,\cdots,N'$, 记 $I_j = [(j-1)N+1,jN]$(以下对整数 $a \leq b$, 用 $[a,b]$ 表示 $\{a,a+1,\cdots,b\}$). 根据 f 限制在每个 N 数段 I_j 上的 k – 染色可以这样来定义 $[N']$ 的一个 k^N – 染色 f': $[N'] \to [k]^N$, 这里取 $[k]^N = \{(c_1,c_2,\cdots,c_N) \mid c_i \in [k], i = 1,2,\cdots,N\}$ 为颜色集, $f'(j) = (f((j-1)N+1),f((j-1)N+2),\cdots,f(jN-1),f(jN))$. 因 $S(l,1)$ 成立, 而且 $N' = N(l,1,k^N)$, 故有正整数 a' 和 d', 使得 $a' + ld' \leq N'$, 而且有

$$f'(a') = f'(a'+d') = \cdots = f'(a'+(l-1)d') \quad (7)$$

式(7)相当于说 f 在 l 个 N 数段 $I_{a'}, I_{a'+d'}, \cdots, I_{a'+(l-1)d'}$ 上的限制都(在平移下)相等.

现在来考虑 $I_{a'} = [(a'-1)N+1, a'N]$ 以及其上的 k - 染色 f. 因 $S(l, m)$ 成立,而且 $N = N(l, m, k)$,故有正整数 a, $d_1, \cdots, d_m$,使得

$$(a'-1)N+1 \leqslant a < a + \sum_{i=1}^{m} l d_i \leqslant a'N$$

且 $f\left(a + \sum_{i=1}^{m} x_i d_i\right)$ 当 $(x_1, x_2, \cdots, x_m)$ 属于 $[0, l]^m$ 的同一临界类时同值. 现令 $d_{m+1} = d'N$,则 $a, d_1, \cdots, d_m, d_{m+1}$ 使得

$$a + \sum_{i=1}^{m+1} l d_i \leqslant NN'$$

且 $f\left(a + \sum_{i=1}^{m+1} x_i d_i\right)$ 当 $(x_1, \cdots, x_m, x_{m+1})$ 属于 $[0, l]^{m+1}$ 的同一临界类时同值. 这是因为当 $(x_1, x_2, \cdots, x_m) \in [0, l]^m$ 时,已知 $a + \sum_{i=1}^{m} x_i d_i \in I_{a'}$. 再从式(7)又可知有

$$f\left(a + \sum_{i=1}^{m} x_i d_i\right) = f\left(a + \sum_{i=1}^{m} x_i d_i + d'N\right)$$

$$= \cdots = f\left(a + \sum_{i=1}^{m} x_i d_i + (l-1)d'N\right)$$

图 8 是说明最后一步论证的示意图.

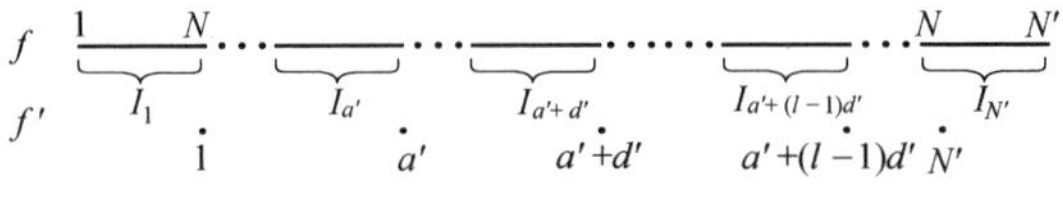

图 8

(ⅱ)对所给定的 k,只要取 $N(l+1, 1, k) = N(l, k, k)$ 即合于所求. 设 $f: [N(l, k, k)] \to [k]$ 是任一 k - 染色. 根据 $S(l, k)$ 成立和数 $N(l, k, k)$ 的性质,可知有正整数 $a, d_1, \cdots, d_k$,使得 $a + \sum_{i=1}^{k} l d_i \leqslant N(l, k, k)$,而且 $f\left(a + \sum_{i=1}^{k} x_i d_i\right)$ 当 $(x_1, x_2, \cdots, x_k)$ 属于 $[0, l]^k$ 的同一临界类时同值.

在 $[0,l]^k$ 的 $k+1$ 个临界类中各取一个代表元 $(0,0,\cdots,0),(l,0,\cdots,0),(l,l,0,\cdots,0),\cdots,(l,l,\cdots,l)$. 则由抽屉原理可知有 $0 \le u < v \le k$,使

$$f\Big(a + \sum_{i=1}^{u} ld_i\Big) = f\Big(a + \sum_{i=1}^{v} ld_i\Big)$$

令

$$a' = a + \sum_{i=1}^{u} ld_i, d' = \sum_{j=u+1}^{v} d_j$$

则当 $x = 0,1,\cdots,l-1$ 时,$f(a' + xd')$ 同值. 再加上已有的等式 $f(a') = f(a' + ld')$,即可知 $f(a' + xd')$ 当 x 属于 $[0,l+1]^1$ 的同一临界类时同值.

和前面几个定理一样,定理 10 仅仅肯定了数 $W(l,k)$ 的存在性. 如果把这种数 $W(l,k)$ 的最小者仍记为 $W(l,k)$,可以预料,要想确定这些数(实际上是函数)将非常难. 事实上也是如此. 已知的全部非平凡 $W(l,k)$ 的精确值只有表 1 所列出的 5 个,而且除 $W(3,2) = 9$ 这个不难求得的值外,其余都是借助计算机得到的.

表 1

l	k		
	2	3	4
3	9	27	76
4	35		
5	178		

至于 $W(l,k)$ 的界,是近期研究的一个热点,原因在于所求得的上、下界有天壤之别. 已求得的 $W(l,2)$ 的下界是 l 的指数函数

$$W(l,2) \ge \frac{2^l}{2el} - \frac{1}{l}$$

但自从 1928 年以来,$W(l,2)$ 上界的估计一直居高不下,直到 1988 年才取得突破. 但所得的上界仍然大得惊人. 用记号来表示,先定义函数(称为 2 的塔幂函数)$T(n)$ 为

$$T(1) = 2, T(n) = 2^{T(n-1)}$$

$T(n)$ 的递增速度远超过指数函数. 但 $W(l,2)$ 的上界的递增速

度更上一层楼,它可以写成递推形式

$$W(l,2) \leqslant T(2W(l-1,2))$$

格雷厄姆提出下述猜想

$$W(l,2) \leqslant T(l)$$

即使这一猜想获得证实,$W(l,2)$ 的这个上界和已知的下界比起来仍然相差极大. 范·德·瓦尔登定理中肯定其存在的数 $W(l,k)$ 的定量性质仍然是数学家的一大挑战.

7. 小结

迄今我们在前面所论述的定理,包括抽屉原理在内,都可以用一种统一的模式来概括:设 X 是一个(有限或无限)集,$\mathscr{F}$ 是 X 上的一个(简单)集系. 那么所研究的问题:

对正整数 k 和一个特定的集系 $(X,\mathscr{F})$ 来说,是否对 X 的任一 k - 染色都有各元同色的 $E \in \mathscr{F}$?

我们提到一个集系 $(X,\mathscr{F})$,也称作超图. X 的元和 $\mathscr{F}$ 的元分别称为超图的顶点和边. 超图 $(X,\mathscr{F})$ 的一个顶点 k - 染色 f: $X \to [k]$ 称为正常 k - 染色,如果对这个染色来说 $\mathscr{F}$ 中没有单色边(即没有边使得其中各顶点同色). 定义 $(X,\mathscr{F})$ 的色数为使 $(X,\mathscr{F})$ 具有顶点的正常 k - 染色的最小正整数 k,记为 $\chi(X,\mathscr{F})$.

上述问题可以用超图及其色数的语言叙述,即

对正整数 k 和给定的超图 $(X,\mathscr{F})$,是否有 $\chi(X,\mathscr{F}) > k$?

为排除平凡情形,以下都假定 $(X,\mathscr{F})$ 的每一边的规模大于 1. 因为如果有一边只含一个顶点,则 $(X,\mathscr{F})$ 的任一顶点 k - 染色都是正常的,从而 $\chi(X,\mathscr{F}) = 1$. 如果 $(X,\mathscr{F})$ 是简单图,这里所定义的顶点正常染色和色数的概念与图论中所给出的完全一样.

当 X 是无限集时称 $(X,\mathscr{F})$ 是无限超图,这时拉姆塞理论所探求的结论通常有这种模式:

无限超图没有有限色数(即其色数大于任一给定的正整数).

我们用无限形式的范·德·瓦尔登定理来说明,它是有限形式(即定理 10)的简单推论.

定理 11 对任意给定的正整数 k, l 以及 N 的任一 k - 染色, N 中一定有单色的 l 项等差数列.

用超图和色数的语言来说, 有下面的定理.

定理 12 对任意给定的正整数 k, l, 超图 $(N, \mathscr{F}_l)$ 的色数大于 k. 这里 $\mathscr{F}_l$ 是所有 l 项正整数等差数列的集系.

注意在定理 11 中没有断言 N 中一定有单色的无限项等差数列, 事实上这一结论不成立. 这与拉姆塞定理的无限形式的结论不同. 后者可以叙述如下:

定理 13 对任意给定的正整数 k, r, 超图 $(N^{(r)}, \mathscr{F})$ 的色数大于 k. 这里 $\mathscr{F} = \{S^{(r)} \mid S$ 是 N 的无限子集$\}$.

下面再用一个经典定理来说明上述模式. 在舒尔的指导下, 拉多在他 1933 年的学位论文和随后的一系列研究成果中, 对舒尔的定理 (定理 8) 做出了深刻的推广. 拉多把一个整数系数齐次方程组

$$\sum_{j=1}^{n} a_{ij} x_j = 0, i = 1, 2, \cdots, m$$

称作正则的, 如果对 N 的任一有限染色, 此方程组一定有单色的正整数解 $x_1, x_2, \cdots, x_n$. 如定义超图 $(X, \mathscr{F})$ 为 $X = N, \mathscr{F} = \{$方程组的正整数解$\}$, 那么方程组正则就是超图 $(X, \mathscr{F})$ 没有有限色数. 舒尔定理断言方程

$$x_1 + x_2 - x_3 = 0$$

是正则的, 而拉多则给出了一般的整系数线性齐次方程正则的充分必要条件. 拉多的结果的一个简单特例:

整系数方程 $a_1 x_1 + a_2 x_2 + \cdots + a_n x_n = 0 (a_1, a_2, \cdots, a_n$ 是非零整数) 正则的充分必要条件是方程的某些系数 a_i 之和等于零.

舒尔定理显然是这一特例的简单特例. 而上述简单特例的证明并不简单, 拉多的一般结论也不能简单地表述. 但我们从问题和结论来看, 它完全合于前面所说的模式.

对有限超图 $(X, \mathscr{F})$ 来说, 拉姆塞理论所探求的结论的通常模式:

设 $(X_n, \mathscr{F}_n)$ 是有限超图序列. 对任一给定的正整数 k, 存在 n_0, 使得当 $n \geqslant n_0$ 时, 超图 $(X_n, \mathscr{F}_n)$ 的色数 $\chi(X_n, \mathscr{F}_n) > k$.

拉姆塞定理可以这样叙述:

对任意给定的正整数 $q > r$, 令 $X_n = [n]^{(r)}$, $\mathscr{F}_n = \{S^{(r)} \mid S \in [n]^{(q)}\}$, 则对任一给定的 k, 存在 n_0, 使得当 $n \geq n_0$ 时, $\chi(X_n, \mathscr{F}_n) > k$.

再叙述一个由格雷厄姆等在1971年证明的重要定理, 它肯定地回答了罗塔提出的一个猜想.

定理 14 对任意给定的正整数 l, r, k 和有限域 F, 存在 n_0, 使得当 $n \geq n_0$ 时, 对 F 上 n 维线性空间 F^n 的所有 r 维线性子空间的任一 k - 染色, F^n 中一定有某个 l 维线性子空间, 它的所有 r 维线性子空间都同色.

读者不难用超图及其色数的模式来表述这个定理.

下面我们讨论这种问题模式的一种具体实现形式, 对此类问题的研究构成了拉姆塞理论的一个比较新的分支, 称为欧氏空间的拉姆塞理论, 简称为欧氏拉姆塞理论.

8. 性质 $R(C, n, k)$

所谓欧氏拉姆塞理论要研究的问题可以很自然地纳入前面提出的一般模式:

对正整数 k, n 以及 n 维欧氏空间 $\mathbf{E}^n$ 的一个给定有限点集 C, 超图 $(\mathbf{E}^n, \mathscr{F})$ 对 $\mathbf{E}^n$ 的任一 k - 染色是否都有单色边? 这里的 $\mathscr{F} = \mathscr{K}(C) = \mathbf{E}^n$ 是与 C 在欧氏运动下合同的所有点集的集.

我们把上述问题记为"性质 $R(C, n, k)$ 是否成立?"由于所论超图的顶点集是欧氏空间 $\mathbf{E}^n$ 的点集, 它的边又是通过欧氏空间的合同来定义的, 故冠以"欧氏拉姆塞"这一定语很恰当. 下面先举一个很容易说明的例.

令 $n = 2$, 对 $C = \mathbf{E}^2$ 上相距 1 的两点集 S_2, 我们来考查 $R(S_2, 2, k)$. 即研究这样的平面几何问题: 把平面上所有点任意 k - 染色后, 是否一定有同色的两点, 它们之间的距离是单位长 1?

当 $k = 2$ 时很容易做出肯定回答: 只要在平面上任取一个边长是 1 的正三角形, 则其三个顶点中必有两点同色. 当 $k = 3$ 时回答也是肯定的: 在平面上作一个如图 9 所示的 7 点 11 边构图, 其中 11 条边的长都是 1, 则其中必有一边的两个端点同色.

因为假设其中每一边的两端点都不同色,记 A 为 1 色,则 B,C 分别是 2,3 色,从而 F 是 1 色;同理 D,E 分别是 2,3 色,从而 G 也是 1 色,导致矛盾.

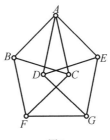

图 9

但 $k = 7$ 时回答是否定的,我们用图 10 来说明:先用边长是 a 的正六边形铺盖全平面,再按图 10 所示方式把这些六边形中的点分别染成色 1,2,3,4,5,6,7. 因同一正六边形中两点距离至多是 $2a$,位于同色的两个不同正六边形中两点距离大于 $\sqrt{7}\,a$,所以如取 $a = 0.4$,所示 7 - 染色就说明 $R(S_2,2,7)$ 不成立.

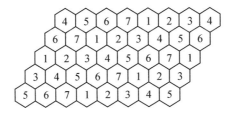

图 10

用超图色数的语言,使 $R(S_2,2,k)$ 不成立的最小 k 称为 $(\mathbf{E}^2,\mathscr{A}(S_2))$ 的色数,简记为 $\chi(\mathbf{E}^2)$. 上面这些结论可以叙述为

$$4 \leqslant \chi(\mathbf{E}^2) \leqslant 7$$

至于 $\chi(\mathbf{E}^2)$ 的精确值,则到目前为止仍是一个尚待解开的谜.

现在来考查三点集.

定理 15 记一个单位边长正三角形的顶点集为 S_3,则 $R(S_3,2,2)$ 不成立,但 $R(S_3,3,2)$ 成立.

证 $R(S_3,2,2)$ 不成立很容易从 $\mathbf{E}^2$ 的下述 2 - 染色得到证明:用一族水平线把平面分成带状区域,每个带状区域的高是 $\dfrac{\sqrt{3}}{2}$,相邻带状不同色,每个带状区域上开下闭,其中点同色,则对平面的这种 2 - 染色来说,任一单位边长的正三角形的三个顶点不可能同色.

现在来证明 $R(S_3,3,2)$ 成立. 设空间 $\mathbf{E}^3$ 的点已染成红或蓝色. 从 $R(S_2,2,2)$ 成立可知必有一对相距 1 的同色点, 设点 A 和 B 都是红色, $|AB| = 1$. 如果 $\mathbf{E}^3$ 中有红点与 A 和 B 的距离都是 1, 那么已得结论. 故设与 A 和 B 的距离都是 1 的所有点 —— 它们构成了一个位于线段 AB 的中垂面上的半径为 $\frac{\sqrt{3}}{2}$ 的圆周 γ_1 —— 都是蓝点. 任取 γ_1 的一条长为 1 的弦 CD. 同理, 如果 $\mathbf{E}^2$ 中与 C 和 D 的距离都等于 1 的圆周 γ_2 上有一蓝点, 那么已得到结论, 故设 γ_2 是 $\left($半径也是 $\frac{\sqrt{3}}{2}$ 的$\right)$ 红圆周. 设想弦 CD 紧贴着 γ_1 连续转动, 则红圆周 γ_2 在空间随之连续运动, 其轨迹是中间没有空洞的"圆环面" T, T 上的点都是红的. 不难算出 T 的最大外圆周(即外赤道)的半径是 $\frac{\sqrt{2}+\sqrt{3}}{2}$(见图 11, 此圆周记为 γ_3, AB 和 CD 的中点分别记为 O 和 F, E 是 OF 的延长线与 γ_3 的交点). 再任取红圆周 γ_3 的一个内接正三角形, 易知其边长是 $\frac{\sqrt{6}+3}{2}$.

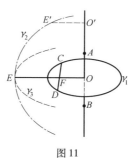

图 11

进一步设想赤道 γ_3 沿"圆环面" T 均匀向上收缩, 则其半径逐渐变小, 内接正三角形的三个顶点也随之沿 T 向上往中心方向靠拢. 这一过程到达某一时刻, 当 E 到达某一点 E' 时, E' 到 AB 的距离 $|E'O'| = \frac{\sqrt{3}}{3}$, 从而内接正三角形的边长等于 1, 这样

得到了一个单位边长的红顶点三角形.

在定理 15 的基础上可以证明更一般的结论.

定理 16 $R(S,3,2)$ 对任意给定的三点集 S 成立.

证 设 S 是边长为 a,b,c 的三角形的顶点集,$a+b \geqslant c$,a, $b,c > 0$(当 $a+b=c$ 时,S 的三点共线,它们是退化三角形的顶点集).

假设 $\mathbf{E}^3$ 的点已作红蓝染色. 根据定理 15,一定有顶点同色的边长为 a 的正 $\triangle ABC$,设 A,B 和 C 都是红的. 我们把 $\triangle ABC$ 在它所在的平面上扩充成一组正三角形(图 12),其中 $\angle EBC$ 待定.

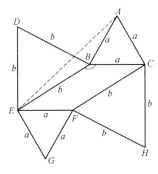

图 12

不难证明 6 个 $\triangle ABE$,$\triangle DBC$,$\triangle EBC$,$\triangle EFH$,$\triangle GFC$, $\triangle HCA$ 全等. 通过适当取定 $\angle EBC$,一定可使上述 6 个三角形都全等于以 S 为顶点的三角形(包括退化情形). 假设这 6 个全等三角形中每一个的三个顶点都不同色,则将导出如下矛盾

$$\left.\begin{array}{l} A,B,C\text{红} \Rightarrow E,D\text{蓝} \Rightarrow G\text{红} \\ A,C\text{红} \Rightarrow H\text{蓝} \end{array}\right\} \Rightarrow F\text{非红又非蓝}$$

因此,6 个全等三角形中必有一个的顶点同色.

比较定理 15 和定理 16,人们自然会提出这样的问题:对什么样的三点集 S 性质 $R(S,2,2)$ 成立? 定理 15 说明 S 不能是正三角形的顶点集. 1973 年,格雷厄姆等还证明了当 S 是 $30°$, $60°$,$90°$ 的三角形顶点集时 $R(S,2,2)$ 成立. 爱尔迪希和格雷厄姆等还提出这样的猜想:"只要三点集 S 不是正三角形的顶点集,$R(S,2,2)$ 必成立. "1976 年,有人证明了当 S 是直角三角形的顶点集时 $R(S,2,2)$ 成立. 但上述猜想仍未得到回答.

定理 15 还揭示了一种可以说是意料之中的现象:在讨论性质 $R(C,n,k)$ 时,可能当 n 较小时不成立,而当 n 大到一定程度时就成立了. 很容易看到,若 $R(C,n_0,k)$ 成立,则对 $n \geq n_0$ 来说 $R(C,n,k)$ 一定成立. 是否存在这种 n_0 呢?这是欧氏拉姆塞理论的一个基本概念,即使对很简单的 C 来说,存在性问题也还没有解决.

9. 拉姆塞点集

定义 3 设 C 是欧氏空间 $\mathbf{E}^n$ 的一个有限点集. 如果对任一正整数 k,一定存在 $n = n(C,k)$ 使得 $R(C,n,k)$ 成立,则称 C 为拉姆塞点集.

最简单的拉姆塞点集有两点集 C_2 和正三角形的顶点集 C_3^*. 很容易证明它们是拉姆塞点集:对任一 $k \geq 2$,事实上 $R(C_2,k,k)$ 和 $R(C_3^*,2k,k)$ 都成立. 因为如果 C_2 中两点的距离是 d,在 $\mathbf{E}^k$ 中任取一个各边长都是 d 的 k 维单纯形. $\mathbf{E}^k$ 的 k - 染色也确定了这个 k 维单纯形的 $k+1$ 个顶点的 k - 染色,由抽屉原理即可知这 $k+1$ 点中必有两点同色. 类似地,如果 C_3^* 是边长为 d 的正三角形的顶点集,则在 $\mathbf{E}^{2k}$ 中任取一个各边长都是 d 的 $2k$ 维单纯形,同上推导可知 $R(C_3^*,2k,k)$ 成立.

下面给出一个最简单,同时也最有代表意义的非拉姆塞点集.

定理 17 设三点集 $L = \{A,B,C\}$ 中 B 是线段 AC 的中点,则 $R(L,n,4)$ 对每个正整数 n 都不成立,从而 L 不是拉姆塞点集.

证 在 $\mathbf{E}^n$ 中引入坐标后,我们这样把 $\mathbf{E}^n$ 中的点 $M = (x_1,x_2,\cdots,x_n)$ 染成色 $i \in \{0,1,2,3\}$,即

$$i \equiv \left[(x_1^2 + x_2^2 + \cdots + x_n^2) \right] (\mathrm{mod}\ 4)$$

假设在 $\mathbf{E}^n$ 的如上 4 - 染色下有三点 A,B,C 同为 i 色,其中 B 是 AC 的中点. 不妨设 $|AB| = |BC| = 1$,$|OA| = a$,$|OB| = b$,$|OC| = c$,$\angle ABO = \theta$,$O = (0,0,\cdots,0)$(图 13),则有

$$\begin{cases} a^2 = b^2 + 1 - 2b\cos\theta \\ c^2 = b^2 + 1 + 2b\cos\theta \end{cases}$$

从而

$$a^2 + c^2 = 2b^2 + 2$$

但因 A, B 和 C 同为 i 色,故有整数 q_a, q_b 和 q_c,使

$$\begin{cases} a^2 = 4q_a + i + r_a \\ b^2 = 4q_b + i + r_b \quad (0 \leqslant r_a, r_b, r_c < 1) \\ c^2 = 4q_c + i + r_c \end{cases}$$

以此代入前式得

$$4(q_a + q_c - 2q_b) - 2 = 2r_b - r_a - r_c$$

因上式左边是 2 的整数倍而右边肯定不是,这个矛盾证明了 $R(L, n, 4)$ 不成立.

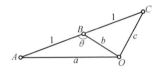

图 13

对拉姆塞点集的特征刻画无疑是欧氏拉姆塞理论的一个中心问题. 对此目前主要只得到两个一般性结论:一个给出了点集是拉姆塞点集的充分条件,另一个则给出了必要条件. 它们都是 1973 年得到的,至今仍是关于拉姆塞点集的特征刻画问题的最强的结论.

充分条件是说拉姆塞点集的积也是拉姆塞点集. 两个集合的积集和通常的定义一样,不过作为欧氏空间中点集的积,我们采用下面的记号:

设 $X_1 \subsetneqq \mathbf{E}^{n_1}, X_2 \subsetneqq \mathbf{E}^{n_2}$,则定义 $X_1 \times X_2 \subsetneqq \mathbf{E}^{n_1 + n_2}$ 为

$$X_1 \times X_2 = \{(x_1, \cdots, x_{n_1}, x_{n_1+1}, \cdots, x_{n_1+n_2}) \in \mathbf{E}^{n_1+n_2} \mid$$
$$(x_1, \cdots, x_{n_1}) \in X_1, (x_{n_1+1}, \cdots, x_{n_1+n_2}) \in X_2\}$$

定理 18　设 R_1 和 R_2 都是拉姆塞点集,则它们的积集 $R_1 \times R_2$ 也是.

证　我们要证明对任一给定的正整数 k,有正整数 m 和 n 使得 $R(R_1, m, k)$ 和 $R(R_1, n, k)$ 成立,而且对 $\mathbf{E}^{m+n} = \mathbf{E}^m \times \mathbf{E}^n$ 的

任一 k – 染色 $f: \mathbf{E}^m \times \mathbf{E}^n \to [k]$，在 $\mathbf{E}^m$ 和 $\mathbf{E}^n$ 中分别有与 R_1 和 R_2 合同的点集 R_1' 和 R_2'，使得 $R_1' \times R_2'$ 在 f 下同色.

首先，因 R_1 是拉姆塞点集，故有 m 使 $R(R_1, m, k)$ 成立. 利用所谓紧性原理可知有 $\mathbf{E}^m$ 的有限子集 T，使得对 T 的任一 k – 染色，T 中必有与 R_1 合同的单色点集，后一性质现记为 $R(R_1, T, k)$ 成立. 记 $|T| = t$，再令 $l = t^k$. 因 R_2 也是拉姆塞点集，故有 n 使 $R(R_2, n, l)$ 成立. 现在再来考虑 $\mathbf{E}^m \times \mathbf{E}^n$ 的 k – 染色 f.

f 在 $T \times \mathbf{E}^n \subsetneqq \mathbf{E}^m \times \mathbf{E}^n$ 上的限制自然地确定了这个子集的 k – 染色 $f^*: T \times \mathbf{E}^n \to [k]$. 通过 f^* 又可以建立 $\mathbf{E}^n$ 的一个 l – 染色 f^{**}，这时我们用 T 到 $[k]$ 的总共 $k^t = l$ 个映射来标记 l 种颜色，f^{**} 把点 $y_0 \in \mathbf{E}^n$ 染成的色——注意它是 T 到 $[k]$ 的一个映射——记为 $f_{y_0}^{**}$，它定义为 $f_y^{**}(x) = f^*(x, y_0), x \in T$. 由 $R(R_2, n, f)$ 成立可知，在 $\mathbf{E}^n$ 的这个染色 f^{**} 下，$\mathbf{E}^n$ 中有单色的子集 R_2' 与 R_2 合同，也就是说，对任一给定的 $x \in T$，当 y 在 R_2' 中变动时，值 $f_y^{**}(x) = f^*(x, y) = f(x, y) \in [k]$ 不变，它由 x 唯一确定，我们把这个值记成 $f(x, R_2')$. 于是得到了 T 的一个 k – 染色 $f(\cdot, R_2'): T \to [k]$. 对它来说，由 $R(R_1, T, k)$ 成立可知 T 中有单色子集 R_1' 与 R_1 合同，从而根据定义，在 k – 染色 f 下点集 $R_1' \times R_2' \subsetneqq \mathbf{E}^m \times \mathbf{E}^n$ 中各点同色.

设 $a_1, a_2, \cdots, a_n$ 是正数，则 $\mathbf{E}^n$ 中的点集

$$B(a_1, \cdots, a_n) = \{(\varepsilon_1 a_1, \cdots, \varepsilon_n a_n) \mid \varepsilon_1, \cdots, \varepsilon_n = 0 \text{ 或 } 1\}$$
$$= \{0, a_1\} \times \cdots \times \{0, a_n\}$$

称为一块 n 维砖的顶点集，简称砖顶集. 因为两点集是拉姆塞的，故多次利用定理 18 即得下述重要推论.

推论　任一砖顶集以及砖顶集的任一子集都是拉姆塞点集.

这一推论貌似平常，它却包含了到目前为止有关拉姆塞点集的全部肯定性结论. 换句话说，迄今还没有发现任何一个不是砖顶集的子集的拉姆塞点集！

例如，各边之长都等于 d 的 n 维单纯形是 n 维方砖顶集 $B(\dfrac{d}{\sqrt{2}}, \cdots, \dfrac{d}{\sqrt{2}})$ 的子集，从而是拉姆塞点集. 与此直接相关的一

个未解决的几何问题:什么样的单纯形其顶点集是砖顶集的子集? 有一个明显的必要条件:这种单纯形的任意三个顶点不构成钝角三角形. 当 $n = 2,3$ 时,可以证明这个条件也是充分的. 但当 $n = 4$ 时,已发现有 4 维单纯形,它的任意两边间的夹角都是锐角,但该单纯形的顶点集却不是砖顶集的子集.

最后再叙述必要条件.

定理 19　拉姆塞点集 C 一定位于某一欧氏空间 $\mathbf{E}^n$ 的某个球面上.

这个定理的证明比较长,故证略. 它的一个简单推论:共线的三点肯定不是拉姆塞点集,因为共线的三点一定不共球面. 定理 17 是这一简单推论的简单情形.

总之,现已证明如下蕴涵关系

砖顶集的子集 $\Rightarrow$ 拉姆塞点集 $\Rightarrow$ 共球面点集

因为论证某个点集是否是拉姆塞点集非常困难,所以对上述关系至今没有得到多少实质性补充. 值得提出的一个进展是弗兰克尔和罗德尔在 1986 年证明了任一不共线的三点集一定是拉姆塞点集. 因为钝角三角形的顶点集不是砖顶集的子集,所以这个结果说明左边的蕴涵关系反过来不成立.

对拉姆塞点集 C 来说还可以定义"拉姆塞数" $R(c,k) = \min\{n \mid R(c,n,k)$ 成立$\}$. 例如,由前面的讨论可知 $R(S_2,2) = 2, R(S_3,2) = 3$. 但对单位边长的正方形的顶点集 S_4 来说,现在只知道 $3 \leq R(S_4,2) \leq 6$,而尚未求得其精确值. 前面提到的爱尔迪希和格雷厄姆等人的猜想也可以叙述为"设三点集 S 不是正三角形的顶点集,则 $R(S,2) = 2.$"

有读者质疑:为什么中国数学已经很强了,你们还要花钱从国外引进这么多数学著作. 笔者无言以对,只好借同济大学的一位教授对一篇报道的点评来回答,不知可否.

曲阜师范大学数学系排名力压北京大学、清华大学

近日,US News 发布了 2021 年世界大学排名数据. 排名中,曲阜师范大学数学学科力压北京大学、清华大学,位列中国第 1、全球第 19 位. 在这份排名中,

曲阜师范大学数学学科的指标优势在于论文及论文引用数,其引用影响力、论文总被引数、前 1% 论文数及比例、前 10% 论文数及比例等排名遥遥领先,而国际学术声誉、地区学术声誉、国际合作论文排名等相对靠后.

点评:该榜单暴露出大学教育评价体系中"唯数量论"的一面.教育指标是质量和数量两者相结合的完整统一体,只看数量、不看质量就会导致高校为了指标数量、排名去刷数据,这种量并不能反映教育、科研真正的水平和办学质量.排行榜说到底是以论文为主,这次事件同时也暴露出学术共同体引领能力偏弱的问题.

另外,排行榜本身的指标也不能自洽,如此高频率地被引可能就是自引、互引,或发表时被期刊要求引用某些论文.无论是哪种被引,都背离了科学研究的本质.科学研究在于创新,用非学术的手段造数据,实际上就是一种学术不端,同时也浪费了时间、金钱、精力.

—— 同济大学教育评估研究中心主任樊秀娣

刘培杰
2021 年 3 月 7 日
于哈工大

分析学练习（第1部分）（英文）

莱谢克.加林斯基

尼古拉斯·S.帕帕乔吉欧 著

编辑手记

  本书是一部版权引进自著名出版公司——斯普林格出版公司的英文原版数学著作,中文书名可译为《分析学练习(第1部分)》,作者是莱谢克·加林斯基(波兰人,克拉科夫市),他是贾吉隆大学数学与计算机科学系教师,另一位是尼古拉斯·S.帕帕乔吉欧(希腊人),雅典国家理工大学数学系教授.

  分析这个词在数学中指涉广泛. 从大类分,与几何、代数并列为三大分支,细分也有复分析、调和分析、泛函分析多种. 本书中的分析主要是指泛函分析,当然也涉及其余方面. 正如本书的作者在本书的前言中所表述的:

  这本书的目的是回顾分析学中的基本理论及其问题与解决方法. 通过这些问题,读者可以检验自己对这些理论的理解程度,也可以发现这些理论的延伸和文献中不规范的附加结果. 本书的主题或多或少涵盖了标准的本科高年级和研究生的分析课程的内容. 更准确地说,我们关注以下主题:

  1. 度量空间

  2. 拓扑空间(也包含一些代数拓扑的介绍性资料)

  3. 测度,整合与鞍(包括 L^p – 空间)

4. 测度与拓扑(涉及测度理论与拓扑之间相互影响的内容)

5. 泛函分析(重点强调巴拿赫空间理论)

以上 5 个主题每个对应一个不同的章节. 每一章的第一部分中,我们介绍了基本理论、所有主要定义和结果,其中还包括有关概念和结果的注释和评论,但这些注释和评论没有证明过程. 本书作为一本复习资料,可以帮助读者在解决问题之前刷新其理论知识. 在每一章中,理论都紧跟着问题及其详细的解答. 每一章都至少有 170 个问题,根据它们的困难程度标记了一星、两星或三星,其中一些问题是对理论的补充,而其余问题则检验了读者对该理论的理解程度. 我们强烈建议读者在查看解答之前付出一些实质性的努力来尝试解决问题. 否则,他们将不会从阅读本书中受益. 另一方面,认真解决问题,然后将其解答与本书提供的解答进行比较(或通过检查来了解他们解题失败的地方),这将有助于他们对理论产生扎实的理解.

提供每个问题及其解决方案的来源并不容易. 它们可能是参考文献中提到的书中包含的问题(在没有证明的情况下进行陈述),或者是在参考文献的书中列出的问题,或者是公共领域中的标准练习,或者是通过多年教授与主题相关的本科和研究生课程而积累来的. 无论它们是如何得到的,参考文献中提到的书目可以作为其他理论材料和更多问题的宝贵来源. 我们的书目只是起点(希望对您有所帮助).

以分析为名的数学名著很多,比如欧拉的《无穷分析引论》(本工作室已再版)和保罗·图兰的《数学分析中的一个新方法及其应用》(本工作室也有再版). 不过这两本书都与本书的内容范围不同. 前一本书是关于微积分的,后一本书是关于丢番图逼近的.

本书中的许多题目读者都会很感兴趣,比如第 4 章中的有界变差.

中国科学技术大学曾有一个学生刊物叫《蛙鸣》,它的第 47 期就刊登了一篇 1989 级数学系学生冯颖的习作,题目就是《Bernstein 算子的广义总变差减缩性质》,几十年后的今天读起来还是很有意思,不妨摘录一下:

设 f 为定义在 $[0,1]$ 上的实函数,则与 f 相联系的伯恩斯坦(Bernstein)多项式定义为

$$B_n(f,x) \triangleq \sum_{i=0}^{n} f\left(\frac{i}{n}\right) \cdot J_i^n(x)$$

其中,$J_i^n(x) = \binom{n}{i} x^i (1-x)^{ni}$ 为伯恩斯坦基函数.

记 $t_i = \dfrac{i}{n}$,$f_i = f(t_i)$,$i = 0, \cdots, n$,顺次联结点 (t_i, f_i) 所成折线记为 $\hat{f}_n$.

对 $[0,1]$ 中的任意点列 $\{x_i\}_{i=0}^m$,$0 \leqslant x_0 < \cdots < x_m \leqslant 1$,函数 f 在 $[0,1]$ 中的总变差为

$$\bigvee_0^1 (f) = \sup_{\{x_i\}, m} \sum_{i=0}^{m-1} |f(x_{i+1}) - f(x_i)| \qquad (1)$$

且易知

$$\bigvee_0^1 (\hat{f}_n) = \sum_{i=0}^{n-1} |f_{i+1} - f_i| \qquad (2)$$

若 $f \in C^1[0,1]$,由中值定理,有

$$\bigvee_0^1 (f) = \int_0^1 \left|\frac{df}{dt}\right| dt \qquad (3)$$

从式(1)(2)(3)不难得到

$$\bigvee_0^1 (B_n(f)) \leqslant \bigvee_0^1 (\hat{f}_n) \leqslant \bigvee_0^1 (f)$$

即 $B_n(f)$ 的总变差不超过 f 的总变差. 后来,I. J. Schoenberg 证明了如下结果:

定理 1 $\bigvee_0^1 (B_n(f)) \leqslant \bigvee_0^1 (f)$ 且等号成立 $\Leftrightarrow f$ 为 $[0,1]$ 上的单调函数. 本文将推广上述结果.

首先定义

$$\overset{1}{\underset{0}{\bigvee}}{}'(f) \triangleq \sup_{|x_i|,m} \sum_{i=0}^{m-2} | [x_{i+1},x_{i+2}]f - [x_i,x_{i+1}]f |$$

为 f 在 $[0,1]$ 上的广义总变差，这里 $[s_1,s_2]f \triangleq$
$\dfrac{f(s_2) - f(s_1)}{s_2 - s_1}$ 为 f 过 $[s_1,f(s_1)]$，$[s_2,f(s_2)]$ 的斜率.

折线 $\hat{f}_n$ 的广义总变差为

$$\overset{1}{\underset{0}{\bigvee}}{}'(\hat{f}_n) = \sum_{i=0}^{n-2} | [t_{i+1},t_{i+2}]f - [t_i,t_{i+1}]f |$$

若 $f \in C^2[0,1]$，则广义总变差为

$$\overset{1}{\underset{0}{\bigvee}}{}'(f) = \int_0^1 \left| \frac{\mathrm{d}^2 f}{\mathrm{d}t^2} \right| \mathrm{d}t$$

在引入关于广义总变差的定理之前，先做一些准备工作.

Δ 为差分算子. 对一数列 $\{a_i\}$，定义 $\Delta a_i = a_{i+1} - a_i$，$\Delta^2 = \Delta(\Delta)$ 为二阶差分算子，即

$$\Delta^2 a_i = a_{i+2} - 2a_{i+1} + a_i$$

引理 1 $\displaystyle\int_0^1 J_i^n(t)\,\mathrm{d}t = \frac{1}{n+1}.$

证 可推得

$$\begin{aligned}
\int_0^1 J_i^n(t)\,\mathrm{d}t &= \binom{n}{i} B(i+1,n-i+1) \\
&= \binom{n}{i} \frac{\Gamma(i+1)\Gamma(n-i+1)}{\Gamma(n+2)} \\
&= \binom{n}{i} \frac{i!\ (n-1)!}{(n+1)!} \\
&= \frac{1}{n+1}
\end{aligned}$$

引理 2 $\displaystyle\frac{\mathrm{d}}{\mathrm{d}t} B_n(f,t) = n \sum_{i=0}^{n-1} \Delta f_i J_i^{n-1}(t).$

证 可推得

$$\frac{\mathrm{d}}{\mathrm{d}t} B_n(f,t)$$

$$= \frac{\mathrm{d}}{\mathrm{d}t} \sum_{i=0}^{n} f_i \cdot \binom{n}{i} t^i (1-t)^{n-i}$$

$$= \sum_{i=0}^{n} f_i \cdot \binom{n}{i} \left[it^{i-1}(1-t)^{n-i} - (n-i)t^i(1-t)^{n-i-1} \right]$$

$$= n \sum_{i=0}^{n-1} (f_{i+1} - f_i) \binom{n-1}{i} t^i (1-t)^{n-1-i}$$

$$= n \sum_{i=0}^{n-1} \Delta f_i J_i^{n-1}(t)$$

引理 3 $\dfrac{\mathrm{d}^2}{\mathrm{d}t^2} B_n(f,t) = n(n-1) \sum_{i=0}^{n-2} \Delta^2 f_i J_i^{n-2}(t).$

证 直接由引理 2 可得.

引理 4 f 在区间 I 上是凸(凹)的 $\Leftrightarrow$ 对 $\forall x_1 < x_2 < x_3, x_i \in I, [x_1, x_2]f \leqslant (\geqslant)[x_1, x_3]f \leqslant (\geqslant)[x_2, x_3]f$(这三个不等式是等价的).

定理 2 (1) $\bigvee_0^1 {}'(B_n(f)) \leqslant \bigvee_0^1 {}'(f).$

(2) 上式等号成立当且仅当 f 为 $[0,1]$ 上的凸(凹)函数,且在 $[0, t_1]$ 和 $[t_{n-1}, 1]$ 中为线性函数.

证 (1) 因为

$$\bigvee_0^1 {}'(B_n(f))$$

$$= \int_0^1 \left| \frac{\mathrm{d}^2}{\mathrm{d}t^2} B_n(f,t) \right| \mathrm{d}t$$

$$= n(n-1) \int_0^1 \left| \sum_{i=0}^{n-2} \Delta^2 f_i \cdot J_i^{n-2}(t) \right| \mathrm{d}t$$

$$\leqslant n(n-1) \int_0^1 \left| \sum_{i=0}^{n-2} | \Delta^2 f_i | \cdot J_i^{n-2}(t) \right| \mathrm{d}t \qquad (4)$$

$$= n \cdot \sum_{i=0}^{n-2} | \Delta^2 f_i |$$

$$= \sum_{i=0}^{n-2} | [t_{i+1}, t_{i+2}]f - [t_i, t_{i+1}]f |$$

$$= \bigvee_0^1 {}'(\hat{f}_n)$$

$$\leqslant \bigvee_0^1 {}'(f) \qquad (5)$$

所以

$$\bigvee_0^1 {}'(B_n(f)) \leqslant \bigvee_0^1 {}'(\hat{f}_n) \leqslant \bigvee_0^1 {}'(f)$$

（2）充分性：若 f 为凸（凹）函数，则对 $[0,1]$ 中任意点列 $0 \leqslant x_0 < \cdots < x_m \leqslant 1$，有

$$\sum_{i=0}^{m-2} | [x_{i+1}, x_{i+2}]f - [x_2, x_1]f |$$

$$= | [x_{m-1}, x_m]f - [x_0, x_1]f |$$

又 f 在 $[0, t_1], [t_{n-1}, 1]$ 中为线性函数，从而有

$$\bigvee_0^1 {}'(f) = | [t_{n-1}, 1]f - [0, t_1]f |$$

另一方面，从式（4）（5）知

$$\bigvee_0^1 {}'(B_n(f)) = \bigvee_0^1 {}'(\hat{f}_n)$$

的充要条件为 $\Delta^2 f_i$ 同号，$i = 0, \cdots, n - 2$. 当 f 为凸（凹）函数时，$\Delta^2 f_i$ 的符号与之无关. 这时有

$$\bigvee_0^1 {}'(\hat{f}_n) = | [t_{n-1}, 1]f - [0, t_1]f |$$

所以 $\bigvee_0^1 {}'(B_n(f)) = \bigvee_0^1 {}'(f)$，充分性证毕.

必要性：因为

$$\bigvee_0^1 {}'(B_n(f)) = \bigvee_0^1 {}'(f) \Rightarrow \bigvee_0^1 {}'(B_n(f)) = \bigvee_0^1 {}'(\hat{f}_n)$$

所以 $\Delta^2 f_i$ 同号，不妨设 $\Delta^2 f_i \geqslant 0, i = 0, 1, \cdots, n - 2$，这时有

$$\bigvee_0^1 {}'(B_n(f)) = \bigvee_0^1 {}'(\hat{f}_n) = \bigvee_0^1 {}'(f)$$

$$= [t_{n-1}, 1]f - [0, t_1]f$$

若 $f(x)$ 在 $[0, t_1], [t_{n-1}, 1]$ 中不是线性函数，则存在 $s \in [t_{n-1}, 1]$ 使

$$| [s, 1]f - [t_{n-1}, s]f | > 0$$

而

$$\frac{f(1) - f(t_n - 1)}{1 - t_{n-1}}$$

$$= \frac{1 - s}{1 - t_{n-1}} \cdot \frac{f(1) - f(s)}{1 - s} +$$

$$\frac{s - t_{n-1}}{1 - t_{n-1}} \cdot \frac{f(s) - f(t_{n-1})}{s - t_{n-1}}$$

$$< \max\left\{\frac{f(1) - f(s)}{1 - s}, \frac{f(s) - f(t_{n-1})}{s - t_{n-1}}\right\}$$

即

$$[t_{n-1}, 1]f < \max\{[s, 1]f, [t_{n-1}, s]f\}$$

但

$$\begin{aligned}
\bigvee_0^1{}'(f) &\geqslant [t_{n-1}, s]f - [0, t_1]f + |[s, 1]f - [t_{n-1}, s]f| \\
&\geqslant \max\{[s, 1]f, [t_{n-1}, s]f\} \\
&> [t_{n-1}, 1]f - [0, t_1]f
\end{aligned}$$

矛盾!

所以 f 在 $[t_{n-1}, 1]$ 中必为线性函数,同理 f 在 $[0, t_1]$ 中也为线性函数.

若 $f(x)$ 在 $[t_1, t_{n-1}]$ 中不为凸函数,则存在

$$t_1 \leqslant x_1 < x_2 < x_3 \leqslant t_{n-1}$$

使

$$[x_1, x_2]f > [x_2, x_3]f$$

从而

$$\begin{aligned}
\bigvee_0^1{}'(f) &\geqslant |[t_1, x_1]f - [0, t_1]f| + \\
&\quad |[x_1, x_2]f - [t_1, x_1]f| + \\
&\quad |[x_2, x_3]f - [x_1, x_2]f| + \\
&\quad |[x_3, t_{n-1}]f - [x_2, x_3]f| + \\
&\quad |[t_{n-1}, 1]f - [x_3, t_{n-1}]f| \\
&\geqslant |[t_{n-1}, 1]f - [x_2, x_3]f + \\
&\quad [x_1, x_2]f - [0, t_1]f| + \\
&\quad |[x_2, x_3]f - [x_1, x_2]f| \\
&> [t_{n-1}, 1]f - [0, t_1]f
\end{aligned}$$

矛盾!

因此,$f(x)$ 在 $[t_1, t_{n-1}]$ 中为凸函数. 又 f 在 $[0, t_2], [t_{n-1}, 1]$ 中为线性函数且 $\Delta^2 f_i \geqslant 0$,所以要证 f 在 $[0, 1]$ 上是凸的,先证 f 在 $[0, t_2]$ 上是凸的. 否则 $x \in [t_1, t_2]$ 使 $[t_0, t_1]f > [t_1, x]f$,则

$$\bigvee_{0}^{1}{}'(f) \geqslant |[t_1,x]f - [t_0,t_1]f| + |[t_{n-1},1]f - [t_1,x]f|$$

$$= [t_0,t_1]f - [t_1,x]f + [t_{n-1},1]f - [t_1,x]f$$

$$= \{[t_{n-1},1]f - [t_0,t_1]f\} + 2\{[t_0,t_1]f - [t_1,x]f\}$$

$$> [t_{n-1},1]f - [t_0,t_1]f$$

$$= \bigvee_{0}^{1}{}'(f)$$

同理,可证 f 在 $[t_{n-2},1]$ 上是凸的,从而 f 在 $[0,1]$ 上是凸的.

综上所述,定理获证.

推论 1 f 为 $[0,1]$ 上的凸(凹)函数,则对任意自然数 n,有

$$\bigvee_{0}^{1}{}'(B_n(f)) \leqslant \bigvee_{0}^{1}{}'(B_{n+1}(f)) \leqslant \bigvee_{0}^{1}{}'(f)$$

证 设 f 是凸函数,则 $\bigvee_{0}^{1}{}'(B_n(f)) = \bigvee_{0}^{1}{}'(\hat{f}_n)$. 所以 $\bigvee_{0}^{1}{}'(B_n(f))$ 是 f 关于分点 $0, \frac{1}{n}, \frac{2}{n}, \cdots, 1-\frac{1}{n}, 1$ 的变差; $\bigvee_{0}^{1}{}'(B_{n+1}(f))$ 是 f 关于分点 $0, \frac{1}{n+1}, \frac{2}{n+1}, \cdots, 1-\frac{1}{n+1}, 1$ 的变差.

由凸性,它和 f 关于分点 $0, \frac{1}{n+1}, \frac{1}{n}, \frac{2}{n}, \cdots, 1-\frac{1}{n}, 1-\frac{1}{n+1}, 1$ 的变差相等,所以

$$\bigvee_{0}^{1}(B_{n+1}(f)) \geqslant \bigvee_{0}^{1}(B_n(f))$$

推论 2 若对某个自然数 n,成立

$$\bigvee_{0}^{1}{}'(B_n(f)) = \bigvee_{0}^{1}{}'(f)$$

则对任意 $m > n$ 也成立

$$\bigvee_{0}^{1}{}'(B_m(f)) = \bigvee_{0}^{1}{}'(f)$$

证 由定理 2 及推论 1 易得.

特别有意思的是在这篇短文后有一句鸣谢"本文承王建伟

同学补充其中部分证明". 这位王建伟同学今天早已成为中国数学奥林匹克界的大伽.

为了使读者快速了解本书的内容, 版权经理李丹女士翻译了本书目录, 如下:

1. 度量空间(基本定义与符号, 级数与完备度量空间, 度量空间的拓扑, 贝尔定理, 函数与一致连续函数, 度量空间的完成: 度量的等价性, 逐点和一致收敛的映射, 紧度量空间, 连通性, 单位分解, 度量空间的积, 辅助概念)

2. 拓扑空间(拓扑基与子基, 连续函数与半连续函数, 开映射与闭映射: 同胚, 弱或强拓扑, 紧拓扑空间, 连通性, 乌雷松与蒂策定理, 仿紧和贝尔空间, 波兰和苏布林集合, 迈克尔选择定理, 空间 $C(X;Y)$, 代数拓扑的完素 I: 同伦, 代数拓扑的元素 II: 同伦)

3. 测度, 整合与鞅(测度与外测度, 勒贝格测度, 原子和非原子测度, 乘积测度, 勒贝格 – 斯蒂尔吉斯测度, 测度函数, 勒贝格积分, 收敛性定理, L^p – 空间, 多重积分: 变量的变换, 一致可积: 收敛的模式, 带号测度, 拉东 – 尼科狄姆定理, 最大函数与李雅普诺夫凸性定理, 条件期望鞅)

4. 测度与拓扑(波莱尔和贝尔 σ – 代数, 正则测度与拉东测度, 连续函数的黎兹表示定理, 概率空间测度: 普罗霍罗夫定理, 波兰、苏斯林和波莱尔空间, 可测量多重函数: 选择定理, 投影定理, 当 $1 \leqslant p \leqslant +\infty$ 时 $L^p(\Omega)$ 的对偶, 覆盖定理, 勒贝格微分定理, 有界变差与绝对连续函数, 豪斯道夫测度: 变量的变化, 卡拉泰奥多里函数)

5. 泛函分析(局部凸空间, 赋范空间和巴拿赫空间, 线性算子: 商空间 – 黎兹引理, 哈恩 – 巴拿赫定理, 伴随算子与零化子, 线性泛函分析的三个基本定理, 弱拓扑, 弱拓扑*, 自反巴拿赫空间, 可分巴拿赫空间, 一致凸空间, 希尔伯特空间, 无界线性算子, 集合

的极值结构,紧算子,谱理论,巴拿赫空间的可微性与
几何学,最佳逼近:巴拿赫空间的各种定理)

本书从本质上讲是一部高质量的习题集. 学数学做大量的
习题是学好数学的不二法门,举个姜文汉院士的例子. 姜院士
曾回忆①:

> 我的高中是在上海复旦中学读的. 读高中时感受
> 到了自己与同学的差距,但复旦中学有一批高水平的
> 教师,学校的学习风气也很好. 有几位老师的讲课非
> 常精彩,至今还能回想起. 例如后来在人民教育出版
> 社工作的吕学礼先生,他当时是交通大学的助教,又
> 是我们的数学老师,至今还能回想起他循循善诱、富
> 有启发性的讲课. 在老师们的引导下,更激发起我对
> 知识的渴求. 我利用几个寒暑假期,把当时几本著名
> 的几何、代数和三角学教本中的习题都做了一遍. 同
> 时也努力学习课外知识,当时的一大乐趣是假日到旧
> 书店集中的几条街道去看书,一看就是半天. 记得当
> 时最吸引我的是旧的《科学画报》,用铜版纸精印的刊
> 物,图文并茂、深入浅出地介绍了许多新的知识. 虽然
> 是旧书,但读来仍然津津有味. 三年高中生活给我打
> 下了良好的数理知识底子,尽管高中学的都是最初等
> 的知识,但用数学的思维方法来分析问题,不能不说
> 是高中阶段培养的;在参加工作之后,遇到大量工程
> 实践中的问题,在分析和解决问题的过程中,所用的
> 还是中学里学的基本方法. 尽管我做了大量习题,似
> 有"题海战术"之嫌,但几年寒窗所受的锻炼是终生
> 受用不尽的.

---

① 摘自:《院士思维》(第四卷·中国工程院院士卷),卢嘉锡等主
编,安徽教育出版社,2003.

读来感觉姜院士对"题海战术"还是持肯定态度的,关键看题目质量,高则益,低则弊.

笔者总喜欢在一些出版物后写一些编辑手记之类的文字,爱者极爱,厌者极厌,无法讨好所有人,所以只好自嘲一下,在美国哲学家哈瑞·法兰克福的《论扯淡》中正好有一段:

> 只要形势要求有人说些自己都不知所云的话,那么"牛屎"(胡说)就不可避免.一个人要是谈论某一话题的义务或机会在范围上超出了关于这一话题所掌握的知识,"牛屎"的制造机制就会被激活.人们常不得不——或是自找,或应人求——海阔天空地谈论不甚了解的事物.

刘培杰

2021 年 1 月 5 日

于哈工大

数学词典（俄文）

尤罗·亚诺维奇·
卡兹克　　著

本书是一部版权引进自俄罗斯的数学工具书,即俄文原版的《数学词典》.

本书作者是尤罗·亚诺维奇·卡兹克,爱沙尼亚人,教授,任职于爱沙尼亚的塔尔图大学计算机中心.除传统数学外,他还致力于研究离散数学,以及多方面的现代信息科学基础,对爱沙尼亚数学的发展具有重大贡献.

该词典适用于需要快速查找数学术语简要定义的人员,其中包含5 000多个基础和高级数学概念.从基础数学领域来看,几乎涵盖了学校教科书中的所有术语,而从高等数学和现代数学的领域来看,仅涵盖了基本的和经常出现的那些术语.本书适用于专家、数学专业的学生以及所有对现代数学感兴趣的读者.

据作者自己在前言中指出:

> 该本《数学词典》适用于所有需要在工作或学习中快速找到数学术语简短定义的读者.该词典包含5 000多个基础和高级数学概念.从初等数学开始,几乎涵盖了学校教科书中的所有术语,而高等数学和现代数学中则仅涵盖大学数学学科通用课程中的主要术语.由于出版物容量有限,几乎完全省略了控制论

和理论力学中的术语.

　　字典中的术语按字母顺序列出,空格被认为是字母的第一个,而撇号、连字符、破折号被视为没有字母.术语主要以单数形式给出.如果一个术语由多个单词组成,则在必要时可以对单词进行排列:将含义中的主要词放在首位(在其他条目的文本中此类术语以一般形式使用).

　　每个条目都以术语开始,并给出相应概念的定义,或给出包含此类定义的条目链接.书中尽可能使用严格的定义,如果一个概念的完全展开需要太长的文本,那么定义的给出会有所省略(如不包含存在的具体条件等).如果是解法的情况下,通常只给出可解决问题的类型,而不会给出具体的公式.为了说明实质上的联系,一些基本概念的定义要比学校教科书中给出的定义宽泛一些.很多概念会伴有一个小图,通常就放在条目之后.许多条目给出了说明性举例.

　　在条目名称后的括号中,直接给出它的英文翻译,并且在多种形式中,只选择其中一种.

　　对于包含专有名词的术语的补充信息,在书后的名词参考中给出,其中包括用相应语言表示的所提到的数学家全名及其生卒年.附录二中给出了本词典中使用的符号,并指明了描述其含义的条目.

　　对于有多个意义的术语,相关的条目中会包含几个定义,标有编号(1,2 等)并用分号隔开.在其他条目中使用该术语时,并不会指出具体的定义编号.例如,当定义"代数"为某个环时,并不意味着指术语"环"的第二含义.而在例外情况下,某些条目中给出了含义相等的术语定义——这些定义未编号,但也用分号隔开.

　　条目的开头使用粗体形式.如果有同主要术语一起使用的其他术语,那么此类同义词放在主要术语后面括号中的"或"字之后,但是在翻译的前面.比如,词条开头为以下形式:

　　科尔纽旋涡（或科尔纽螺线，Cornuspiral）—— 一条平曲线 …… 意思是"科尔纽旋涡"和"科尔纽螺线"两个术语有着一样的含义，在此情况下更倾向使用的主要术语是第一个．主要术语的选择尽可能与《数学百科全书》保持一致，尽管在某些情况下也存在着差异．在其他条目的正文中，主要使用所选的主要术语．

　　主要术语后面的同义词按字母顺序列出，而不是按优先顺序列出．对于这些词语，词典中有单独的词条（没有翻译），仅包含对于主要术语的链接．对于此类链接使用符号⟹，意思是"与 …… 相同"．因此，对于上面的举例来说，词典中包含有词条链接：

　　科尔纽螺线⟹科尔纽旋涡

　　当主要术语和平行术语以同一词语开头，或是在词典中相邻时，省略此类词条链接．

　　如果可定义的主要术语也采用更长的形式（更精确的形式），那么此种形式将以斜体写出，放于同义词后面，并且不会给出单独的词条链接．此类词条例如：

　　连续点（函数连续点，continuity point）—— 此类点 ……

　　几乎逐字逐句相符的定义尽可能地放在一个词条中，并在方括号中给出替代词．例如，文本"…… 表征曲线［曲面］相对于直线［平面］的偏离 ……"应读为："…… 表征曲线或曲面相对于直线或平面的偏离 ……."链接中使用相同的缩写原则．

　　某些术语的定义更方便地不是在单独的词条中描述，而是在某些其他定义的文本中．如此定义的术语在相应的其他词条中以斜体表示，而其自身的词条（或多义词的部分词条）通常仅由链接构成．对于此类链接，使用符号→，意为"见"．例如，词条：

　　总和（sum）——1. →加法；2. ……

　　表示术语"总和"的其中一个意思可以在术语"加法"的定义中找出．有时对不用作术语而是作为

术语的组成部分出现的单词给出此类链接. 例如:

回头曲线→牛顿回头曲线

因此, 符号⟹和→用于词条链接中, 指出在哪可以找到所需的定义. 除了此类"强制性的"链接, 还使用符号⟿, 意为"另见"或"比较". 这样的链接指向可以在其中找到有关给定定义的附加信息和对阅读有用的词条. 此外, 没有对于在本身定义的文本中使用的术语的此类链接. 此类链接总是在文章末尾给出. 此类链接也使用方括号, 例如, 文章末尾的形式为:

……; ⟿平方[线性]项.

意为可以补充阅读词条"平方项"和"线性项".

在此版本的词典中, 纠正了发现于1985年第一版中的不正确之处. 除翻译外, 还添加了至少一百个新术语, 并且增加了图和示例的数量. 同时, 链接系统得到了显著扩展.

对于文化人来讲工具书很重要.

金常政先生曾写过一本名叫《百科全书·辞书·年鉴:研究与编纂方法》的书, 书中介绍:

"按美国一位工具书权威 L. 肖尔斯博士的分类, 把工具书分为十三类. 如果不唯权威是从, 打乱一下肖尔斯的排列次序, 按可读性高低, 或检索性递增的次序重排便是百科全书、年鉴、指南、便览、手册、传记性资料、地理性资料、词典、书目、报刊目录、索引、政府文件集、视听资料."

俄文版图书一直是我国从外界获得新鲜理论知识的一个重要来源, 特别是 20 世纪中叶, 那个时期是俄文图书在中国的黄金时代. 据范滇元院士回忆:"…… 我的父亲则用另外的方式开导我. 他给我买了不少科普读物, 其中我最喜欢的是一本从俄文翻译过来的科普小册子《原子能电站》. 我从头到尾阅读了几遍, 原子物理那奇妙的微观世界深深地吸引了我, 原子核的能量不仅能造原子弹,而且能用来发电更是打动了我,我决心要学原子物理,并大着胆子第一志愿报考了北京大学物理系."①

本书所收录条目很讲究,可以说既古典,又现代;既包含初等数学的全部词条,又对近代数学有所涉猎;既可供初学者当作类似于《新华字典》般的使用,也可供专家查阅时伴随左右,以备不时之需.

比它部头大的有日本数学会编的《数学百科辞典》,以及部头更大的苏联编的五卷本的《数学大百科》(笔者分别收藏了以上两套书的日文版、俄文版、中文版).但本书恰好够用,增一分则过于专业,减一分又略显初级,即可以查阅帮助解题.如25页Bernstein polynomials条目,可帮助解如下的《美国数学月刊(AMM)》征解问题6485号.

例1 设$f \in C[0,1]$,$(B_n f)(x)$表示伯恩斯坦多项式

$$\sum_{k=0}^{n} C_n^k x^k (1-x)^{n-k} f\left(\frac{k}{n}\right)$$

证明:如果$f \in C^2[0,1]$,那么对$0 \leqslant x \leqslant 1$,$n = 1$,$2$,… 成立

$$|(B_n f)(x) - (B_{n+1} f)(x)| \leqslant \frac{x(1-x)}{n+1} \left(\frac{1}{3n} \int_0^1 |f''(t)|^2 dt\right)^{\frac{1}{2}}$$

证 我们有恒等式

$$(B_n f)(x) - (B_{n+1} f)(x)$$

$$= \frac{x(1-x)}{n(n+1)} \sum_{k=1}^{n} C_{n-1}^{k-1} x^{k-1} (1-x)^{n-k} \cdot$$

$$\left[f; \frac{k-1}{k}, \frac{k}{n+1}, \frac{k}{n}\right]$$

其中

---

① 摘自:《院士思维》(第四卷·中国工程院院士卷),卢嘉锡等主编,安徽教育出版社,2003.

$$[f;x_1,x_2,x_3] = \frac{1}{x_3 - x_1}\left[\frac{f(x_3) - f(x_2)}{x_3 - x_2} - \frac{f(x_2) - f(x_1)}{x_2 - x_1}\right]$$

$$= \int_0^1 H_k(t)f''(t)\,\mathrm{d}t$$

是 f 的二阶导差,而

$$(x_3 - x_1)H_k(t) = \begin{cases} \dfrac{t - x_1}{x_2 - x_1} & (x_1 < t \leqslant x_2) \\[2mm] \dfrac{x_3 - t}{x_3 - x_2} & (x_2 \leqslant t < x_3) \end{cases}$$

在其他地方,上式的值为零.这里还有

$$\int_0^1 H_k^2(t)\,\mathrm{d}t = \frac{n}{3}$$

这样,从一开始的恒等式和柯西 – 施瓦兹不等式就可导出所需的绝对值不等式.

本书 33 页的 Vandermonde determinant 可帮助解答:

例 2 记 $I = [0,1]$. 对任何 $(x_1,x_2,\cdots,x_n) \in I^n$, 令 $V(x_1,x_2,\cdots,x_n) = (x_j^k)$ 是以 $x_1,x_2,\cdots,x_n$ 为元素的 n 阶范德蒙德行列式(即它的第 k 行是 $(x_1^{k-1}, x_2^{k-1},\cdots,x_n^{k-1})(k = 1,2,\cdots,n)$). 令

$$M_n = \max_{(x_1,x_2,\cdots,x_n) \in I^n} |V(x_1,\cdots,x_n)|$$

证明:当 $n \to \infty$ 时数列 $(M_n^{\frac{1}{n(n-1)}})_{n \geqslant 2}$ 收敛.

证 依高等代数,我们有

$$V(x_1,\cdots,x_n) = \prod_{1 \leqslant i < j \leqslant n}(x_i - x_j)$$

令 $(\xi_1,\xi_2,\cdots,\xi_{n+1})$ 是使 $|V(x_1,x_2,\cdots,x_{n+1})|$ 达到最大值的点,那么

$$\frac{|V(\xi_1,\xi_2,\cdots,\xi_{n+1})|}{|V(\xi_1,\xi_2,\cdots,\xi_n)|} \frac{\left|\prod_{1 \leqslant i < j \leqslant n+1}(\xi_i - \xi_j)\right|}{\left|\prod_{1 \leqslant i < j \leqslant n}(\xi_i - \xi_j)\right|}$$

$$= |(\xi_1 - \xi_{n+1})\cdots(\xi_n - \xi_{n+1})|$$

因为 $(\xi_1, \xi_2, \cdots, \xi_n)$ 未必是使 $\mid V(x_1, x_2, \cdots, x_n) \mid$ 达到最大值的点,也就是说, $\mid V(\xi_1, \xi_2, \cdots, \xi_n) \mid \leqslant M_n$,所以由上式推出

$$\frac{M_{n+1}}{M_n} \leqslant \mid \xi_1 - \xi_{n+1} \mid \cdots \mid \xi_n - \xi_{n+1} \mid$$

一般地,设 $\xi_{i_1}, \cdots, \xi_{i_n}$ 是 $\xi_1, \xi_2, \cdots, \xi_{n+1}$ 中任意 n 个不同的数,那么应用刚才对 $(\xi_1, \xi_2, \cdots, \xi_n)$ 所做的推理可知

$$\frac{M_{n+1}}{M_n} \leqslant \frac{\left| \prod_{1 \leqslant r < s \leqslant n+1} (\varepsilon_{i_r} - \varepsilon_{i_s}) \right|}{\left| \prod_{1 \leqslant r < s \leqslant n} (\xi_{i_r} - \xi_{i_s}) \right|}$$

$$= \mid \xi_{i_1} - \xi_{i_{n+1}} \mid \cdots \mid \xi_{i_n} - \xi_{i_{n+1}} \mid$$

这样的不等式共有 $\binom{n+1}{n} = n + 1$ (个),将它们相乘,得到

$$\left(\frac{M_{n+1}}{M_n} \right)^{n+1} \leqslant \prod_{1 \leqslant i \neq j \leqslant n+1} \mid \xi_i - \xi_j \mid$$

$$= \left(\prod_{1 \leqslant i < j \leqslant n+1} \mid \xi_i - \xi_j \mid \right)^2$$

$$= M_{n+1}^2$$

由此推出

$$M_{n+1}^{\frac{1}{n+1}} \leqslant M_n^{\frac{1}{n-1}}$$

从而

$$M_{n+1}^{\frac{1}{n(n+1)}} \leqslant M_n^{\frac{1}{(n-1)n}}$$

这表明 $\left(M_{n+1}^{\frac{1}{n(n+1)}} \right)$ 是一个单调递减的无穷非负数列,所以当 $n \to \infty$ 时收敛于有限的极限.

例3 设 $A = (a_j^{\lambda_k})$ 是一个 n 阶方阵,满足

$$0 < a_1 < a_2 < \cdots < a_n$$

$$0 < \lambda_1 < \lambda_2 < \cdots < \lambda_n$$

证明: A 的行列式 $\det A > 0$.

证 (1)首先证明 $\det A \neq 0$. 用反证法,设

$$\det \boldsymbol{A} = 0$$

那么线性方程组

$$\sum_{k=1}^{n} c_k a_j^{\lambda_k} = 0, j = 1, 2, \cdots, n$$

将有非零解$(c_1, c_2, \cdots, c_n)$. 因此 n 项幂和函数

$$f(x) = \sum_{k=1}^{n} c_k x^{\lambda_k}$$

有 n 个不同的正零点 $a_1, a_2, \cdots, a_n$.

(2) 现在对项数 n 用归纳法证明:不存在有 n 个不同的正零点的 n 项幂和函数. $n = 1$ 时结论显然成立. 设当项数小于 n 时结论成立. 令 $f_1(x) = x^{-\lambda_1} f(x)$. 依 $f(x)$ 的性质, $f_1(x)$ 有 n 个不同的正零点 $a_1, a_2, \cdots$, a_n, 而且由罗尔定理, $n-1$ 项幂和函数 $f'_1(x)$ 有 $n-1$ 个不同的正零点, 这与归纳假设矛盾. 因此上述结论得证. 亦即的确 $\det \boldsymbol{A} \neq 0$.

(3) 最后, 将 $\det \boldsymbol{A}$ 记作 $V(\lambda_1, \lambda_2, \cdots, \lambda_n)$. 由范德蒙德行列式的性质可知 $V(1, 2, \cdots, n) > 0$. 我们令数组 $(1, 2, \cdots, n)$ 连续变化为数组 $(\lambda_1, \lambda_2, \cdots, \lambda_n)$ 并保持变化中的数组 $(\lambda'_1, \lambda'_2, \cdots, \lambda'_n)$ 满足

$$\lambda'_1 < \lambda'_2 < \cdots < \lambda'_n$$

那么依上面所证, $V(\lambda'_1, \lambda'_2, \cdots, \lambda'_n)$ 满足

$$\lambda'_1 < \lambda'_2 < \cdots < \lambda'_n$$

即 $V(\lambda'_1, \lambda'_2, \cdots, \lambda'_n) \neq 0$. 因而它与 $V(1, 2, \cdots, n)$ 同号. 特别地, 我们得到

$$\det \boldsymbol{A} = V(\lambda_1, \lambda_2, \cdots, \lambda_n) > 0$$

本书 137 页的 Liouville number 则可以给我们提供解决下列问题的工具:

例4 设 ξ 是一个给定的实数, 定义数集

$$S = \left\{ \upsilon \;\middle|\; \left| \xi - \frac{p}{q} \right| \leqslant q^{-\upsilon} \text{ 仅有有限多个有理解} \frac{p}{q} \right.$$
$$\left. (p, q \in \mathbf{Z}, q > 0) \right\}$$

并令 $\mu = \mu(\xi) = \inf S$. 如果实数 $0 < \alpha < 1, \beta > 1$ 具有下列性质:存在无穷整数列 $p_n, q_n (n = 1, 2, \cdots)$ 满足条件

$$\lim_{n \to \infty} | q_n \xi - p_n |^{\frac{1}{n}} = \alpha$$

$$\overline{\lim_{n \to \infty}} | q_n |^{\frac{1}{n}} \leqslant \beta$$

那么 $\mu(\xi) \leqslant 1 - \dfrac{\log \beta}{\log \alpha}$.

证 (1) 首先注意,如果当 $q \geqslant q_0$ 时,对所有 $\dfrac{p}{q} \in \mathbf{Q}$ 有

$$\left| \xi - \frac{p}{q} \right| > Cq^{-\omega}$$

其中 $C > 0$ 为常数,那么对任何给定的 $\varepsilon > 0$,存在 $q_1 = q_1(\varepsilon) \geqslant q_0$,使得当 $q \geqslant q_1$ 时,$Cq^{-\omega} > q^{-\omega-\varepsilon}$,因此当 $q \geqslant q_1$ 时,对所有 $\dfrac{p}{q} \in \mathbf{Q}$ 有

$$\left| \xi - \frac{p}{q} \right| > q^{-\omega-\varepsilon}$$

从而不等式

$$\left| \xi - \frac{p}{q} \right| \leqslant q^{-\omega-\varepsilon}$$

只有有限多个有理解 $\dfrac{p}{q}(q > 0)$. 于是 $\mu(\xi) \leqslant \omega + \varepsilon$. 因为 $\varepsilon > 0$ 可以任意接近于 0,所以 $\mu(\xi) \leqslant \omega$.

依据这个结论,下面我们只须对于任何给定的整数 $p, q(| q | > 1)$,来考查 $\left| \xi - \dfrac{p}{q} \right|$ 的 $Cq^{-\omega}$ 形式的下界. 必要时以 $-p, -q$ 代替 p, q,我们在此总是认为 $q > 1$.

(2) 由题设条件,对于任何给定的足够小的 ε 可以使得数 $\alpha - \varepsilon, \alpha + \varepsilon \in (0, 1)$,于是当 $n \geqslant n_0$ 时

$$(\alpha - \varepsilon)^n \leqslant | q_n \xi - p_n | \leqslant (\alpha + \varepsilon)^n$$

并且 $q_n \neq 0$. 这是因为,若不然,则由上式得

162

$$(\alpha - \varepsilon)^n \leqslant |\, p_n \,| \leqslant (\alpha + \varepsilon)^n$$

从而 $p_n \to 0 (n \to \infty)$，于是当 n 充分大时，(整数) p_n 也为 0. 由此得到 $q_n\xi - p_n = 0$，但这不可能.

(3) 设 $q > 1$ 是任意给定的整数. 记 $\tau = \min\left\{ |\, q_{n_0}\xi - p_{n_0} \,|, \dfrac{1}{2} \right\}$. 由题设条件可知 $q_n\xi - p_n \to 0 (n \to \infty)$，所以在集合 $\{n_0, n_0 + 1, \cdots\}$ 中存在最小的满足下列不等式的下标 m

$$|\, q_m\xi - p_m \,| < \frac{\tau}{q}$$

若 $m = n_0$，则 $\dfrac{\tau}{q} > |\, q_m\xi - p_m \,| = |\, q_{n_0}\xi - p_{n_0} \,| \geqslant \tau$，因为 $q > 1$，所以这不可能，因此 $m > n_0$. 于是由 m 的极小性及(2)中的不等式得到

$$\frac{\tau}{q} \leqslant |\, q_{m-1}\xi - p_{m-1} \,| \leqslant (\alpha + \varepsilon)^{m-1}$$

注意 $\log(\alpha + \varepsilon) < 0$，我们由此推出

$$m \leqslant \frac{\log(\tau q^{-1})}{\log(\alpha + \varepsilon)} + 1$$

(4) 如果 $\dfrac{p}{q} = \dfrac{p_m}{q_m}$，那么由题设条件可知 $|\, q_m \,| \leqslant \beta^m$，由此及(2)中的不等得到

$$\left| \xi - \frac{p}{q} \right| = \left| \xi - \frac{p_m}{q_m} \right| = \frac{|\, q_m\xi - p_m \,|}{|\, q_m \,|} \geqslant \left(\frac{\alpha - \varepsilon}{\beta} \right)^m$$

注意 $\dfrac{\alpha - \varepsilon}{\beta} < 1$，由上式以及(3)中关于 m 的估计，我们推出

$$\left| \xi - \frac{p}{q} \right| \geqslant \left(\frac{\alpha - \varepsilon}{\beta} \right)^{\frac{\log(\tau q^{-1})}{\log(\alpha+\varepsilon)+1}}$$

$$= \left(\frac{\alpha - \varepsilon}{\beta} \right)^{\frac{\log \tau}{\log(\alpha+\varepsilon)+1}} \left(\frac{\alpha - \varepsilon}{\beta} \right)^{-\frac{\log q}{\log(\alpha+\varepsilon)}}$$

$$> \frac{1}{2} \left(\frac{\alpha - \varepsilon}{\beta} \right)^{\frac{\log \tau}{\log(\alpha+\varepsilon)+1}} q^{-\frac{\log((\alpha-\varepsilon)\beta^{-1})}{\log(\alpha+\varepsilon)}}$$

（5）如果 $\dfrac{p}{q} \neq \dfrac{p_m}{q_m}$，那么 $|pq_m - qp_m| \geqslant 1$，于是由

$$pq_m - qp_m = q(q_m\xi - p_m) - q_m(q\xi - p)$$

以及不等式 $|q_m\xi - p_m| < \dfrac{\tau}{q}$（见（3）），得到

$$1 \leqslant |pq_m - qp_m| \leqslant |q||q_m\xi - p_m| + |q_m||q\xi - p|$$
$$< \tau + |q_m||q\xi - p|$$

注意 $\tau \leqslant \dfrac{1}{2}$，由此推出

$$|q_m||q\xi - p| > 1 - \tau \geqslant \dfrac{1}{2}$$

仍然应用（3）中关于 m 的估计，与上面类似地推出

$$\left| \xi - \dfrac{p}{q} \right| = \dfrac{|q\xi - p|}{q} > \dfrac{1}{2q|q_m|} \geqslant \dfrac{1}{2q\beta^m}$$
$$\geqslant \dfrac{1}{2}\beta^{-\frac{\log \tau}{\log(\alpha+\varepsilon)}-1}q^{-1+\frac{\log \beta}{\log(\alpha+\varepsilon)}}$$

（6）由（4）和（5），我们推出

$$\mu(\xi) \leqslant \max\left(\dfrac{\log((\alpha - \varepsilon)\beta^{-1})}{\log(\alpha + \varepsilon)}, 1 - \dfrac{\log \beta}{\log(\alpha + \varepsilon)} \right)$$

因为 ε 可以任意接近于 0，所以得到所要的不等式.

本书 143 页的 Markov inequality 则可提供解决下列问题的方法：

　　例 5　设 $P(x)$ 是一个次数 $\geqslant 1$ 的最高项系数为整数的实系数多项式，证明：在任何一个长度为 4 的闭区间 I 中，必定存在一点 x 使得 $|P(x)| \geqslant 2$.

　　证　（1）设 I 是任意长度为 4 的闭区间，并且考虑多项式

$$P_n(x) = a_n x^n + a_{n-1}x^{n-1} + \cdots + a_0$$

其中，$a_n \in \mathbf{Z}$ 非零，$a_{n-1}, \cdots, a_0 \in \mathbf{R}$. 因为在平移变换下 a_n 不变，所以不妨设 $I = [-2, 2]$. 令

$$M = \max_{x \in I} P_n(x) - \min_{x \in I} P_n(x)$$

我们在此还约定符号

$$\sideset{}{^*}\sum_{0 \leqslant k \leqslant n} t_k = t_0 + 2(t_1 + t_2 + \cdots + t_{n-1}) + t_n$$

于是对于任意选取的 $x_0, x_1, \cdots, x_n \in I$,有

$$\left| \sideset{}{^*}\sum_{0 \leqslant k \leqslant n} (-1)^k P_n(x_k) \right| \leqslant \sum_{k=0}^{n-1} |P_n(x_k) - P_n(x_{k+1})| \leqslant nM$$

我们来构造点列 $x_0, x_1, \cdots, x_n$,使其易于估计上面左边式子的下界.

(2)对于任何整数 $0 \leqslant s < n$,记

$$\omega = -\exp\left(\frac{s\pi i}{n}\right) \neq 1$$

那么可算出

$$\begin{aligned}
\sideset{}{^*}\sum_{0 \leqslant k \leqslant n} \omega^k &= \omega^0 + 2\sum_{k=1}^{n-1} \omega^k + \omega^n \\
&= 1 + \omega^n + 2\omega \cdot \frac{1 - \omega^n}{1 - \omega} \\
&= \frac{(1 + \omega)(1 - \omega^n)}{1 - \omega} \\
&= (1 - (-1)^{s+n}) \frac{1 + \omega}{1 - \omega}
\end{aligned}$$

注意 $\overline{\omega} = \omega^{-1}$,所以上面左边式子的共轭

$$\begin{aligned}
\overline{\sideset{}{^*}\sum_{0 \leqslant k \leqslant n} \omega^k} &= \sideset{}{^*}\sum_{0 \leqslant k \leqslant n} \overline{\omega}^k = (1 - (-1)^{s+n}) \frac{1 + \overline{\omega}}{1 - \overline{\omega}} \\
&= (1 - (-1)^{s+n}) \frac{1 + \omega^{-1}}{1 - \omega^{-1}} \\
&= -\sideset{}{^*}\sum_{0 \leqslant k \leqslant n} \omega^k
\end{aligned}$$

因而它的实部为 0,即

$$\sideset{}{^*}\sum_{0 \leqslant k \leqslant n} (-1)^k \cos\left(\frac{ks}{n}\pi\right) = 0 \quad (0 \leqslant s < n)$$

(3)因为对于任何 $m \in \mathbf{N}_0$,有

$$\begin{aligned}
2\cos m\theta &= e^{m\theta i} + e^{-m\theta i} \\
&= (e^{\theta i} + e^{-\theta i})^m - \\
&\quad \binom{m}{m-1} (e^{(m-1)\theta i} \cdot e^{-\theta i} + e^{\theta i} \cdot e^{-(m-1)\theta i}) - \cdots
\end{aligned}$$

$$= (e^{\theta i} + e^{-\theta i})^m - \binom{m}{m-1}(e^{(m-2)\theta i} +$$

$$e^{-(m-2)\theta i}) - \cdots$$

所以由数学归纳法可知 $2\cos m\theta$ 是 $2\cos\theta = e^{\theta i} + e^{-\theta i}$ 的最高项系数为 1 的 m 次整系数多项式. 我们将这个多项式记作

$$A_m(x) = x^m + c_{m,m-1}x^{m-1} + \cdots + c_{m,0}$$

于是

$$2\cos m\theta = A_m(2\cos\theta) \quad (m \geqslant 0)$$

在其中取 $\theta = \dfrac{k\pi}{n}, m = s(0 \leqslant s < n)$,并记

$$\alpha_k = 2\cos\left(\frac{k}{n}\pi\right)$$

那么

$$2\cos\left(\frac{ks}{n}\pi\right) = A_s(\alpha_k) = \alpha_k^s + c_{s,s-1}\alpha_k^{s-1} + \cdots + c_{s,0}$$

$$(0 \leqslant s < n)$$

由此可知当 $0 \leqslant s < n$ 时

$$2\sum_{0 \leqslant k \leqslant n}^{*}(-1)^k\cos\left(\frac{ks}{n}\pi\right)$$

$$= \sum_{0 \leqslant k \leqslant n}^{*}(-1)^k(\alpha_k^s + c_{s,s-1}\alpha_k^{s-1} + \cdots + c_{s,0})$$

于是由(2)中所得结果推出:对于任何 $0 \leqslant s < n$,有

$$\sum_{0 \leqslant k \leqslant n}^{*}(-1)^k\alpha_k^s + c_{s,s-1}\sum_{0 \leqslant k \leqslant n}^{*}(-1)^k\alpha_k^{s-1} + \cdots +$$

$$c_{s,0}\sum_{0 \leqslant k \leqslant n}^{*}(-1)^k = 0$$

在其中令 $s = 0$,得到

$$\sum_{0 \leqslant k \leqslant n}^{*}(-1)^k = 0$$

类似地,取 $s = 1$,由

$$\sum_{0 \leqslant k \leqslant n}^{*}(-1)^k\alpha_k + c_{1,0}\sum_{0 \leqslant k \leqslant n}^{*}(-1)^k = 0$$

以及刚才得到的关系式可推出

$$\sum_{0 \leqslant k \leqslant n}^{*}(-1)^k\alpha_k = 0$$

继续这种推理,一般地,我们有

$$\sum_{0 \leqslant k \leqslant n}{}^{*} (-1)^{k} \alpha_{k}^{s} = 0 \quad (0 \leqslant s < n)$$

另外,由上面这些关系式推出

$$\sum_{0 \leqslant k \leqslant n}{}^{*} (-1)^{k} \alpha_{k}^{n}$$

$$= \sum_{0 \leqslant k \leqslant n}{}^{*} (-1)^{k} \alpha_{k}^{n} + c_{n,n-1} \sum_{0 \leqslant k \leqslant n}{}^{*} (-1)^{k} \alpha_{k}^{n-1} + \cdots +$$

$$c_{n,0} \sum_{0 \leqslant k \leqslant n}{}^{*} (-1)^{k}$$

$$= \sum_{0 \leqslant k \leqslant n}{}^{*} (-1)^{k} (\alpha_{k}^{n} + c_{n,n-1} \alpha_{k}^{n-1} + \cdots + c_{n,0})$$

$$= \sum_{0 \leqslant k \leqslant n}{}^{*} (-1)^{k} A_{n}(\alpha_{k})$$

注意依多项式 A_{m} 的定义,我们有

$$A_{n}(\alpha_{k}) = 2\cos\left(\frac{kn}{n}\pi\right) = 2\cos k\pi = 2(-1)^{k}$$

所以

$$\sum_{0 \leqslant k \leqslant n}{}^{*} (-1)^{k} \alpha_{k}^{n} = 2 \sum_{0 \leqslant k \leqslant n}{}^{*} (-1)^{2k}$$

$$= 2\left(1 + 2\sum_{k=1}^{n-1} 1 + 1\right)$$

$$= 4n$$

(4) 对于(1) 中的多项式 P_{n},应用(3) 中得到的关系式可知

$$\sum_{0 \leqslant k \leqslant n}{}^{*} (-1)^{k} P_{n}(\alpha_{k})$$

$$= \sum_{0 \leqslant k \leqslant n}{}^{*} (-1)^{k} (a_{n} \alpha_{k}^{n} + a_{n-1} \alpha_{k}^{n-1} + \cdots + a_{0})$$

$$= a_{n} \sum_{0 \leqslant k \leqslant n}{}^{*} (-1)^{k} \alpha_{k}^{n} + a_{n-1} \sum_{0 \leqslant k \leqslant n}{}^{*} (-1)^{k} \alpha_{k}^{n-1} + \cdots +$$

$$a_{0} \sum_{0 \leqslant k \leqslant n}{}^{*} (-1)^{k}$$

$$= a_{n} \sum_{0 \leqslant k \leqslant n}{}^{*} (-1)^{k} \alpha_{k}^{n}$$

$$= 4n a_{n}$$

在(1) 中取 $x_{k} = \alpha_{k}(k = 0,1,\cdots,n)$,即得

$$4n \mid a_{n} \mid = \left| \sum_{0 \leqslant k \leqslant n}{}^{*} (-1)^{k} P_{n}(\alpha_{k}) \right|$$

$$\leqslant \sum_{k=0}^{n-1} |P_n(\alpha_k) - P_n(\alpha_{k+1})|$$
$$\leqslant nM$$

因此

$$M \geqslant 4 |a_n| \geqslant 4$$

因为

$$\max_{x \in I} |P_n(x)| = \max\{|\max_{x \in I} P_n(x)|, |\min_{x \in I} P_n(x)|\}$$

于是由 M 的定义推出 $\max\limits_{x \in I} |P_n(x)| \geqslant 2$.

可能有读者会问:这么好的工具书为什么不想办法译成中文? 那样会更方便阅读. 答案是好译者难寻. 其实, 早在 2013 年, 李继宏便公开表达过类似观点. 此外, 李继宏还指出一些名家误译, 如徐迟先生在翻译《瓦尔登湖》时, 没看懂梭罗在"结语"中提到的一种特殊的蝉(寿命 17 年, 幼虫一直在地下潜伏, 直到生命最后阶段, 才上树鸣叫), 第一次译成"16 年蝗灾", 第二次译成"17 年蝗灾".

这也不怪徐迟先生, 尽管他写出过家喻户晓的《哥德巴赫猜想》, 但终究还是会有知识的盲点. 这其实是一种蝉经过亿万年进化而得到的生存策略, 它们的生命迭代周期令人费解的都选择了素数年数, 有 3 年、5 年 …… 最大的就是这种 17 年蝉. 注意, 17 也是一个素数, 因为蝉的天敌是麻雀, 如果是每年可预期地稳定出现, 那么天敌麻雀就会将其全部吃掉, 而合数的最小公倍数较小, 所以会在某一年出现各种蝉全部上树, 易被一网打尽. 而素数周期则很大, 这样有可能躲过全军覆没而留下一些, 才能永世生存. 这些都是在后来非线性科学兴起后, 生物数学家们才揭开的千古之谜. 所以真正称职的译者是非常稀缺的, 正如早期严复先生曾经有过感叹:"一名之立, 旬月踟蹰."

为了使读者能更了解本书, 笔者又"装腔作势"写上了几句. 正如在一部美国电影中有一金句:装模作样才能像模像样!

刘培杰
2021 年 1 月 12 日
于哈工大

168

发展你的空间想象力
（第2版）

刘培杰数学工作室　编译

谈谈培养空间观念和立体几何作图

裘光明

　　人类生活在空间中,按理说,空间观念应该是"与生俱来,与日俱增"的,可是事实上却并非每一个人都能很好地设想和描述具有一定空间形式的物体. 对于一般人来说,有这种情况不足为怪,但是对于具有一定数学水平的高等学校学生来说,这种情况是很值得引人注意的. 在高等学校的某些数学课程尤其是制图课程中,学生的空间观念几乎是学好该门课程的必需条件. 由于学生不能很好地设想物体的空间形式,大大影响了该门课程的教学工作的进行.

　　大家都知道,培养空间观念正是中学几何课程的目的之一;大家也都知道,抽象的空间观念必须通过具体实物的观察才能逐步建立起来. 尽管在中学里有几年的几何课程,而且老师们也总是使用实物和模型进行形象化教学,但同学缺乏空间观念的现象还是甚为严重,原因究竟何在呢?

　　就我个人看来,原因主要有两方面:一方面在于同学一般的几何知识学得不好、不巩固，影响了他们进一步的几何知识的发展；另一方面则在于同学未能从实物和模型抽象出物体的空间形式，因而实际上还是不具有所要求的空间观念. 现在我想就第二方面的原因提出一些个人的意见，供给大家参考.

实物和模型是形象教学的必备工具，但是在使用实物和模型进行形象教学时，不能同时注意到的是，使用它们，并非简单地要同学认识这个实物或模型，而是要同学通过对实物或模型的观察，建立起对于这种实物或模型的抽象的观念. 这一点在几何教学上尤其重要，因为我们能提供给同学的实物和模型只能是有限的几件，而几何图形却是无限的、千变万化的. 要使同学通过对有限件实物、模型的观察、体验，抽象出对于一般几何图形的空间观念，当然是非要在整个教学过程中注意如何培养学生的这种抽象能力不可了.

但是，不管怎样，在几何教学中，从某种程度上说，总是不能脱离实物和模型的，因为不管一个人具有多大的想象能力，当他碰到较复杂的几何图形，而且要在其中解决几何问题时，单凭空想象总是解决不了的. 幸好，人类还找到了一个很好的几何工具 —— 在平面上画出空间图形.

在平面上画出空间图形，需要一定的几何知识和一定的空间观念，但是反过来，在平面上画出空间图形的能力的提高，同时也就标志了学生几何知识的提高和空间观念的进一步发展. 就这一方面来说，特别是在用综合方法研究问题的中学几何中，作图就成为极重要的一部分内容了.

总之，从几何方面来看，问题转移了方向，培养学生的空间观念的问题变成了培养学生的作图能力的问题. 可以这样说，在中学几何教学中，我们不仅是通过几何知识的讲授，而且更重要的是通过作图能力的培养来树立学生的空间观念. 而因为空间的图形都是立体的，这后一种工作特别落在立体几何的教学上，至于平面图形的作图，则只是空间图形作图的预备知识罢了.

那么我们是否能把空间图形的作图当作立体几何的一个内容来讲呢？一般来说是不能这么办的. 原因有两个. 第一，大家都知道，中学几何又叫作欧几里得几何，研究的是图形在运动(或叫移动,它保持距离不变) 下的几何性质,另外加上在相似变换下不变的几何性质. 在这种变换下,一个平面图形固然变成一个与原形相等或相似的图形,一个空间图形也是如此,可是假如我们把空间图形的作图看作空间到平面的一个变换的话,那么空间图形经过这种变换就变成了一个平面图形,绝不可能再与原形相等或相似了. 所以不管你用什么方法在平面上画空间图形,都要超出欧几里得几何的范围. 第二,更主要的是,空间图形常用作图法的普遍原理,远远超出了中学几何中所能包括的几何知识,而属于仿射几何以至射影几何的范围,当然无法放在中学课程里了.

现在我们看到了"树立空间观念"这一个问题的复杂性. 要通过几何教学树立空间观念,必须先培养学生的作图能力,而立体几何的作图又不能像平面几何作图一样,作为课程内容的一部分来全面加以讲述,矛盾在这里,困难也就在这里.

然而事实真是这样没有办法解决吗? 不,事实上我们的立体几何教科书中依然画着很多插图,而且在立体几何上也还是讲述了一定分量的作图问题和让学生做一定数量的作图题. 而且通过这些,我们的确也使问题有了一定程度的解决.

总之,我们解决问题的方法是在中学课程的范围内,在学生几何知识所许可的条件下,对作图问题给予一定的讲述和练习,来培养学生的作图能力.

因此,我们有必要来谈一下在平面上画空间图形有些什么方法,从几何上看,方法是无限的,在不同的科学技术领域中,使用不同的方法,主要是由于对于不同类型的空间图形来说,都有比较适合于这种图形的各种画图法. 以地理学为例,画普通地图等于是把球面上的图形画成平面图形,有把经纬线画成长方格的方法,有把经线画成直线而把纬线画成曲线的方法,有把经纬线都画成曲线的方法,在画南北极地图时还有把纬线画成圆的方法. 另外在画地形图时,还有所谓画等高线法等. 但是假如要说对于一般空间图形都比较适用的方法,通常就只有三种了,那就是蒙日的正投影法、轴测投影法和透视法. 这三种方法的统一的特点是直线总画成直线. 下面我们分别来谈一下这三种画图法.

蒙日的正投影法是工程画图中最通用的一种方法,普通画机械零件图、建筑物平面或立体图等都用这种方法. 具体说,这种方法的主要步骤是向两个互相垂直的平面作空间立体的正(交)投影. 例如,把一个长方体向与其两个面平行的两个平面作正投影时,就得到图 1 左边的两个图. 在这两个图上的长方形,保持了长方体各面的形状大小,因而很容易从图上知道原长方体的长、宽和高,而长方体也就可以完全确定了. 从几何方面来看,有了到这样两个垂直平面上的正投影,空间图形的位置就完全确定了. 因此,它们的确可以用来表示空间图形. 不过,通常在工程图中,为了更好地了解所画对象的空间形式,有时还画出第三个(与前两平面都垂直的)平面的正投影.

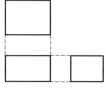

图 1

轴测投影法的主要方法是用平行投影把空间立体投射到一个平面上. 在工程画图中采用它作为辅助的方法,在一般的几何学书中,则总是采用这种方法来画出空间的几何图形. 由于平行投影方向的不同,一个长方体的投影可以有图 2(a) 的样子,也可以有图 2(b) 的样子. 经过平行投影,长方体的各面都无法保持原来的形状,在图 2(a) 中还有一面是长方形,在图 2(b) 中则所有面都成为平行四边形了. 所以,要想从空间图形的平行投影恢复它原来的形状和大小,还需要辅助的条件. 为了这一点,通常还把空间中的一个直角坐标系随同立体一起投射到平面上去,图 2 就画出了这样的直角坐标系的坐标轴. 利用这个直角坐标系,我们才能从图形与坐标系的相互位置知道图形的原来形状和大小,这就是轴测投影法命名的来源. 此外,轴测投影法中的基本定理告诉我们,直角坐标系的坐标轴在投影到平面上时,不仅可以具有完全任意的相互位置(参看图 2(b)),而且各轴上的单位线段在投影后也可以有完全任意的伸缩比值. 这就使我们不能不把问题引向仿射几何学. 但是, 尽管要弄清轴测投影法的全部几何原理, 非讲仿射几何不可, 但假如我们只考虑某些极为特殊的轴测投影, 则不谈仿射几何也还是有办法把问题说清楚的.

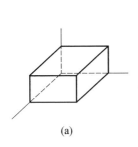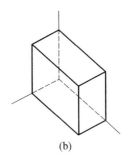

(a)　　　　　　　　　　　　　　(b)

图 2

透视法的主要方法是以某一个点作为中心把空间立体投射到一个平面上(所谓中心投影). 一般的图画和照片都是透视作图的例子. 经过中心投影, 尽管直线变成直线, 可是平行直线却可以变成相交直线(例如, 图画上的铁轨和街道的两边). 因此图形的改变情况比经过平行投影时还要厉害(如图 3 上画的长方体的透视图). 此外, 为了决定透视图中的图形的形状和大小, 固然也可以用一个直角坐标系与图形一起投射到平面上去, 但那时候实质上将变成射影坐标系, 以至要完全说明透视法的原理, 非讲射影几何不可.

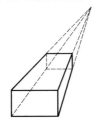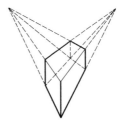

图 3

比较一下上述的三种方法,蒙日方法的优点是可以保持图形中某些基本元素的原来的形状和大小,便于恢复原图形;缺点是图形被割裂了,很难建立一个统一的空间观念. 透视法的优点是直观,看起来最像原物;缺点是根据图像来恢复原物比较困难. 轴测投影法介于两者之间,一方面它有一个总的图像,看起来比较像原物;另一方面,使用一些辅助的手段,根据图像来恢复原物的形状和大小又不太难,在几何书中特别适用,而我们也将专门介绍轴测投影法.

轴测投影法中的图像是经过平行投影而得到的,让我们先谈一下平行投影的四个重要性质.

(1)直线的投影还是直线(但是当直线平行于投射方向时,其投影是一个点).

(2)平行直线的投影平行.

(3)同一条直线(或者平行直线)上两条线段之比等于其投影之比.

(4)平行于投影所在平面的平面上的图形等于它的投影.

这些结果都可以利用关于平行线的一些定理来证明(证明略).

上面说过,轴测投影中的坐标轴的情况可以是完全任意的,我们只能采用最便于应用的特别情形来讲述.

我们让直角坐标系中的 YOZ 平面平行于投影所在的平面,而且把 YOZ 平面叫作铅垂平面. 于是,根据平行投影的性质(4),铅垂平面(以及与铅垂平面平行的平面)上的图形经过投影得到的是与原图形相等的图形. 特别地,Y 轴和 Z 轴(以及与 Y 轴和 Z 轴平行的直线)上的线段经过投影都保持原长不变.

我们还让 X 轴的投影与 Y 轴的投影和 Z 轴都组成 $135°$ 的角:$\angle XOY = \angle XOZ = 135°$. 我们在 X 轴的投影上取单位线段等于原长的 $\frac{1}{2}$.(当然我们完全可以另外取角和单位线段,例如,取 $\angle XOY = 120°$,$\angle XOZ = 150°$,取单位线段等于原长的 $\frac{2}{3}$ 等. 但是为了避免不必要的混淆,我们以后总保持上述取法.)同时我们把 XOY 平面叫作水平平面,把 XOZ 平面叫作侧

174

立平面.

按照坐标系的这种取法,一个各棱为单位长的立方体,当其各棱分别平行于各坐标轴时,它的投影都有后文提到的图形(图13(a))上所画的形状.

从图13也可以看出,铅垂平面上的图形在投影下不变,但是水平平面和侧立平面上的图形则是要改变的,只是水平平面和侧立平面上图形的改变情况现在可以说是一样的.下面我们只准备以水平平面上的图形为例进行比较深入的讨论.我们先来谈以下两个问题:

(1)已知一个图形,求它的投影.

(2)已知图形的投影,求原图形.

我们将要举出一系列例子,在各个例子中,我们都用一个各边平行于 X 轴和 Y 轴的投影的平行四边形来代表水平平面.

例1 在水平平面上画一个正方形 $ABCD$. 这时设 AB,BC 分别平行于 Y 轴和 X 轴,在图上分别画成水平的和铅垂的(图 4(a)),下同.

在投影图上,AB 不变,BC 只有原长的 $\frac{1}{2}$,而且 $\angle BAD = 45°$,画出的 $ABCD$ 是一个平行四边形(图 4(b)).

(a)   (b)

图 4

例2 在水平平面上画一个 $\triangle ABC$,边 AB 是水平的.

作高 CD(图5(a)).在投影图上,AB 不变,D 的位置不变,$\angle BDC = 45°$,CD 等于原长的 $\frac{1}{2}$(图5(b)).

例3 在水平平面上画一个任意的四边形 $ABCD$.

过 A 引水平线 MN. 从 B,C,D 分别引垂直线 BK,CF,DE 到 MN 上(图6(a)).在投影图上画出水平线 MN 和这条直线上的

175

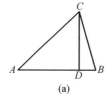

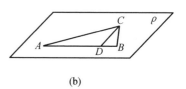

(a)　　　　　　　　　　(b)

图 5

点 A, E, F, K, 它们之间的线段都不改变. 过 E, F, K 分别作线段 ED, FC 和 KB, 使得 $\angle NED = \angle NFC = \angle MKB = 45°$, 而且 ED, FC 和 KB 都等于原长的 $\frac{1}{2}$ (图 6(b)).

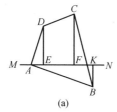

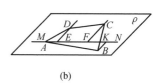

(a)　　　　　　　　　　(b)

图 6

例 4 在水平平面上做出一个已知圆.

引圆的水平直径 AB, 把它 n 等分(图 7(a), 图上 $n = 8$), 过每个分点引铅垂的弦.

在投影图上, 直径 AB 和各分点都不变. 过各分点引直线与 AB 组成 45° 角, 在每条直线上都截取以分点为中心的线段, 长度等于原图上对应线段的 $\frac{1}{2}$. 这些线段的端点都是圆的投影上的点(图 7(b)).

下面引出几个从投影画出原图形的例子.

例 5 已知在水平平面上的 $\triangle ABC$ 的投影, 其中边 AB 的投影平行于 Y 轴的投影, 画出原图形.

在投影图上过 C 引线段 CD 到边 AB 上, 使 $\angle CDB = 45°$(图 8(a)).

根据投影图直接画出水平线段 AB 和点 D, 在 D 处作 AB 的

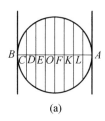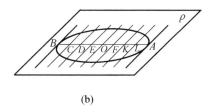

(a)   (b)

图 7

垂直线段 CD, 使其等于投影长的 2 倍(图 8(b)).

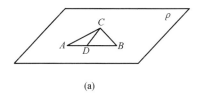

(a)   (b)

图 8

例 6　同上题, 另一个图(图 9(a))做法与上题同, 这时 D 在线段 AB 外(图 9(b)).

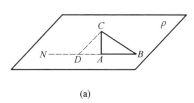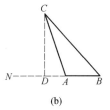

(a)   (b)

图 9

例 7　在投影图上给了四边形 $ABCD$, 其中边 AB 和 CD 同时平行于 Y 轴的投影, 画出原图形.

在投影图上过 C 和 D 引直线与 AB 组成45° 角, 这时在图上得到点 E, 而且过 C 的直线正好过 A(图 10(a)).

根据投影图直接画出线段 AB 和点 E. 过 A 和 E 引 AB 的垂直线段 AC 和 ED, 并且使 AC 和 ED 都等于投影长的 2 倍(图 10(b)).

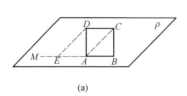

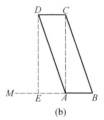

图 10

例 8 在投影图上给了任意的四边形 $ABCD$,画出原图形.

在投影图上过 A 引直线 MN 平行于 Y 轴的投影. 过 B,C,D 分别引线段 BF,CK,DE 与直线 MN 组成 $45°$ 角(图 11(a)).

根据投影图直接画出水平直线 MN 和其上的点 A,E,F,K. 分别在 E,F,K 处作直线 MN 的垂直线段 ED,FB 和 KC,分别等于其投影长的 2 倍(图 11(b)).

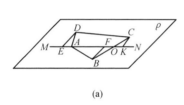

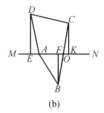

图 11

下面我们来画一些简单的立体的投影,这时我们按一般的惯例,认为立体是不透明的,因而画出的线有可见和不可见之分,不可见的线通常画成虚线.

这时我们通常不难判断一个投影图画得是否正确. 举例来说,假定图12(a)画的是一个截顶的四棱锥,则它显然是不正确的,因为延长各侧棱并不交于一点. 又假定图 12(b) 画的是一个截去一角的四棱锥,则它也是不正确的,因为这时底棱 AB 和 CD 的交点 K 并不在侧棱 SF 上.

例 9 立方体的投影. 图 13(a) 前面已经提到过,图 13(b) 上立方体一个面平行于水平平面,而这个面上的两条对角线则分别平行于 X 轴和 Y 轴.

178

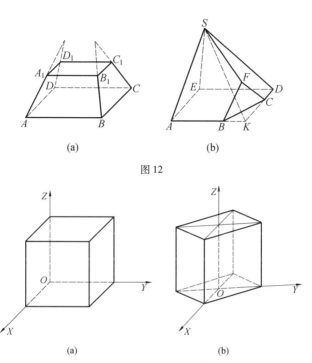

图 12

图 13

例 10 正三棱柱的投影. 图 14 上三棱柱的底面都平行于水平平面,只是前两种情形(图 14(a)(b))都有一条底棱平行于 Y 轴,后两种情形(图 14(c)(d))则是有底面的一条中线(即高)平行于 Y 轴. 这时我们像通常画图时一样,没有画出坐标轴的投影. 注意图 14(d)上的轴测投影与我们前面约定的取法稍有不同.

例 11 正四棱锥的投影(图 15(a)(b)).

例 12 正三棱锥的投影(图 16(a)(b)).

例 13 求作一个正三棱锥,它的侧棱两倍于底棱. 又求作通过一条底棱而垂直于相对的侧棱的平面截该棱锥的截面.

做出一个正 $\triangle ABC$,假定它的中线(即高)CD 是水平的,做出它的中心 O(图 17(a)),假定这个三角形在水平平面上.

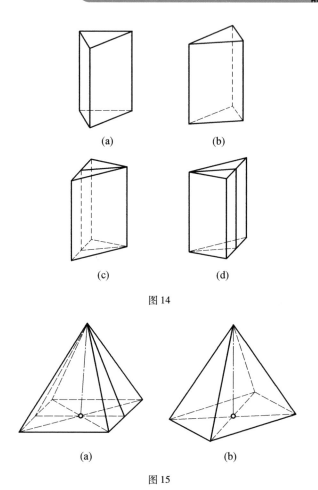

图 14

图 15

在投影图上做出 $\triangle ABC$ 和中心 O、中点 D 的投影. 以 O 的投影为原点画出直角坐标轴的投影 OX', OY', OZ'. 顶点 S 必在 OZ' 上, 而且 CS 等于原长(即等于 AB 原长的 2 倍). 过 D 作线段 $DF \perp CS$, $\triangle AFB$ 就是所求截面的投影(图17(b)). 因为 DF 在铅垂平面上, 所以恢复原状是不难的(图 17(c)).

关于多面体被平面所截的问题, 我们只准备对立方体的情

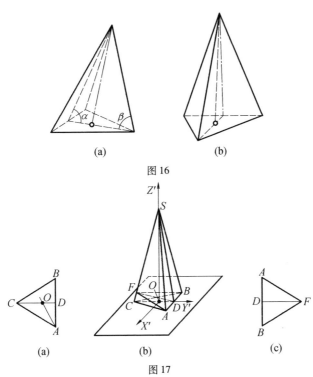

图 16

图 17

形进行介绍.

例 14　平面与立方体的三条棱相交,已知交点,求截面.
这时只要把三个交点连起来构成三角形就可以(图 18).

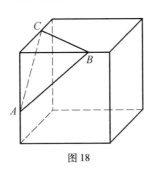

图 18

例 15 平面与立方体的四条棱相交,已知三个交点,求第四个交点.

假定在四个交点 A,B,C,D 中,已知的是 A,B,C,未知的是 D,则由于直线 AD,BC 和 KM 必须相交于一点 N(图 19),所以我们可以这样来确定 D. 引直线 CB 与棱 KM 的延长线相交于 N,联结 AN 与棱 ME 相交于 D,就是所求的点.

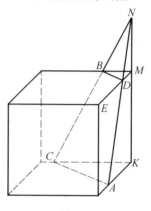

图 19

当平面与立方体的棱相交于 3 个以上的点时,只要知道 3 个交点,其他的交点都可以用类似的方法求出来. 在图 20 和图 21 上分别画着 5 个和 6 个交点时的作图,其中都假定交点 A,B,C 是已知的.

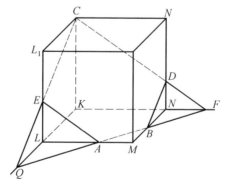

图 20

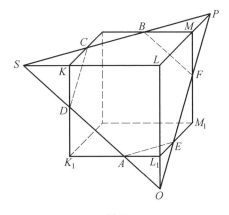

图 21

在任意多面体的情况下,上述作图法一般是同样有效的,只是我们不打算多谈了.

最后我们举例来谈一下如何用作图法来解计算问题.

例 16(《雷布金习题集》§ 1 第 20 题)　给了一个等腰三角形,其底边和高都等于 4 cm,设有一个点与这个三角形的平面相距 6 cm,而且与三角形各顶点等距离.求这个距离.

与三角形各顶点等距离的点在过三角形外心垂直于三角形平面的直线上,因此我们必须先做出已知三角形的外心.设已知等腰 $\triangle ABC$ 的顶点是 B,过顶点的中线(即高)BD 是水平线(图 22(a)).作边 AB 的中点 E 上的垂直线,得出外心 O.

在投影图上,线段 BD 的投影为原长,O 的位置不变,在点 O 处作 BD 的垂直线 OM,它正是 $\triangle ABC$ 的平面在点 O 处的垂直线的投影.因为它在铅垂平面上,所以它上面的线段为原长.截取线段 $OK = 6$ cm,于是线段 BK 按原长代表所求的距离(图 22(b)).

例 17(《雷布金习题集》§ 1 第 22(2) 题)　已知 Rt$\triangle ABC$ 的直角边 $AC = 15$ cm,$BC = 20$ cm.在直角顶点 C 处引三角形平面的垂直线 $CD = 35$ cm.求从点 D 到斜边 AB 的距离.

设 D 到 AB 的垂直线的垂足是 F,从立体几何中的定理知道,$CF \perp AB$.现在设 $\triangle ABC$ 的一条直角边 BC 是水平的.从 C 作

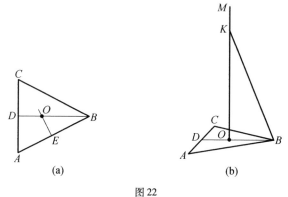

图 22

AB 的垂直线段 CF,从 F 作 BC 的垂直线段 FE(图23(a)).

在投影图上画出 $\triangle ABC$ 的投影. 边 BC 和其上的点 E 不变,

$\angle BCA = 135°$,AC 为原长的 $\dfrac{1}{2}$. 过 E 作 AC 的平行线与 AB 相交

于 F. 在点 C 处引 BC 的垂直线 CM,截取 $CD = 35$ cm. DF 就是代

表所求距离的线段的投影(图23(b)).

假如要问 DF 的原长,则只要做出以 CD 和 CF 为直角边的

直角三角形(图 23(c)).

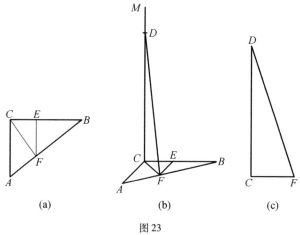

图 23

例 18   正立方体的棱长为 4 cm,求从顶点到内对角线的距离.

这时最好使用图 13(b) 上所画的投影图. 因为那样才能使内对角线在铅垂平面上. 在图 24 上画出了这样的两条内对角线 AC_1 和 A_1C. 从顶点 A 到对角线 A_1C 的距离就由点 A 到 A_1C 的垂直线段 AF 代表.

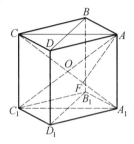

图 24

例 19(《雷布金习题集》§9 第 1 题)   已知正三棱锥的底棱 a 和侧棱 b,求高.

在 $\triangle ABC$ 中,设中线(即高)CD 是水平的,做出这个正三角形的中心 O (图 25(a)).

在投影图上画出 $\triangle ABC$ 和 CD,这时线段 CD 和点 O 保持原状. 从 O 引 CD 的垂直线 OM,则正三棱锥的顶点 S 必定在这 OM 上,SC 保持侧棱的原长,因此不难把点 S 做出. 线段 SO 就是所求的高(图 25(b)).

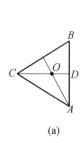

(a)

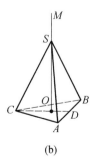

(b)

图 25

185

以上我们举的是一些比较简单的作图问题的例子,但是在这些例子中,已经充分说明了立体几何作图中的一般方法.这些例子全部从苏联《数学教学》杂志1951年第5期37～51页纳札列夫斯基(Г. А. Назаревский)所写《论几何课中发展空间观念》一文中借用.在这篇文章和作者续写的另一篇同名文章(见《数学教学》1953年第3期24～33页)中,还有许多其他的例子,可以供大家参考.此外,希望多获得一些关于轴测投影知识的读者,可以去看高等教育出版社出版的卡米涅夫著的《轴测投影》,或者其他包含轴测投影法内容的画法几何学著作;希望知道轴测投影法的几何原理的读者,则最好去看高等教育出版社出版的格拉哥列夫著的《画法几何学》.

注:本文是作者在北京教师进修学院对北京市中学教师所做报告的讲稿.

引言

空间想象力是高中生的一项重要能力,在立体几何学习和高考中都是必须具备的.为了说明其重要性,这里先摘录四位中学教师的三篇文章,待对空间想象力的重要性有了认识之后,再谈如何训练和发展空间想象力.

空间想象的支架

几年来浙江省高考考试说明(各地可能略有不同)对空间想象力的提法:"能根据条件做出正确的图形,根据图形想象出直观形象;能正确地分析出图形中的基本元素及其相互关系;能对图形进行分解、组合与变换;会运用图形与图表等手段形象地揭示问题的本质."利用一些熟悉的空间图形,作为空间思维的支架,去作图、去联想、去分析、去分解组合,就是上述"空间想象能力"的具体体现.

我们熟悉的空间图形:点、直线、平面;正方体、长方体、平行六面体、正四面体、正三棱锥、正四棱锥;圆柱、圆锥、球……这些空间图形都可以作为"空间想象的支架".下面举一些例子.

1 支架之一 ——— 正方体、长方体、平行六面体

正方体、长方体、平行六面体作为我们熟悉的几何图形,利用它们作为空间想象的思维支架,非常自然、常见.

例1 某几何体的一条棱长为 $\sqrt{7}$,在该几何体的正视图中,这条棱的投影是长为 $\sqrt{6}$ 的线段,在该几何体的侧视图与俯视图中,这条棱的投影分别是长为 a 和 b 的线段,则 $a + b$ 的最大值为(　　).

A. $2\sqrt{2}$ 　　B. $2\sqrt{3}$ 　　C. 4 　　D. $2\sqrt{5}$

分析 不少学生求解这个问题感到异常困难,没有现成的定理、公式可用,也不知从什么地方入手.

不妨把这条棱理解为一个长方体的对角线(长方体的对角线的长度,方向均可任意变化). 如图 1, $B_1D = \sqrt{7}$,设

$$DA = x, DC = y, DD_1 = z$$

则

$$\begin{cases} x^2 + y^2 + z^2 = 7 \\ y^2 + z^2 = 6 \end{cases}$$

得 $x = 1$,故

$$a + b = \sqrt{1 + z^2} + \sqrt{1 + y^2} \leqslant \sqrt{2(1 + z^2 + 1 + y^2)} = 4$$

选 C.

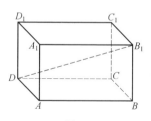

图 1

例2 如图 2(a),三棱锥 $O\text{-}ABC$ 中, OA, OB, OC 两两互相垂直,点 P 是平面 ABC 上一点,点 P 到面 OAB, OBC, OCA 的距离分别为 3,4,5,求线段 OP 的长.

分析 我们可以以 OA, OB, OC(所在直线)为棱, OP 为对

角线作一个长方体,这个长方体的棱长就是 3,4,5,如图 2(b),

故其对角线 OP 的长为 $\sqrt{3^2 + 4^2 + 5^5} = 5\sqrt{2}$.

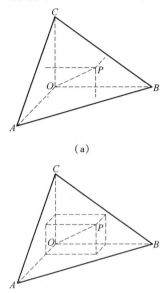

(a)

(b)

图 2

例 3 在直三棱柱 $ABC\text{-}A_1B_1C_1$ 中,$\angle ABC = 90°$,$AB = BC = AA_1$,F,E 分别为棱 AB,AA_1 的中点,则直线 FE 与 B_1C 所成的角是_____.

分析 如图 3,容易看到直三棱柱是一个正方体的一部分(一半),$EF /\!/ A_1B$,所以直线 FE 与 B_1C 所成的角就是正方体 $ABCD\text{-}A_1C_1B_1D_1$ 两条面对角线 A_1B 与 B_1C 所成的角,即为 $60°$.

例 4 在边长为 1 的正方形 $SG_1G_2G_3$ 中,E,F 分别是 G_1G_2 及 G_2G_3 的中点,现在沿 SE,SF 及 EF 把这个正方形折成一个由四个三角形围成的"四面体",使 G_1,G_2,G_3 三点重合,重合后的点记为 G(图 4),那么四面体 $S\text{-}EFG$ 外接球的半径是(   ).

A. $\dfrac{\sqrt{6}}{2}$ B. $\dfrac{\sqrt{3}}{2}$ C. $\dfrac{\sqrt{6}}{4}$ D. 以上都不对

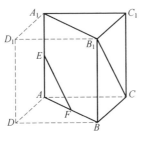

图 3

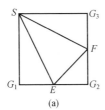 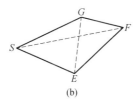

(a)   (b)

图 4

分析 因为在四面体 $S\text{-}EFG$ 的顶点 G 处三条棱两两互相垂直,所以四面体 $S\text{-}EFG$ 是一个长方体的一部分,这个长方体以 G 为一个顶点,以 GE, GF, GS 为棱,这个长方体的外接球直径就是其体对角线长,为 $\sqrt{GE^2 + GF^2 + GS^2} = \dfrac{\sqrt{6}}{2}$. 容易知道,四面体 $S\text{-}EFG$ 的四个顶点均在长方体的外接球上,即知四面体 $S\text{-}EFG$ 外接球的半径是 $\dfrac{\sqrt{6}}{4}$. 选 C.

例 5 如图 5(a), $\alpha \perp \beta$, $\alpha \cap \beta = l$, $A \in \alpha$, $B \in \beta$, A, B 到 l 的距离分别是 a 和 b, AB 与 α, β 所成的角分别是 θ 和 φ, AB 在 α, β 内的射影分别是 m 和 n, 若 $a > b$, 则( ).

A. $\theta > \varphi, m > n$ B. $\theta > \varphi, m < n$

C. $\theta < \varphi, m < n$ D. $\theta < \varphi, m > n$

分析 我们可以把图形中的要素放在一个长方体中,如图 5(b),则

$$m = \sqrt{a^2 + c^2}, \quad n = \sqrt{b^2 + c^2}$$

因为 $a > b$, 所以 $m > n$. 又

$$\tan \theta = \frac{b}{m}, \tan \varphi = \frac{a}{n}$$

从而$\tan \theta < \tan \varphi, \theta < \varphi$. 选 D.

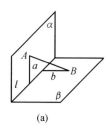
(a)

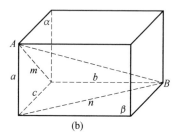
(b)

图 5

例 6 四面体对棱长分别相等,分别是 a, b, c. 求体积.

分析 这类问题很常见.

把四面体"嵌入"棱长为 x, y, z 的长方体(图 6). 由方程组

$$\begin{cases} x^2 + y^2 = a^2 \\ y^2 + z^2 = b^2 \\ z^2 + x^2 = c^2 \end{cases}$$

解得

$$x = \sqrt{\frac{c^2 + a^2 - b^2}{2}}$$

$$y = \sqrt{\frac{b^2 + a^2 - c^2}{2}}$$

$$z = \sqrt{\frac{b^2 + c^2 - a^2}{2}}$$

所以四面体体积

$$V = xyz - 4 \cdot \frac{1}{3} \cdot \left(\frac{1}{2}xy \right) \cdot z$$

$$= \frac{1}{3}xyz$$

$$= \frac{\sqrt{2}}{12} \sqrt{(a^2 + b^2 - c^2)(b^2 + c^2 - a^2)(c^2 + a^2 - b^2)}$$

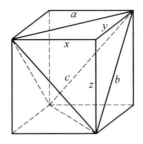

图 6

例 7 如图 7(a),正四面体 $A\text{-}BCD$ 的顶点 A,B,C 分别在两两垂直的三条射线 OX,OY,OZ 上,则在下列命题中,错误的为( ).

A. $O\text{-}ABC$ 是正三棱锥

B. 直线 OB ∥ 平面 ACD

C. 直线 AD 与 OB 所成的角是 $45°$

D. 二面角 $D\text{-}OB\text{-}A$ 为 $45°$

分析 只要将上述图形放在一个正方体中(图 7(b)),就一目了然了.

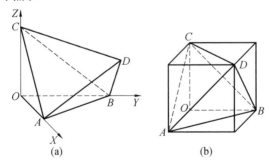

(a) (b)

图 7

例 8 将一个正方形 $ABCD$ 绕直线 AB 向上转动 $45°$ 到 ABC_1D_1,再将所得正方形 ABC_1D_1 绕直线 BC_1 向上转动 $45°$ 到 $A_2BC_1D_2$,则平面 $A_2BC_1D_2$ 与平面 $ABCD$ 所成的二面角的正弦值等于_____.

分析 如图 8,在两个正方体中,计算平面 $A_2BC_1D_2$ 与平

面 $ABCD$ 所成的二面角,就非常容易了.

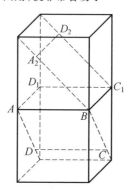

图 8

2 支架之二 —— 正四面体、正三棱锥、正四棱锥

例 9 已知三棱柱 $ABC\text{-}A_1B_1C_1$ 的侧棱与底面边长都相等,A_1 在底面 ABC 内的射影为 $\triangle ABC$ 的中心,则 AB_1 与底面 ABC 所成角的正弦值等于( ).

A. $\dfrac{1}{3}$ B. $\dfrac{\sqrt{2}}{3}$ C. $\dfrac{\sqrt{3}}{3}$ D. $\dfrac{2}{3}$

分析 如图 9,设三棱柱的棱长均为 a. 由已知,几何体 $A_1\text{-}ABC$ 是正四面体,其高为 $\dfrac{\sqrt{6}}{3}a$. $\angle B_1AB = 30°$,故 $AB_1 = \sqrt{3}\,a$,

AB_1 与底面 ABC 所成角的正弦值等于 $\dfrac{\dfrac{\sqrt{6}}{3}a}{\sqrt{3}\,a} = \dfrac{\sqrt{2}}{3}$. 选 B.

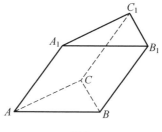

图 9

192

3 支架之三 —— 圆柱、圆锥、球

例10 如图10,AB是平面α的斜线段,A为斜足. 若点P在平面α内运动,使得△ABP的面积为定值,则动点P的轨迹是( ).

    A. 圆   B. 椭圆

    C. 一条直线   D. 两条平行直线

分析 由已知,点P到直线AB的距离为定值,所以点P的轨迹是以AB为中心轴的一个圆柱面,又点P在平面α上,故动点P的轨迹就是一个斜的圆柱面与一个水平平面的交线,即知为椭圆. 选 B.

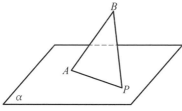

图 10

例11 设直线$l \subset$平面α,过平面α外一点A与l,α都成$30°$角的直线有且只有( ).

    A. 1 条   B. 2 条   C. 3 条   D. 4 条

分析 因为两平行直线与同一条直线、同一个平面所成的角均相等,所以不妨设点A在直线l上. 易知,过点A且与直线l成$30°$角的直线,必是以A为顶点、直线l为中心轴、顶角为$60°$的一个对顶圆锥面的母线(图 11),又直线与平面α成$30°$角,所以这样的直线有 2 条(在圆锥面的最高处和最低处). 选 B.

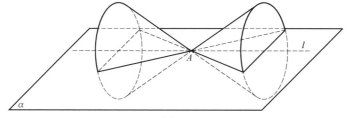

图 11

下面把问题改成:设直线 $l \subset$ 平面 α,过平面 α 外一点 A 与 l 成 60° 角且与平面 α 成 30° 角的直线有且只有几条?

与前面的作法类似,这样的直线有 4 条.

例 12 已知长方体 $ABCD$-$A_1B_1C_1D_1$ 中,P 是面 $ABCD$ 上一个动点,如图 12,若 D_1P 与 D_1B_1 所成的角恒为 60°,则点 P 在面 $ABCD$ 上的轨迹是(   ).

A. 圆的一部分　　　　　　B. 椭圆的一部分

C. 双曲线的一部分　　　　D. 抛物线的一部分

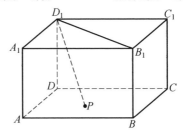

图 12

分析　D_1P 为以直线 D_1B_1 为轴的圆锥的母线(一部分),P 为这个圆锥面与底面的公共点,因为底面与圆锥的轴平行,所以点 P 在面 $ABCD$ 上的轨迹为双曲线的一部分. 选 C.

4　支架之四 —— 平面

平面也是空间想象的思维支架. 如果一个图形在一个平面上,那么我们的空间思维就容易多了.

例 13　空间 5 个平面,最多可以把空间分成几个部分?

分析　2 个平面最多可把空间分成 4 个部分,3 个平面最多可把空间分成 8 个部分,这是显然的. 但 4 个平面呢? 脑子有点不够用了? 这时我们可以画一个平面. 平面很熟悉,平面上的点线几乎不用想象,一望便知. 这个平面(第 4 个平面)与前 3 个平面有 3 条交线(图 13(a)),当然,这 3 条交线实际上代表前 3 个平面,3 条交线最多可以把这个平面分成 7 个部分,每个部分又把原来 3 个平面所分成的空间某一部分一分为二(这需要一点想象能力),所以 4 个平面最多可以把空间分成 8 + 7 = 15(个) 部分. 如上法,平面上 4 条直线最多可以把这个平面分成 11 个部分

194

（图 13(b)），所以 5 个平面最多可以把空间分成 15 + 11 = 26(个) 部分.

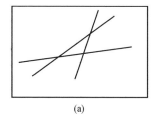 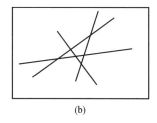

(a)　　　　　　　　　　　　　　(b)

图13

例 14　已知 a, b, c 是空间两两异面的三条直线,问能否作直线 L 与三条直线都相交? 这样的直线能作几条?

　　分析　过直线 a 任作一平面 α,直线 a 与 b, a 与 c 都是异面直线,所以平面 α 与直线 b 和 c 都平行或相交. 但过直线 a 的任一平面只有一种情形与直线 b 平行,与直线 c 也一样,所以有无数个平面与直线 b 和 c 相交,设交点分别为 P 和 Q,连 PQ(图 14). 这样的直线 PQ 也有无数条. 直线 PQ 在平面 α 内,所以与直线 a 必相交或平行,但平行最多只有一种可能,否则直线 b 与 c 就共面了. 因此,有无数条这样的直线 PQ 与三条异面直线都相交.

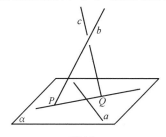

图 14

例 15　已知正方体 $ABCD\text{-}A_1B_1C_1D_1$ 的棱长为 2,试问与三条异面直线 AA_1, BC, D_1C_1 距离均为 1 的直线有几条?

　　分析　与直线 AA_1 距离为 1 的直线与以 AA_1 为轴,半径为 1 的圆柱面(记为 Ⅰ) 相切,当然,直接为其母线也可以. 与直线 BC 距离为 1 的直线与以 BC 为轴,半径为 1 的圆柱面(记为 Ⅱ) 相切. 与直线 D_1C_1 距离为 1 的直线与以 D_1C_1 为轴,半径为 1 的

195

圆柱面（记为 Ⅲ）相切. 这三个圆柱面是两两相切的（图 15(a)）.

考虑与圆柱面 Ⅰ 相切的平面 α, 显然在平面 α 内的直线只要与直线 AA_1 不平行, 则必与圆柱面 Ⅰ 相切. 又平面 α 只要与 BC, D_1C_1 都不平行, 则平面 α 必与圆柱面 Ⅱ 和 Ⅲ 相交, 而交线就是两个椭圆（图 15(b)）. 因为三个圆柱面是两两相切的, 所以两个椭圆或相离, 或相切, 所以两个椭圆至少有三条公切线. 任一条公切线必与圆柱面 Ⅱ 和 Ⅲ 相切, 且其中至少有一条直线 l 与直线 AA_1 不平行, 所以直线 l 也与圆柱面 Ⅰ 相切, 即直线 l 与三条异面直线 AA_1, BC, D_1C_1 距离均为 1. 这样的平面 α 有无数多个, 因而这样的直线 l 也有无数多条.

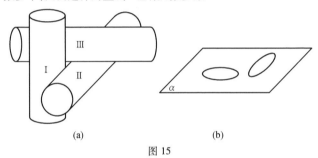

(a)   (b)

图 15

在求解立体几何问题时, 有时我们可能会感到无法"想象". 此时, 我们就需要某种技巧或方法, 去弥补空间想象能力的不足, 或者说就需要利用某些技巧或方法, 去提高空间想象能力. 也许, 利用一些熟悉的空间图形作为支架, 去分析、解剖面对的空间图形, 就是这类技巧之一.

把几何体放置在长方体中
来求解三视图问题是一种好方法

三视图问题（包括求解几何体的表面积、体积等）是培养和考查空间学习能力的好题目, 但不少学生感到难度颇大, 且老师也感到不易讲清楚. 笔者发现, 把几何体放置在长方体中来求解三视图问题是一种好方法, 下面举例说明.

题 1 如图 16, 网格纸的各小格都是正方形, 粗线画出的是一个三棱锥的左视图和俯视图,则该三棱锥的主视图可能是( ).

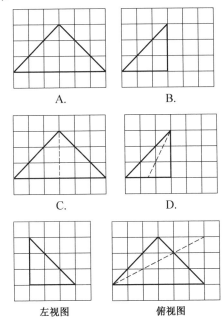

图 16

答 A.

把题中的三棱锥 A-BCD 放置在如图 17 所示的长方体中即可得答案.

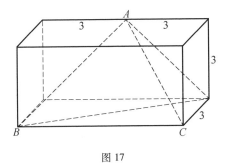

图 17

197

题2　若某几何体的三视图如图 18 所示,则该几何体的各个表面中互相垂直的表面的对数是(　　).

A. 2　　　　B. 4　　　　C. 6　　　　D. 8

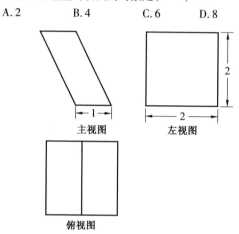

主视图　　　　左视图

俯视图

图 18

答　D.

该几何体是图 19 中的平行六面体 $ABCD\text{-}A_1B_1C_1D_1$,进而可得答案.

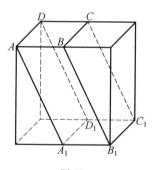

图 19

题3　在如图 20 所示的空间直角坐标系 $O\text{-}XYZ$ 中,一个四面体的顶点坐标分别是 $(0,0,2),(2,2,0),(1,2,1),(2,2,2)$,给出编号 ①②③④ 的四个图,则该四面体的主视图和俯视图分别为(　　).

A.① 和②   B.③ 和①

C.③ 和④   D.④ 和②

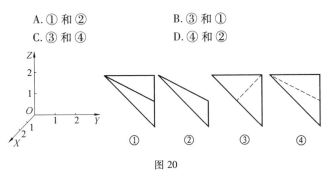

图 20

答 D.

把该四面体放置在坐标系中的棱长为 2 的正方体中求解.

题 4 （2013 年高考新课标卷 Ⅱ 理科第 7 题、文科第 9 题）一个四面体的顶点在空间直角坐标系 $O\text{-}XYZ$ 中的坐标分别是 $(1,0,1),(1,1,0),(0,1,1),(0,0,0)$，画该四面体三视图中的正视图时，以 ZOX 平面为投影面，则得到主视图可以为（   ）.

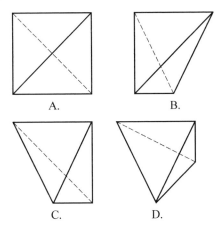

答 A.

题 5 一个几何体的三视图如图 21 所示，图中直角三角形的直角边长均为 1，则该几何体体积为（   ）.

A. $\dfrac{1}{6}$ B. $\dfrac{\sqrt{2}}{6}$ C. $\dfrac{\sqrt{3}}{6}$ D. $\dfrac{1}{2}$

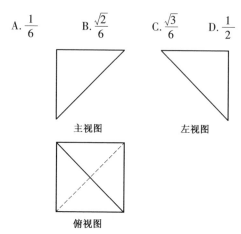

主视图   左视图

俯视图

图 21

答　A.

该几何体即图 22 中棱长为 1 的正方体中的四面体 $ABCD$，由此可得到答案.

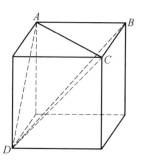

图 22

题 6　一个棱长为 2 的正方体沿其棱的中点截去部分后所得几何体的三视图如图 23 所示,则该几何体的体积为(　　).

A. 7   B. $\dfrac{22}{3}$

C. $\dfrac{47}{6}$ D. $\dfrac{23}{3}$

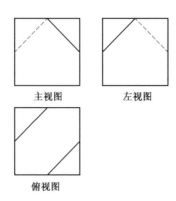

主视图　　　　　左视图

俯视图

图 23

答　D.

该几何体是如图24所示的正方体切去两个三棱锥 $A\text{-}BCD$，$E\text{-}FGH$ 后剩下的图形，其体积为

$$2^3 - 2 \times \frac{1}{6} \times 1^3 = \frac{23}{3}$$

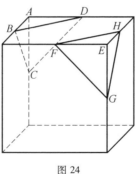

图 24

题7　棱长为 2 的正方体被一平面截成两个几何体，其中一个几何体的三视图如图 25 所示，那么该几何体的体积是(　　).

A. $\dfrac{14}{3}$　　　B. 4　　　C. $\dfrac{10}{3}$　　　D. 3

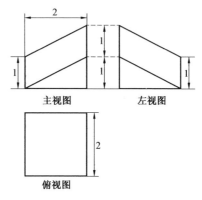

主视图　　　　左视图

俯视图

图 25

答　B.

如图 26 所示,截面将棱长为 2 的正方体分为完全相同的两个几何体,所求几何体(正方体位于截面下方的部分)的体积是原正方体体积的一半,由此可得答案.

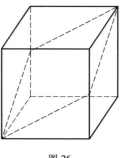

图 26

题 8　某三棱锥的主视图和俯视图如图 27 所示,则其左视图面积为(　　).

A. 6

B. $\dfrac{9}{2}$

C. 3

D. $\dfrac{3}{2}$

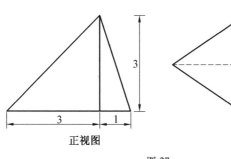

正视图   俯视图

图 27

答　C.

如图 28 所示,可把该三棱锥 *A-BCD* 放置在长、宽、高分别是 4,4,3 的长方体中,可得其左视图为 $\triangle DEF$,其面积为

$$\frac{2 \times 3}{2} = 3$$

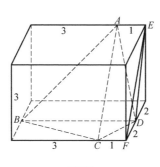

图 28

题9　已知斜三棱柱的三视图如图 29 所示,该斜三棱柱的体积为_____.

答　2.

可在棱长为 2 的正方体中解答此题(如图 30 所示,图中的点 B,A_1,C_1 均是所在棱的中点).

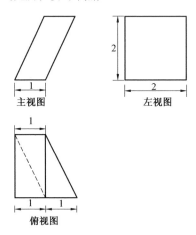

图 29

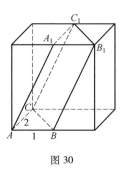

图 30

题 10 一个四棱锥的三视图如图 31 所示,其中左视图为正三角形,则该四棱锥的体积是_____,四棱锥侧面中最大侧面的面积是_____.

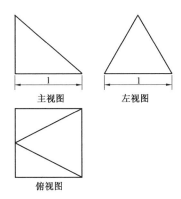

主视图   左视图

俯视图

图 31

答 $\dfrac{\sqrt{3}}{6}, \dfrac{\sqrt{7}}{4}$.

题中的四棱锥即图 32 所示长方体(其长 $AB = 1$,宽 $BC = 1$,高 $AA' = \dfrac{\sqrt{3}}{2}$) 中的四棱锥 $P\text{-}ABCD$.

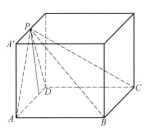

图 32

该四棱锥的体积是

$$\frac{1}{3} \times 1^2 \times \frac{\sqrt{3}}{2} = \frac{\sqrt{3}}{6}$$

还可得

$$S_{\triangle PAD} = \frac{\sqrt{3}}{4}$$

$$S_{\triangle PAB} = \frac{1}{2}PA \times AB = \frac{1}{2} \times 1 \times 1 = \frac{1}{2}$$

$$S_{\triangle PCD} = \frac{1}{2}PD \times CD = \frac{1}{2} \times 1 \times 1 = \frac{1}{2}$$

$$S_{\triangle PBC} = \frac{\sqrt{7}}{4}$$

（因为可求得等腰 $\triangle PBC$ 的三边长分别是 $PB = PC = \sqrt{2}$，$BC = 1$），所以该四棱锥侧面中最大侧面的面积是 $\triangle PBC$ 的面积，即 $\frac{\sqrt{7}}{4}$.

回归长方体，甄别三棱锥

三棱锥是常见的最简单的几何体，许多三棱锥问题直接解决比较困难，但如果将三棱锥还原成一个长方体，将三棱锥问题回归到长方体问题来解决，往往别有洞天，迎刃而解.

一、特殊三棱锥回归长方体

1. 棱长都相等的三棱锥（正四面体）

例 1 一个正四面体，各棱长均为 $\sqrt{2}$，则对棱的距离为（   ）.

A. 1   B. $\frac{1}{2}$ C. $\sqrt{2}$ D. $\frac{\sqrt{2}}{2}$

解析 此题情境设置简洁，解决方法也多，通常可以考虑做出对棱的公垂线再转化为直角三角形求解. 这种方法比较抽象，不容易画出图形. 但如果我们将这个四面体回归到正方体中（图 33），正四面体是由正方体 6 个侧面的对角线联结构成，所以它们对棱之间的距离就是该正方体的棱长，为 1.

选 A.

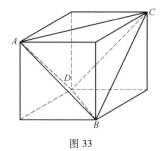

图 33

206

总结 正四面体可以回归正方体. 正四面体的 6 条棱就是这个正方体的 6 条面对角线. 从而正四面体棱面之间的位置关系和数量关系都浮出"体面", 显而易见.

2. 有公共点的两两垂直的三条棱

例 2 已知正三棱锥 $P\text{-}ABC$, 点 P,A,B,C 都在半径为 $\sqrt{3}$ 的球面上, 若 PA,PB,PC 两两互相垂直, 则球心到截面 ABC 的距离为_____.

解析 由于 $P\text{-}ABC$ 是正三棱锥, 侧棱两两垂直, 于是可以回归正方体. 如图 34 所示, $P\text{-}ABC$ 的外接球就是这个正方体的外接球, 所以球的半径就是体对角线的一半. 设正方体的棱长为 a, 则

$$\sqrt{3}a = 2\sqrt{3}, a = 2$$

设点 P 到截面 ABC 的距离为 d, 由体积转换

$$V_{P\text{-}ABC} = V_{C\text{-}PAB}$$

即

$$\frac{1}{3} \times \frac{1}{2} \times 2 \times 2 \times 2 = \frac{1}{3} \times \frac{1}{2} \times 2\sqrt{2} \times 2\sqrt{2} \times \frac{\sqrt{3}}{2} \times d$$

得 $d = \dfrac{2\sqrt{3}}{3}$, 于是球心, 即正方体体对角线的中点到截面 ABC 的距离为

$$\sqrt{3} - \frac{2\sqrt{3}}{3} = \frac{\sqrt{3}}{3}$$

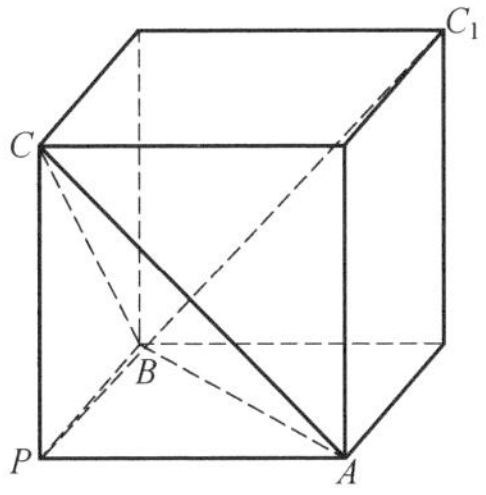

图 34

总结 这是 2012 年全国高考辽宁卷理科试题, 以侧棱两两垂直的正三棱锥为背景, 考查与球的关系. 抓住侧棱两两垂直, 于是可以回归到正方体来解决.

207

3. 有不共点的互相垂直的三条棱

例3 如图 35 所示,在三棱锥 $A\text{-}BCD$ 中,侧面 ABD,ACD 是全等的直角三角形,AD 是公共的斜边,且 $AD = \sqrt{3}$,$BD = CD = 1$,另一个侧面 ABC 是正三角形.

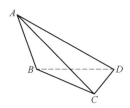

图 35

(1) 求证:$AD \perp BC$.

(2) 求二面角 $B\text{-}AC\text{-}D$ 的余弦值.

(3) 在线段 AC 上是否存在一点 E,使 ED 与平面 BCD 成 $30°$ 角? 若存在,确定点 E 的位置;若不存在,说明理由.

解析 (1) 由于 $BC = AB = AC = \sqrt{2}$,可知 $\triangle BCD$ 也是直角三角形,即 AB,BD,CD 不共点且两两垂直,所以回归到正方体中,如图 36 所示,正方体的棱长为 1. 以点 D 为原点,DB 所在直线为 X 轴,DC 所在直线为 Y 轴,建立如图 36 所示的空间直角坐标系,则 $B(1,0,0)$,$C(0,1,0)$,$A(1,1,1)$,所以 $\overrightarrow{BC} = (-1,1,0)$,$\overrightarrow{DA} = (1,1,1)$,因此 $\overrightarrow{BC} \cdot \overrightarrow{DA} = -1 + 1 + 0 = 0$,所以 $AD \perp BC$.

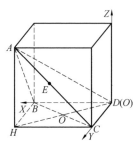

图 36

(2) 设平面 ABC 的法向量 $\boldsymbol{n} = (x,y,z)$,则由 $\boldsymbol{n} \perp \overrightarrow{BC}$,得

$$\boldsymbol{n} \cdot \overrightarrow{BC} = -x + y = 0$$

从而

$$\begin{cases} y = x \\ z = -x \end{cases}$$

取 $\boldsymbol{n} = (1, 1, -1)$.

同理可求得平面 ACD 的一个法向量为 $\boldsymbol{m} = (1, 0, -1)$.

因此

$$\begin{aligned} \cos\langle \boldsymbol{m}, \boldsymbol{n} \rangle &= \frac{\boldsymbol{m} \cdot \boldsymbol{n}}{|\boldsymbol{m}||\boldsymbol{n}|} \\ &= \frac{1 + 0 + 1}{\sqrt{3} \times \sqrt{2}} \\ &= \frac{\sqrt{6}}{3} \end{aligned}$$

即二面角 $B\text{-}AC\text{-}D$ 的余弦值为 $\frac{\sqrt{6}}{3}$.

（3）设 $E(x, y, z)$ 是线段 AC 上一点，则 $x = z > 0$，$y = 1$，所以 $\overrightarrow{DE} = (x, 1, x)$. 设平面 BCD 的法向量为 $\boldsymbol{n} = (0, 0, 1)$，要使 ED 与平面 BCD 成 $30°$ 角，则有 $\overrightarrow{DE}$ 与 $\boldsymbol{n}$ 的夹角为 $60°$，所以

$$\cos\langle \overrightarrow{DE}, \boldsymbol{n} \rangle = \frac{\overrightarrow{DE} \cdot \boldsymbol{n}}{|\overrightarrow{DE}||\boldsymbol{n}|} = \cos 60° = \frac{1}{2}$$

所以 $2x = \sqrt{1 + 2x^2}$，解得 $x = \frac{\sqrt{2}}{2}$. 因此

$$CE = \sqrt{2}x = 1$$

故线段 AC 上存在一点 E，当 $CE = 1$ 时，ED 与平面 BCD 成 $30°$ 角.

总结 这个特殊的三棱锥，有三条棱依次垂直（区别于共点的垂直），可以回归到长方体，从而三棱锥中的相关线面关系和数量问题，都凸现在长方体中，容易理解和解决.

4. 有对棱相等

例 4 如图 37，已知三棱锥 $P\text{-}ABC$ 中

$$PA = BC = 2\sqrt{34}$$

$$PB = AC = 10$$

$$PC = AB = 2\sqrt{41}$$

试求三棱锥 $P\text{-}ABC$ 的体积.

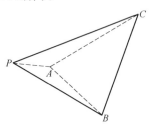

图 37

解析 如图 38,把三棱锥回归到长方体中,易知三棱锥的各边分别是长方体的面对角线.

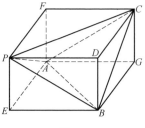

图 38

不妨令

$$PE = x, EB = y, EA = z$$

则由已知有

$$\begin{cases} x^2 + y^2 = 100 \\ x^2 + z^2 = 136 \\ y^2 + z^2 = 164 \end{cases}$$

解得

$$x = 6, y = 8, z = 10$$

从而知

$$V_{P\text{-}ABC} = V_{AEBG\text{-}FPDC} - V_{P\text{-}AEB} - V_{C\text{-}ABG} - V_{B\text{-}PDC} - V_{A\text{-}FPC}$$

$$= 6 \times 8 \times 10 - 4 \times \frac{1}{6} \times 6 \times 8 \times 10$$

$$= 160$$

故所求三棱锥 *P-ABC* 的体积为 160.

总结 三对对棱相等的三棱锥,可以回归到长方体中,使得对棱是长方体相对面的面对角线. 从而利用长方体的关系解决有三对对棱相等的三棱锥问题.

二、视图三棱锥回归长方体

例 5 一个四面体的三视图如图 39(a) 所示,则该四面体的四个面中最大的面积是(   ).

A. $\dfrac{\sqrt{3}}{2}$ B. $\dfrac{\sqrt{2}}{2}$ C. $\dfrac{\sqrt{3}}{4}$ D. $\dfrac{1}{2}$

解析 将四面体回归到长方体中,如图 39(b) 所示,这个四面体应该就是正方体中四个顶点联结得到的 *P-ABC*.

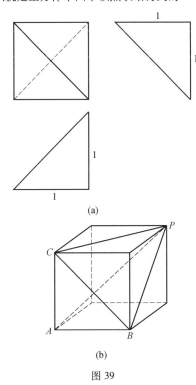

(a)

(b)

图 39

从三视图上标明的数据知,这个正方体的棱长为 1,它的四个面都是直角三角形,容易求得面积分别为 $\dfrac{1}{2}, \dfrac{\sqrt{2}}{2}, \dfrac{\sqrt{2}}{2}, \dfrac{\sqrt{3}}{2}$,所以最大的面积是 $\dfrac{\sqrt{3}}{2}$. 选 A.

总结 遇到四面体的三视图问题,一般想到以长方体为背景来进行切割.

例 6 某三棱锥的主视图如图 40 所示,则这个三棱锥的俯视图不可能是(   ).

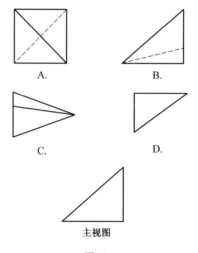

图 40

解析 保持主视图是直角三角形,我们联结长方体的顶点,逐步调整,如图 41(a) 中的三棱锥 $P\text{-}ABC$(四个点都是长方体的顶点) 的俯视图就是 A. 图 41(b) 中的三棱锥 $P\text{-}ABC$(点 P,A,B 是长方体的顶点,点 C 是棱上的非中点) 的俯视图就是 B. 图 41(c) 中的三棱锥 $P\text{-}ABC$(四个点都是长方体的顶点) 的俯视图就是 D. 在长方体中无论如何也画不出俯视图为 C 的三棱锥.

总结 回归到长方体中,再选择顶点或相关点,结合三视图来进行甄别确定.

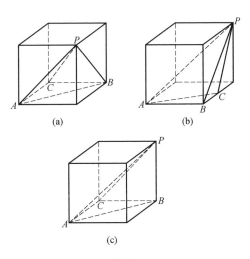

图 41

例7 如图 42 是一个四面体的三视图,则其外接球的体积为( ).

A. $\sqrt{6}\pi$ B. $8\sqrt{6}\pi$ C. $\sqrt{3}\pi$ D. $4\sqrt{3}\pi$

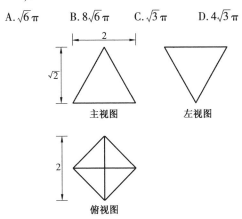

图 42

解析 这个四面体实际放在长方体中就是如图 43 所示的四面体 $ABCD$,从三个视图上的数据知,这个长方体的底面是边长为 2 的正方形,高是 $\sqrt{2}$,其中,A,B,C,D 是棱的中点,从而知

213

这个四面体是棱长为 2 的正四面体. 于是再放到正方体中知, 它可以由棱长为 $\sqrt{2}$ 的正方体截得, 所以这个四面体的外接球就是这个棱长为 $\sqrt{2}$ 的正方体的外接球, 从而

$$2R = \sqrt{3} \times \sqrt{2} = \sqrt{6}$$

所以

$$R = \frac{\sqrt{6}}{2}$$

从而外接球的体积为

$$\frac{4}{3}\pi R^3 = \sqrt{6}\,\pi$$

选 A.

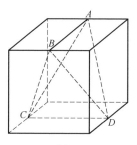

图 43

总结 这个四面体不借助于长方体无法得到它的具体形状, 更谈不上求它的棱长和外接球的体积.

编辑手记

美国电视节目中有一个"很科学"的栏目叫《发现》, 在它的解说词中有这样一句发人深省的话:"若世上存在限制, 这个限制便是想象力自身."

就一个人的能力而论, 可以用多个指标来评价, 其中空间想象力是一个重要的方面, 一点也不比逻辑推理能力层次低, 因为只有在大脑的配合下才能对所看到的东西形成正确的判断. 正如威廉·詹姆斯所说:"我们所感知的一部分来自于我们

眼前的客观事物,另一部分(也许是更大的一部分)总是来自于我们自己的大脑."

在英语中,常用来表达看的机制和动作的最基本的词有两个:"看到""看". 这两个词的词源的意思是"眼睛跟着某物转"(来自欧语 seq)和"学习,认知"(来自印欧语 weid). 因此,对于我们的祖先来说,一个形象就是眼睛所判断出的形状(眼睛跟着物体转)和从真实世界中获取的信息(从所见中学习和认知). 只有经过训练,发展了相当程度的空间想象能力才能看懂并向他人转达某种空间信息,否则就会像柏拉图所描绘的那样:"人类就像一群被困在洞穴中的囚徒,手脚被绑着面朝洞穴墙壁,不能回头看外面真实的世界,看到的只是外界物体投在墙壁上的影子,而不是物体本身,但却误把这些影子当成一种真实存在."

图形识别能力和空间想象能力既是与生俱来的又是后天培养的,为说明这点你可先做一个测试.

要求一个人认出不同角度的标准图案,这要求把图案(或观察者本人)在空间中变换位置(图1).(从右面 4 种图案中找出与标准图相同的图案.)

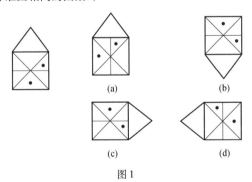

(a)　　　(b)

(c)　　　(d)

图 1

对空间想象力的测试还可以更难一些. 例如,在罗杰·谢帕德与杰奎莱因·迈兹勒的研究中有一种测试,标准图是一种不对称的三维度图案,要求被测试者指出另一个图案是简单变换了位置的标准图呢,还是另一个不同的图案? 如在图 2 中给出了 3 组这样的图案(在(a)(b)(c)各组图案中分别说出第二幅图是否与第一幅图相同）：在第 1 组图案（a）中，两个图是一样的，但第二个在图案层面上倒转了 80°；第 2 组图案（b）中也是两个相同的图案，但第二个在深度上旋转了 80°；而第 3 组图案（c）的两幅图是不同的，不论怎么旋转都不会使两图一致起来。注意，正像图 1 中的测试一样，可以要求被测试者画出所需的图案，而不只是在多种给定图案中选出一个而已。

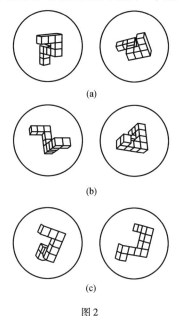

(a)

(b)

(c)

图 2

上面的两个例子只是识别图案，如果要表达和转述难度会更大。

拿一个表面看上去很简单的物体（图 3）—— 椅子作例子，就能说明问题的复杂性。从上往下观看时，所画出来的椅子像只能合理地再现出椅子的底座（a）；从正面得到的视觉形象则只能再现出椅子的靠背和两条对称的前腿（b）；从侧面得到的视觉形象则把椅子的一切典型特征全漏掉了，它只能再现出靠背、底座、椅腿的长方形形象（c）；从底下往上看去，所得到的视觉形象是唯一能够揭示出位于正方形的底座的四个角上的四条腿的对称排列(d). 以上所列举的视觉形象,都是获取一个物体的完整的视觉概念时不可缺少的信息. 那么,我们如何在同一幅画里把这些信息全都传达出来呢? 要想说明完成这个任务时所遇到的困难,任何语言也抵不上图4所示的图形来得更为直接和生动. 这些图形是克森斯坦在一个试验中得到的. 在这个试验中,他要求学生们根据记忆把一张椅子的三维形象用正确的透视法再现出来. 这些图形就是学生们在再现这把椅子时所画出的图.

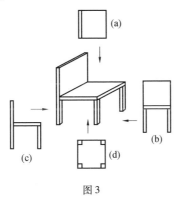

图 3

学电脑要从娃娃学起,空间想象力的培养也宜从儿童开始.

著名认识论专家皮亚杰在《儿童绘画中的空间》(第6章,巴黎版,1948年)中有一个试验. 在试验中,当一个5岁的儿童被要求把一根向观察者方向倾斜的棍棒画出来时,他会说:"这是没办法画的."随后他还会向你解释,如果要把处于这样一个位置的东西画出来,铅笔非要把纸穿透不可. 某些儿童还会得到一个下述聪明的办法:先把这个物体在通常情况下看到的样子画出来,然后再把画好的画倾斜到一定的角度去看,这就是不久以后儿童们自己发现的用方向的倾斜来表现深度的手法.

社会上存在一种现象,有些小学生和初中生被老师和家长强迫学一些偏题怪题,最终被打磨成适合于应付考试的机器,而真正在未来发展中所需要的能力却没能得到培养.

217

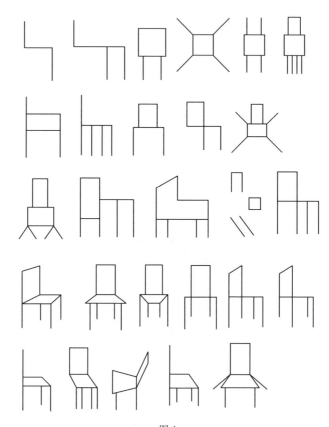

图 4

麦克法兰·史密斯在其著作《空间能力》(伦敦版,1964年,236～237页)认为:"个体在获得最低水准的语言手段之后,确定其在科学方面能有多少进步,那就要看他的空间能力如何了."的确,空间知识可服务于各种不同的科学目的,它可作为一种有用的工具,可帮助思考,可作为一种把握信息的方式,一种描述难题的方法,或者它直接就是一种解决难题的手段.

可惜的是在当前应试教育大行其道的背景之下,空间想象能力的培养变成了可有可无或者说几乎是可以取消的了.只有到了高中学立体几何需要画图时才突然发现原来还需要这样一种能力,但这种担心与焦虑随之又被空间向量的引入而化解,这样一个可能根本不具备空间想象力的不合格教育产品就会进入到社会中.

C. K. 科尔特在《哈佛学报》(1982 年 3 ~ 4 期,31 页) 指出:"对于许多人来说,进行三维度思考就像学习外语一样,4 已不再是比 3 大比 5 小的数字了,它是顶点的数目,也是四面体面的数目;6 也便是四面体的棱,是六面体的面,或是八面体的棱的数目了."

目前世界上在培养学生空间想象力方面做得最好的国家是俄罗斯. 他们出版了大量的有关书籍. 本书中的图形部分是取材于俄罗斯著作,特别是簇卡里的书. 在 2007 年莫斯科国际书展的展厅外,聚集着大量的个体书贩,各类图书一应俱全,数学书点缀其中,笔者沙里淘金般找到了簇卡里的书,如获至宝. 可惜回国后再联系作者本人,老先生已过世. 我们请哈尔滨工业大学马菊红老师将其译出. 他山之石,可以攻玉. 本书的游戏部分是旅日学者刘修博编译的,刘先生毕业于西南交通大学,随当年留学潮东渡日本,现在在日本从事翻译工作.

美国哈佛大学教育研究院泽罗研究所的负责人 H. 加登纳指出:必须强调一下,在各种不同的科学、艺术与数学分支之间,空间推理的介入方式并非是一致的. 拓扑学在使用空间思维的程度上要比代数大得多. 物理科学与传统生物学或社会科学(其中语言能力相对比较重要) 比较起来,要更加依赖空间能力. 在空间能力方面有特殊天赋的个体(比如像达·芬奇或当代的巴克明斯特·弗勒和亚瑟·罗伯) 便有其实施的选择范畴. 他们不仅能在这些领域中选取一种,而且还可以跨领域进行操作. 也许,他们在科学、工程及各种艺术方面表现得突出一些. 从根本上说,要想掌握这些学科,就得学会"空间语言",就得学会"在空间媒介中进行思考". 这种思维活动包括了这样一种理解,即空间可以让某些结构特征并存,而不让其他的结构特征并存.

空间概念是伴随着西方艺术一起传入我国的,文艺复兴时期的艺术家们强调把数学结构的方法与大胆精美的技术结合在一起.绘画所用的透视知识是以数学为基础的,有关空间的认识也是立足于几何学的,如莱奥纳尔多·达·芬奇是一名精通透视学、几何学的艺术大师.利玛窦的数学老师是开普勒与伽利略的好友,著名的数学家克拉韦乌斯(Clavius),扎实的数学知识为他日后介绍西洋绘画与绘制地图打下了基础.

利玛窦来到中国以后,与徐光启合作译完克拉韦乌斯选编的欧几里得《几何原本》前六卷,当他对徐光启谈及翻译此书的重要意义时,曾讲到几何学在绘画上的应用:"察目视势,以远近正邪高下之差,照物状可画立圆,立方之度数于平版之上,可远测物度及真形,画小,使目视大,画近,使目视远,画圆,使目视球;画像,有坳突;画室,有明暗也."(徐宗泽,《明清间耶稣会士译著提要》.中华书局,1949年,258页.)

晚于《清明上河图》6个世纪的民间版画《姑苏万年桥》所遵循的写实手法就是应用了意大利文艺复兴时期以来的透视法则.与中国传统画面(正面等角透视法)或山水画中的三远法不同,以科学为依据的西方透视学(perspective),在理论上对画家做出新的要求:"根据固定视点出发的距离,将所有被描绘的物体有规则地缩短,并将建筑物、地面上与画面成直角的线,完全集中到画面中央或略为下方的一点——消失点,此点必须设在与画家视点同等高度的地平线上."(在日本通常称透视法为"远近法".见[日]饭野正仁的文章"东西方远近的表现",载于《中国洋风画展》.日本町田市国际版画美术馆出版,1995年,258~259页.)

中国古代数学的发展也体现出对西学东渐的依赖.李善兰的垛积术、尖锥术都需要推演立体几何模型.在《方圆阐幽》中,李善兰提出10条"当知",即10条定义和性质,并建立了积分公式的几何模型,阐明了数字与这些几何模型间的对应关系.因此,"诸乘方皆有尖锥",他描写尖锥的形状:"三乘以上尖锥之底皆方,惟上四面不作平体,而成凹形,乘愈多,则凹愈甚."绘出尖锥体的图形,并给出尖锥的算法公式,这是中算中独有的,但可惜没发展起来,晚清后逐渐汇入世界数学洪流中.

空间想象力最直接的体现是在建筑设计方面.2008年我们随版协团去威尼斯到达圣·马克广场时,感觉到中世纪的建筑

学家们的空间设计能力非常超前. 这个广场的东端宽 90 码
（1 码 ＝ 0.914 4 米），但西端的宽度却只有 61 码. 侧面的建筑
（市政大厅）越靠近于东端的教堂也就越宽. 当观看者站在这
个广场东端的教堂前向这个长 192 码的广场观看时，就比站在
西端向东观看时看到的景深效果强烈得多. 此外，中世纪的建
筑学家们，在实践中也是通过使教堂侧壁向教士席位集聚以及
逐渐缩短柱廊之间的间隔距离来加强其深度效果的.

那些与此相反的建筑设计，目的都是为了保持建筑物形状
的规则性和为了对抗透视变形的影响，也有的是为了缩短外景
的距离. 由波尼尼设计的罗马圣·彼得广场上的正方形排列的
柱廊，由米开朗琪罗设计的美国国会大厦前的广场，都是向观
看者站立的方向集聚的图式.

柏拉图在《诡辩论》中也指出："如果艺术家以真实的比例
来塑雕像，塑像的上半部就会因为比下半部离观看者远一些而
看上去相对变小. 因此，我们在创造艺术形象时总是放弃真实
的比例，只以那种给人以美感的比例进行创造."

文艺复兴时期的瓦萨雷在《瓦萨雷论技巧》（1907 年，伦敦版，
第一章，第 36 节）中也指出："如果一座塑像是放置在较高的位置
上，而且在它的下面又没有足够的空间使观赏者从较远的地方观
看它，观赏者就只好站在它的脚下向上仰视. 在这样的情况下，就
要使这个塑像在原来的基础上再加高一个头到两个头的高度." 在
加高之后，"增加了的这些高度就会由于透视缩短的作用被抵消.
这样，我们看到的比例就显得恰到好处，它不显得太高，也不显得
太矮，而且更加优美了."

空间想象力的展示平台是绘画. 除了中国山水写意画，大
多数的风景画和人物画都要求画家多多少少具备些空间想象
力. 这一点从美术史中可以了解到一点.

如何把三维视觉概念转化成两维的形式，这在早期是一个
困难的问题. 从埃及壁画和浮雕中可以看到人们当时的一些办
法. 美术史家沙夫尔指出："古埃及人、古巴比伦人、古希腊人的
艺术表现风格都是相似的. 他们都避免采用透视缩短法，这是
因为这种方法对他们来说太难了." 他发现，直到 6 世纪时，能
够表现出人肩侧面的样式还很少看到，甚至在埃及绘画的整个

221

发展史中,使用这种方法的作品也一直是个例外.

罗素在《数理逻辑导论》中指出:"人类发现两昼夜、两对锦鸡都具有数字 2 的特征,这一定经历了漫长的岁月."空间想象力的成长也如同数学抽象能力的成长一样经历了漫长的岁月.这一点可以从受教育程度低的人身上看出.沙夫尔在《论埃及艺术》(74～75 页)中曾经描述过一个画家的亲身经历.当这个画家为一个德国农民的住宅作一幅素描画时,这个农民也正好站在一旁观看,当他画到倾斜的透视线条时,这个农民便提出抗议说:"你为什么把我的房子弄得这么倾斜?我的房子是直的呀!"过了一会,画便完成了,这个农民看了之后大吃一惊(因为这幅画看上去与他的房子一模一样),因而感叹道:"绘画是一件不可思议的事情,它这会看上去与我的房子一模一样了."

一个从未开发过自己的空间想象能力的人在现代社会中的处境正如同上面所描述的那位德国农民那样对许多事物缺少必要的理解能力.就像许多人看不懂大城市的交通图.弗朗西斯·格尔登在《对人的官能及其发展的探索》(纽约版,1908年,68 页)中断言:"少部分人运用人们经常描述的某种接触视力,能够在同一时刻见到一个立体的各个方面的形象.大部分人可以近似地做到这一点,但所有的人都不能在同一时刻看到一个地球仪的全部形象.有一个著名的矿物学家曾向我保证说,他能够同时见到一种他所熟悉的晶体的各个晶体面的样相."

1980 年秋,美国举行了一次有 830 000 位考生参加的统一考试,其中有一道涉及空间想象力的问题是这样的:一个棱锥由 4 个三角形构成,另一个由 4 个三角形和 1 个正方形底面构成,所有三角形都是大小相同的正三角形,现将它们连成一体,问新的立方体有几个面.绝大多数人都回答是 7 个面,只有 17 岁的丹尼尔·洛文回答是 5 个面,被错判,几经周折才被承认,原来是考官给出的标准答案有误.无独有偶,最近这一现象在中国也出现了.

合肥市 2009 年高三第二次教学质量检测数学试题(文)第10 题是这样的:

用若干个棱长为1的正方体搭成一个几何体,其主视图、侧视图都如图5所示,对这个几何体,下列说法正确的是( ).

A. 这个几何体的体积一定是7

B. 这个几何体的体积一定是10

C. 这个几何体的体积的最小值是6,最大值是10

D. 这个几何体的体积的最小值是7,最大值是11

这道题是一个开放性的命题,是检测学生对视图知识掌握的程度和空间想象能力的一道好题,但可惜的是选择出错了.

由于题干中的视图只给出了主视图和侧视图,因此它表示的几何体是不确定的. 由两个视图所示,它表示的几何体是由图6,7,8 三种基本几何体(直观图)以及由图6,7 所示的几何体的底面分别增加1个,2个,……,6个单位正方体或由图8中所示几何体的底面分别增加1个,2个,3个,4个单位正方体组合而成的114种不同的几何体,它们的体积有5,6,7,8,9,10,11 这7个值,因此这个几何体的体积最小值是5,最大值是11,而不是评分标准中给出的答案 D. 因此本题无答案可选,故而本题错了. 若将此题中选择支 D 改为"D. 这个几何体的体积的最小值是5,最大值是11",则此题就完美了.

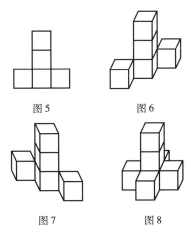

图5　　　　图6

图7　　　　图8

还有一个对空间智能的核心能力获得感受的方法,便是做一做空间智能研究者们所设计出来的测试. 我们从图 9 最简单的测试开始,只要求能从那 4 个图中选出一个与标准图案相同的图案.

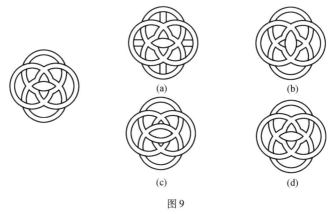

图 9

这样的测试题在我国很难出现,因为这种能力的培养不能做到标准化、规范化、量化和即时化. 约翰·皮斯塔拉则(Johann Pestalozzi)早在 1880 年出版的《怎样使学习变得容易》(莱比锡版)中指出:"应把培养视觉判断的 ABC 课程放到比字母 ABC 学习更优先的地位,因为概念性的思维是建立在正确的视觉判断的基础上的."

皮氏理论在 19 世纪有许多追随者,如皮特·施密特在教学中要求他的学生们逼真地画各种立体、球体、圆柱体等,认为它们是更为复杂的自然物体的建筑基石. 在 1955 年印第安纳大学出版社出版的一本 13 世纪法国设计师维拉德·霍乃考特(Villard de Honnecout)写的书中就介绍了如何以三角形、长方形或星状形为基础,从中变换出人体或动物形状.

有人说我们就生活在三维立体空间,为什么不采用身边的素材培养空间想象能力,而一定要借助于本书中这些抽象图形呢?

叔本华在《作为意志和表象的世界》一书中曾说过:"推理是女性的,因为只有在它从外部接受到什么之后,它自己才能

'生产'. 这就是说, 大脑如果得不到关于在时间和空间中正在发生些什么事情的信息, 它就一筹莫展, 什么也想不出来. 然而, 假如大脑中收集到的信息, 仅仅是某种对外部世界中事物和事件的纯感性反应, 或一些未做任何加工的原材料, 同样也毫无用处. 新生的个别事物永无休止地向我们展示着, 它们的出现会刺激我们, 但决不会指导我们, 除非我们从这些个别事物的呈现中发现了一般的东西, 否则就无法从中学到什么."

人们的代数运算能力和几何想象能力发展是不均衡的. 让·雅克·卢梭在他的《忏悔录》中有这样的自白:"我从来没有真正达到过把代数运用于几何中的程度, 我极不喜欢在看不到自己所做的东西的情况下计算. 在我看来, 运用代数方程式来解决一个几何问题, 无异于通过转动一个曲柄来弹奏一首曲子. 当我第一次通过计算发现一个二项式的平方等于它的各项的平方加上这两项之积的两倍时, 根本就不相信这一结果, 直到我找到了一个能验证它的几何图形, 情况才发生了根本变化. 我最喜欢把代数看作一种纯抽象的量, 但当我们真拓展它的应用范围时, 我又喜欢看到这种拓展在线段上进行, 否则我就什么也不能理解." 空间想象力是我们大脑能力的一部分, 并不能帮我们理解一切, 比如在空间想象力中难以表现的概念是无限. 在古代经典自然哲学中,"无限" 确实是以一种确定的东西出现的. 这就是说, 它不再仅是一种无形体的背景. 按照这一观点, 只有物质中那些最小的单位才有形状. 在原子论者(德谟克利特、伊壁鸠鲁(Epicrus) 和以后的卢克莱修(Lucretius))看来, 宇宙是无限和统一的, 虽然他们还不认为这是一个连续体, 而是由无数个在虚空中旋转的微粒子组成. 按照原子论的描述, 宇宙没有中心, 所谓有一个中心的说法, 乃是蠢人们无端的空想, 因而应予摒弃. 卢克莱修说:"在无限中是没有什么中心的." 但他们始终没有解决下面两种意象之间的冲突 —— 一个基于把"自我" 视为周围环境的参照中心的强烈经验而得到的向中心集中的世界意象, 同一个无边无际的同性质世界意象之间的冲突. 其实, 这样一个问题, 只有当人们拥有一个无限的球体意象时才会遇到, 我们都还记得, 意大利的艺术家和建筑家阿尔玻提(Alberti) 和布鲁乃莱什(Brunelleschi), 曾经通过几何学中的中心透视结构, 把"无限" 的概念引入绘画中, 但这样一种结构同样也有自相矛盾的地方, 这种自相矛盾表现在它用绘画空间中某一个确定的点来代表"无限",用一种无限小的东西来代表一个无限大的东西,并使整个世界变成向某一个中心点集聚,而不是向四周无限扩展. 只是到了后来,绘画才开始真正传达一种关于空间无限的经验. 在这方面最有名的当然要数巴洛克建筑物中的那些天顶画. 借助于空间想象力,我们对难以理解的东西有所突破. 斯伯林菲尔德在《儿童空间能力的发展》(1975 年,118 页) 中对爱因斯坦相对论做了一个颇需空间想象力的解释:

"想象一个庞大的物体 A,它在空间里沿直线运行,运行的方向是从北向南. 这个物体被一个巨大的玻璃球体所环绕,球体上蚀刻着相互平行的圆圈,这些圆圈与物体 A 的运行路线是垂直的,像一个巨大的圣诞树装饰一样. 另外还有一个庞大的物体 B,它与该玻璃球体上的一个圆圈相接触. B 与玻璃球体的相接点低于该球体上最大的圆 —— 最当中的圆. A 与 B 两物体都以相同方向运行. 随着 A 与 B 继续运动,B 将会不断地沿着那个圆圈 —— 与该球体的接触点 —— 变换位置. 由于 B 不断地变换位置,所以它实际上是穿过时空沿螺旋形道路运行,然而如果有一个人站在物体 A 上,从球体内向外看,那么这似乎便是个圆形而不是螺旋形了."

由此可见具有某种超过常人的能力对于理解世界是必需的. 数学家以其超常的逻辑推理能力、抽象思维能力、空间想象能力赢得社会的认可和尊重. 2009 年第 6 期《华尔街杂志》(*Wall Street Journal*) 上发表了一篇鼓吹数学至上的文章,题目为"Doing the Math to Find the Good Jobs". 其中有一份以工作环境、收入、就业前景、体力要求、体力强度为指标的职业排行榜,在这排行榜中,数学家荣登榜首,保险精算师和统计学家分列第二和第三,后面是生物学家、软件工程师、计算机系统的分析员. 在未来的社会中要想得到认可和尊重,靠门第、头衔、级别、学历恐怕都不行,最靠得住的是个人的能力,而空间想象力就是一项重要能力,借用一句广告词,人类失去想象力将会怎样.

最后值得指出的是近年来空间想象力的问题已经出现在高考试卷当中,从这一点来说,本书还是有其实用的一面. 下面列举几道相关试题.

题1（2008年山东卷理第6题） 图10是一个几何体的三视图,根据图中数据可得该几何体的表面积是(　　).

A.9π B.10π

C.11π D.12π

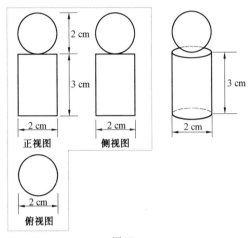

图10

题2（2009年浙江省测试卷13题） 若某多面体的三视图（单位:cm）如图11所示,则此多面体的体积是_____ cm^3.

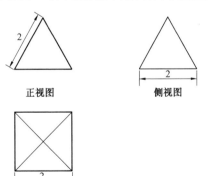

图11

227

题 3（2008 年广东卷理第 5 题）　将正三棱柱截去三个角得到几何图形如图 12 所示（其中 A,B,C 分别是 $\triangle GHI$ 三边的中点），则该几何体如图所示方向的侧视图（或称左视图）为（　　）.

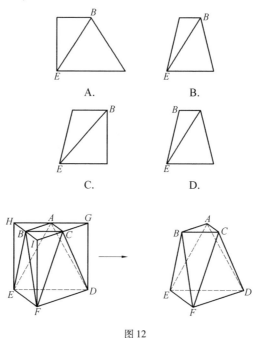

A. 　　　　　　　　B.

C. 　　　　　　　　D.

图 12

题 4（2008 年某省联考题）　直三棱柱 $A_1B_1C_1\text{-}ABC$ 的三视图如图 13 所示，D,E 分别是棱 CC_1 和棱 B_1C_1 的中点，求在同一视角下三棱锥 $E\text{-}ABD$ 的侧视图的面积.

题 5（2007 年山东卷理第 3 题）　下列几何体各自的三视图中（图 14），有且仅有两个视图相同的是（　　）.

　　A. ①②　　　　　　　　B. ①③

　　C. ①④　　　　　　　　D. ②④

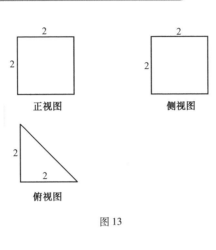

正视图

侧视图

俯视图

图 13

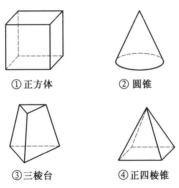

①正方体

②圆锥

③三棱台

④正四棱锥

图 14

题 6(2008 年海南卷 12 题) 如图 15,某几何体的一条棱长为 $\sqrt{7}$,这条棱的正投影是长为 $\sqrt{6}$ 的线段,该几何体的侧视图和俯视图中,这条棱的投影分别是长为 a 和 b 的线段,则 $a+b$ 的最大值为( ).

A. $2\sqrt{2}$ B. $2\sqrt{3}$

C. 4   D. $2\sqrt{5}$

229

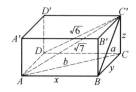

图 15

空间想象力与大学课程中的画法几何及机械制图比较接近了. 本书中的三视图方法已开始在中学中得到应用, 不仅在题目形式上, 而且渗透到了解答过程中.

题 7 求图 16 表示的空间几何体的体积.

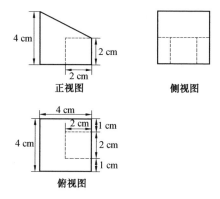

图 16

如何通过三视图构建几何体是解决本题的关键. 几何体的构建从俯视图开始. 俯视图的正方形用斜二侧画法画成平行四边形. 自下而上的作图思想是解本题的关键点, 再结合正视图与侧视图构建空间几何体, 如图 17(a) ～ (d).

几何体的体积为

$$V = \frac{1}{2} \times (2 + 4) \times 4 \times 4 - 2^3 = 40$$

能够对考试有一点帮助, 也算是我们的一点不得已的"媚俗"吧!

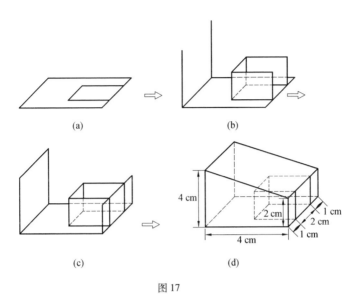

(a)　　　　　　　(b)

(c)　　　　　　　(d)

图 17

刘培杰

2019 年 5 月 1 日

于哈工大

沃克流形几何学（英文）

米格尔·布拉索斯－巴斯克斯

爱德华多·加西亚－里奥

彼得·吉尔凯   著

斯坦纳·尼克塞维奇

拉蒙·巴斯克斯·洛伦佐

编辑手记

本书是一本引进版权的微分几何英文专著,中文书名可译为《沃克流形几何学》.

本书的作者有五位.

第一位是米格尔·布拉索斯－巴斯克斯,西班牙拉科鲁尼亚大学数学系教授.

第二位是爱德华多·加西亚－里奥,数学教授,圣地亚哥·德·孔波斯特拉大学(西班牙)数学研究所的成员. 他于1992年从圣地亚哥·德·孔波斯特拉大学获得博士学位,是《几何分析杂志》编委会成员. 他的研究方向是微分几何和数学物理.

第三位是彼得·吉尔凯,俄勒冈大学数学系教授,美国数学学会会员,《数学、微分几何与应用》和《几何分析杂志》的编委会成员. 1972年,在尼伦伯格的指导下,他从哈佛大学获得博士学位,他的研究方向是微分几何、椭圆型偏微分方程和代数拓扑学,他发表了250多篇研究论文和多本著作.

第四位是斯坦纳·尼克塞维奇,塞尔维亚贝尔格莱德大学数学学院教授.

第五位是拉蒙·巴斯克斯·洛伦佐,圣地亚哥·德·孔波斯特拉大学(西班牙)数学学院教授.

正如本书作者在前言中所指出:

微分几何的许多早期研究都是用局部坐标来表示的,并且通常只涉及纯粹的局部现象.然而,在第二次世界大战之后的几年里,人们开始探索流形的几何形状与其潜在的拓扑结构之间的关系.

在这一时期的许多显著的研究结果中,有1952年的德拉姆定理[229]①,该定理涉及 m 维的完全连通的黎曼流形 M 的结构,在该流形上定义了一个平行于 M 的列维 – 齐维塔联络的切 k 平面的场 $\mathscr{D}$.这里假定 $0 < k < m$,这个问题并不简单.$(m-k)$ 平面的余切场 $\mathscr{D}^{\perp}$ 也是平行的.由于这两个分布必然是可积的,所以它们定义了互补的叶状结构 $\mathscr{F}$ 和 $\mathscr{F}^{\perp}$.这样的结构具有拓扑意义.德拉姆证明了如果这样一个流形 M 是单连通的,那么 M 与任意两个叶的正交积 $F \times F^{\perp}$ 是等距的

$$F \in \mathscr{F}, F^{\perp} \in \mathscr{F}^{\perp}$$

当时,沃克[256—257]从纤维束的角度研究了同样的问题,这是受到托马斯[250]早期试图获得一个全局"乘积定理"[135]的启发.沃克考虑了纤维 M 叶状结构 $\mathscr{F}$ 的叶,对这种纤维束的结构进行了明确的描述.这两部分的工作是密切相关的,尽管德拉姆的公式明确地处理了一般情况.

沃克对伪黎曼情况下的这个问题很感兴趣,其中问题中的内积具有 p 和 q 都非零的特征 (p,q).如果 $\mathscr{D} \cap \mathscr{D}^{\perp}$ 是不简单的,或者是对等的,且在分布 $\mathscr{D}$ 上的诱导度量是退化的,那么这个情况就大不一样了.沃克认识到在一般情况下对 M 的整体结构的全面理解是不可能的,于是他集中精力设计了一个坐标系,其中的度规张量采用了一个简单的标准形式,产生关于结构的坐标变换的伪群的信息,从而让我们对全局问题有一些见解.在论文[254]中,沃克开始探索伪

———————————

① 原书参考文献,下同.

黎曼例子的新特征. 在论文[255]中, 沃克研究了零 k 平面的平行场, 并得到了在此设置下的度量的局部标准形式. 因此, 我们说 $\mathcal{M} = (M, g)$ 是一个沃克流形, 如果存在一个非平凡的完全各向同性平行分布, 那么 g 是一个沃克度量. 如果所讨论的分布是由平行向量场产生的, 则流形或度量是严格的.

$m = 2k$ 的情况特别引人关注, 也是论文[221]的主题. 1964 年, H. Wu[261] 考虑了伪黎曼情况, 成功地证明了德拉姆定理仍然成立, 并对证明过程进行了明显的修改. 在随后的两篇论文[258-259]中, 关于仿射联络的存在, 有一个或多个给定分布平行的全局结果. 我们参考了论文[121]和其中包含的参考文献, 以获得更多的例子, 使用沃克的结果来获得整体特征标的进一步信息.

在数学物理学文献中有很多对沃克几何学的研究. 洛伦兹沃克流形已经在物理学文献中得到了广泛的研究, 因为它们构成了 pp 波模型的背景度量[2,179,181,200]; 一个 pp 波时空允许一个协变常数的零向量场 U 的存在, 因此它是具有周期性的, 即具有以下关系

$$对 \omega 中的某些 1 来说, \nabla U = \omega \otimes U$$

从物理和几何的观点来看, 洛伦兹流形和沃克流形都具有许多特定特征[67,80,190,225]. 对于广义的洛伦兹流形和沃克流形, 我们还参考了哈尔的[165], 哈尔与达·科斯塔在文献[166]中所做的相关工作, 他们研究的时空允许非零向量场 n^{ℓ} 满足

$$R_{ijkl} n^{\ell} = 0$$

或允许一个秩为 2 的对称或反对称张量 H_{ab}, 且 $\nabla H = 0$. 我们还可以参考[93-95,103,197-199]中有关数学物理学文献的讨论.

自从小栗和瓦法[216]在 $\mathcal{N} = 2$ 弦[22,82,176,195]上面开展工作以来, 除洛伦兹以外的, 有关符号的伪黎曼度量在数学物理中已经得到了相当多的关注. 萨尼和

沙特诺夫[230] 提供了伪黎曼度量在膜世界宇宙学中的应用.

沃克流形构成了许多没有黎曼对应的严格伪黎曼情形的基本结构: 不可分解(但不是不可约) 完整方程组[23]、带幂零形算子的爱因斯坦超曲面[194] 或一些非对称的奥瑟曼度量标准类[106] 都是典型的例子. 在 $\hat{h}\hat{h}$ 空间的研究中, 广义相对论也考虑了沃克流形[47,119]. 此外, 准卡勒和超辛度量必然是沃克类型这一事实激发了人们对此类度量与准埃尔米特结构之间的联系的考虑.

在本书中, 我们研究沃克流形的几何形状. 为了简洁起见, 我们经常省略基于冗长计算的证明过程, 而将读者引向本主题的原始参考文献. 这些计算中的许多是长而直接的.

下面是该书的简要概述. 由于我们的书旨在为广大读者(尤其是高年级本科生或初学者) 所用, 因此我们从两个基本章节开始, 并介绍了本书的主题. 第 1 章讨论代数预备知识, 首先在代数背景下讨论, 然后再进行几何设置, 这通常是有用的. 我们引入曲率模型, 讨论雅可比和斜对称曲率算子, 并检查与谱几何或这些算子的交换性有关的问题. 第 2 章讨论几何背景, 介绍流形的基本理论、伪黎曼几何、伪埃尔米特结构和准埃尔米特结构.

在第 3 章中, 我们介绍了沃克几何. 讨论了沃克坐标, 引入了几个不同的沃克流形族, 并讨论了黎曼扩展理论. 在第 4 章中, 我们专门讨论了一个沃克流形的里奇张量和曲率张量的适应坐标和局部形式的三维设置. 简要研究了非零纯量曲率的沃克流形的一些特征, 研究了严格的沃克流形, 并讨论了曲率的齐次洛伦兹流形. 第 5 章讨论 4 维沃克几何. 给出了列维 – 奇维塔联络、曲率张量、里奇张量、爱因斯坦方程在沃克几何学中的公式, 这是我们随后讨论的重点.

第 6 章讨论曲率张量的谱几何. 在曲率张量上施加一定的自然代数条件, 并考查相关的几何结果. 我们在沃克几何的背景下以及在符号差流形的更一般的背景下研究奥瑟曼几何 $(2,2)$. 我们还讨论了伊万诺夫 - 彼得洛娃几何, 并分析了具有曲率算子若干性质的仿射曲面的黎曼扩展. 第 7 章讨论了 4 维中的埃尔米特结构. 我们给出了局域共形卡勒、自对偶、★ - 爱因斯坦或爱因斯坦的近似埃尔米特沃克结构的局域描述. 我们还证明了 4 维的沃克流形上任何合适的近似埃尔米特结构都是各向同性的卡勒结构. 此外, 还给出了自对偶的合适的近似卡勒沃克结构的局部描述, ★ - 爱因斯坦或爱因斯坦, 并证明了任何严格近似凯勒爱因斯坦结构都是自对偶、里奇平坦和 ★ - 里奇平坦的. 这是用来提供平坦不定非凯勒结构的例子.

第 8 章讨论特殊的沃克流形. 4 维的沃克流形由三个函数 (a,b,c) 参数化, 我们将把其中两个参数设为零, 这样沃克流形就由一个函数定义. 我们研究了这种流形的曲率张量, 研究了适当的复结构, 确定了韦尔算子的本征值, 并研究了曲率的交换性质. 我们研究保角奥瑟曼算子, 研究测地完备性、里奇膨胀和曲率齐性.

本书以冗长的书目作为结尾. 虽然不可能列出相关的所有书目, 但我们尝试列出该领域的许多主要著作. 由于本书面向的读者广泛, 因此我们也尝试在每章中概述一些 (但不是全部) 该领域发展的某些历史. 本书的末尾提供了主要符号的词汇表.

本书的版权编辑李丹女士为我们翻译了本书的目录:

1. 基本代数概念

236

237

　　坦白地说本书的内容已经超越了笔者的知识储备,所以不知该说点什么. 经李欣编辑收集资料,发现了一篇大连理工大学博士学位论文,题目为《伪黎曼空间型中子流形几何的若干问题》.

　　借用其绪言介绍一下本书的相关背景.

　　1854 年德国数学家 G. F. B. Riemann 在哥廷根大学的著名就职演讲《论作为几何学基础的假设》中把微分几何的始祖 C. F. Gauss 的曲面论推广到了 n 维空间,从而诞生了一门崭新的几何 —— 黎曼几何. 黎曼认识到度量只是加到流形上的一种结构,并且在同一流形上可以有许多不同的度量. 在黎曼之前的数学家仅知道三维欧几里得空间 $\mathbb{E}^3$ 中的曲面 M^2 上存在诱导度量 $\mathrm{d}s^2 = E\mathrm{d}u^2 + 2F\mathrm{d}u\mathrm{d}v + G\mathrm{d}v^2$,即第一基本形式,而并未认识到 M^2 还可以有独立于三维欧几里得几何赋予的度量结构. 黎曼意识到区分诱导度量和独立的黎曼度量的重要性,从而摆脱了经典微分几何曲面论中局限于诱导度量的束缚,为近代数学和物理学的发展做出了杰出贡献. 后来经著名数学家如 E. B. Christoffel, L. Bianchi 及 C. G. Ricci 等人进一步完善和推广,成为一门非常重要的几何理论. 黎曼几何中的一个基本问题是微分形式的等价性问题,该问题大约在 1869 年前后由 E. B. Christoffel 和 R. Lipschitz 等人解决. 前者的解包含了以他的姓命名的两类 Christoffel 记号和协变微分概念. 在此基础上 C. G. Ricci 发展了张量分析方法.

1915 年 A. Einstein 运用黎曼几何和张量分析工具创立了新的引力理论 —— 广义相对论. 他把引力现象解释为黎曼空间的曲率性质,使得物理现象变成几何现象,从而使黎曼几何(严格地说是 Lorentz 几何)和张量分析方法成为广义相对论研究的有效数学工具. 而相对论近年的发展则受到整体微分几何的强烈影响. 例如矢量丛和联络论构成规范场(杨－米尔斯场)的数学基础. 这些理论进一步发展了黎曼几何学. 但在黎曼所处的时代,李群以及拓扑学还没有发展起来,因此黎曼几何只限于小范围的理论. 大约在 1925 年 H. Hopf 才开始对黎曼空间的微分结构与拓扑结构的关系进行研究. 随着微分流形精确概念的确立,特别 E. J. Cartan 在 20 世纪 20 年代开创并发展了外微分形式与活动标架法,建立了李群与黎曼几何之间的联系,从而为黎曼几何的发展奠定重要基础,并开辟了广阔的天地,影响极其深远,并由此发展了线性联络及纤维丛的研究.

1944 年陈省身给出 n 维黎曼流形的 Gauss-Bonnet 公式的内蕴证明,以及他关于 Hermitian 流形示性类的研究,引进了后来通称的陈示性类,为大范围微分几何提供了不可缺少的工具并为复流形的微分几何与拓扑研究开了先河. 半个多世纪,黎曼几何的研究从局部发展到整体,产生了许多深刻的结果. 黎曼几何与偏微分方程、多复变函数论、代数拓扑等学科互相渗透,相互影响,在现代数学和理论物理学中有重大作用.

伪黎曼几何是黎曼几何的一种自然推广,并对数学与物理学的发展有着深远的影响.它无论在数学基础理论上,还是在实际应用上,都日益显示出它的重要性和巨大价值,因而一直受几何学家和物理学家的青睐.伪黎曼流形的子流形理论是伪黎曼几何的重要研究方向,它目前仍然是微分几何的一个非常活跃的研究分支.

伪黎曼流形中子流形几何理论是数学学科十分重要的研究方向,特别是 Lorentz 时空中的类空超曲面是数学和物理学科的重要研究对象,倍受几何学家和物理学家的关注.最近二十年来,关于伪黎曼流形中子流形几何理论的研究十分丰富,可以参考大量的文献.

围绕 Goddard 猜想,许多几何学家展开对 de Sitter 空间 $\mathbb{S}_1^{n+1}(c)$ 中具有常平均曲率 H 的类空超曲面的研究.对于 $\mathbb{S}_1^3(1)$ 的完备类空超曲面,在 $0 \leqslant H \leqslant 1$ 条件下,Ramanathan 证明了 Goddard 猜想成立.而且当 $H > 1$ 时,他证明猜想不成立.这一工作后来被 Akutagawa 推广到高维的情形.对于紧致情况,Montiel 证明了 Goddard 猜想成立.Aledo,Alías 和 Romero 利用积分公式也证明了紧致情况下的结果.

为了研究空间型中具有常数量曲率的超曲面,Cheng 和 Yau 引入了一个新的自伴算子 □.利用这一算子他们分类了空间型中具有常标准数量曲率和非负截面曲率的超曲面.后来李海中利用这一技巧,研究了空间型中具有常数量曲率的超曲面,也获得了一些整体刚性结果.此外,Y. Zheng,Q. M. Cheng 和 S. Ishikawa 也做过这方面的研究工作.

下面我们简要介绍一些 Lorentz 空间型中具有常平均曲率 H 或常数标准量曲率 R 或常高阶平均的类

空超曲面的研究工作.

Ki. Kim 和 Nakagawa 等研究了 Lorentz 空间型中具有常平均曲率的类空超曲面,得到了以下结果:

定理 1(Ki-Kim-Nakagawa) 设 M^n 是等距浸入到 Lorentz 空间型 $\overline{M}_1^{n+1}(c)$ 中的一个具有常平均曲率 H 的完备类空超曲面. 如果以下条件之一成立:

(ⅰ) $c \leqslant 0$.

(ⅱ) $c > 0, n \geqslant 3$, 且 $H^2 \geqslant \dfrac{4(n-1)c}{n^2}$.

(ⅲ) $c > 0, n = 2$, 且 $H^2 > c$.

那么

$$S \leqslant S_+(1)$$

$$= -nc + \frac{n^3 H^2 + n(n-2)\sqrt{n^2 H^4 - 4(n-1)cH^2}}{2(n-1)}$$

$$\tag{1}$$

其中 S 是超曲面 M^n 的第二基本形式模长的平方. 如果等号在一点 p 成立,那么有 $\nabla A(p) = 0$.

利用上述定理,可以给出 Lorentz 空间型中双曲柱面的一个特征结果:

定理 2 双曲柱面是 Lorentz 空间型中仅有的具有常平均曲率的满足 $S = S_+(1)$ 的完备类空超曲面.

欧阳崇珍和黎镇琦老师研究了 de Sitter 空间 $\mathbb{S}_1^{n+1}(c)$ 中完备的具有常平均曲率 H 的类空超曲面,在第二基本形式模长平方满足一定条件的情况下,得到下列结果:

定理 3(Ouyang-Li,1999) 设 $x:M^n \to \mathbb{S}_1^{n+1}(c)$ 是 de Sitter 空间 $\mathbb{S}_1^{n+1}(c)$ 中完备的具有常平均曲率 H 的类空超曲面. 如果 M^n 的第二基本形式模长平方满足 $S < 2\sqrt{n-2c}$,那么 M^n 是全脐的且等距于具有常曲率 $c - \dfrac{s}{n}$ 的球面;如果 $S = 2\sqrt{n-2c}$,那么 $n = 2$ 且 M^n 是全脐而且平坦的.

Caminha 研究了 Lorentz 空间型中具有常平均曲

率 H 的类空超曲面的刚性问题,得到了如下结果:

定理 4(Caminha,2006) 设 $x:M^n \rightarrow \overline{M}_1^{n+1}(c)$,
$c \geqslant 0$ 是 Lorentz 空间型 $\overline{M}_1^{n+1}(c)$ 中完备的具有常平均
曲率 H 的类空超曲面. 如果 M^n 的标准数量曲率 $R \geqslant$
c. 那么有:

(a) $R = c$.

(b) 若 $c = 0$ 并且 $H = 0$,则有 $H_j = 0, 2 \leqslant j \leqslant n$.

(c) 若 $c > 0$,则有 M^n 是全测地的并且是闭的.

Caminha 利用 L_r 算子研究了 Lorentz 空间型中具
有常高阶平均曲率的类空超曲面的刚性问题,特别得
到了如下结果:

定理 5(Caminha,2007) 设 $x:M^n \rightarrow \mathbb{S}_1^{n+1}(c)$ 是
de Sitter 空间 $\mathbb{S}_1^{n+1}(c)$ 中完备的具有常数量曲率 R 的
类空超曲面. 假设 M^n 的平均曲率 H 符号保持不变,于
是可以选取 M^n 的定向使得 $H \geqslant 0$. 如果 H 在 M^n 上达
到整体最大值并且 R 满足 $\frac{n-2}{n}c < R < c$,那么 M^n 是
全脐的.

2007 年 F. Camargo, R. Chaves 和 L. Sousa Jr 进一
步研究了 de Sitter 空间 $\mathbb{S}_1^{n+1}(c)$ 中完备的具有标准曲
率 R 的类空超曲面,得到了如下的刚性结果:

定理 6(Camargo-Chaves-Sousa) 设 $x:M^n \rightarrow$
$\mathbb{S}_1^{n+1}(c)$ 是 de Sitter 空间 $\mathbb{S}_1^{n+1}(c)$ 中完备的具有常标准
曲率 R 的类空超曲面.

(1) 如果 R 满足 $\frac{n-2}{n}c \leqslant R \leqslant c$,且 M^n 的平均曲
率 H 有界,那么 M^n 是全脐的.

(2) 如果 $R \leqslant c$ 且 $S < 2\sqrt{n-2c}$,那么 M^n 是全
脐的.

借鉴 Otsuki 著名的工作,2007 年胡泽军等研究了
de Sitter 空间中具有常数量曲率和两个互异主曲率的
类空超曲面,得到了一些刚性结果:

定理7 设 M^n 是 de Sitter 空间 $\mathbb{S}_1^{n+1}(1)$ 中具有两个互异主曲率和常数量曲率 R 的完备类空超曲面. 如果两个主曲率的重数都大于1, 则 M^n 是等参的并且等距于黎曼乘积流形 $\mathbb{H}^k(c_1) \times \mathbb{S}^{n-k}(c_2)$, 其中 $2 \leqslant k \leqslant n-2.$ $c_1 < 0$ 和 $c_2 > 0$ 是常数并且满足关系 $\frac{1}{c_1} + \frac{1}{c_2} = 1$.

定理8 设 M^n 是 de Sitter 空间 $\mathbb{S}_1^{n-1}(1)$ 中具有常数量曲率 R 的完备类空超曲面. 如果 M^n 具有两个互异主曲率并且其中一个主曲率是单的, 那么 $R < \frac{n-2}{n}.$ 进而:

(1) 如果假设 $R \neq 0$ 并且 M^n 的第二基本形式模长平方满足

$$S \geqslant \frac{(n-1)(n-2-nR)}{n-2} + \frac{n-2}{n-2-nR} \quad (2)$$

那么 M^n 等距于黎曼乘积流形 $\mathbb{H}^1(c_1) \times \mathbb{S}^1(c_2)$, 当 $R > 0$; 或者等距于黎曼乘积流形 $\mathbb{H}^{n-1}(c_1) \times \mathbb{S}^1(c_2)$, 当 $R < 0$.

(2) 如果假设 $R > 0$ 并且 M^n 的第二基本形式模长平方满足

$$S \leqslant \frac{(n-1)(n-2-nR)}{n-2} + \frac{n-2}{n-2-nR} \quad (3)$$

那么 M^n 等距于黎曼乘积流形 $\mathbb{H}^1(c_1) \times \mathbb{S}^{n-1}(c_2)$.

相对于 de Sitter 空间而言, 关于反 de Sitter 空间 $\mathbb{H}_1^{n+1}(c)$ 中的类空超曲面分类和特征问题的研究相对较少. 经典的结果有:

定理9(Ishihara) 设 $x:M^n \to \mathbb{H}_1^{n+1}(c)\,(c < 0)$ 是反 de Sitter 空间 $\mathbb{H}_1^{n+1}(c)$ 中的完备极大($H \equiv 0$)类空超曲面, 则 M^n 的第二基本形式模长平方满足 $S \leqslant -nc$, 而且 $S = -nc$ 当且仅当 $M^n = \mathbb{H}^k(c_1) \times \mathbb{H}^{n-k}(c_2)$.

最近 Cao 和 Wei 给出如下结果:

定理 10(Cao-Wei) 设 $x:M^n \to \mathbb{H}_1^{n+1}(-1)$($n \geq 3$)是反 de Sitter 空间 $\mathbb{H}_1^{n+1}(-1)$ 中具有两个互异主曲率 λ 和 μ 的极大完备类空超曲面. 如果 $\inf(\lambda - \mu)^2 > 0$,那么 $M^n = \mathbb{H}^k(c_1) \times \mathbb{H}^{n-k}(c_2)$($1 \leq k \leq n-1$).

对于高阶平均曲率的情形,Alías 讨论了 $\mathbb{S}_1^{n+1}(1)$ 中紧致类空超曲面的全脐性问题,他得出的主要结果有:

(1)de Sitter 空间 $\mathbb{S}_1^{n+1}(1)$ 中仅有的满足 H_r 和 H_{r+1}($0 \leq r \leq n-1$)都是常数的紧致类空超曲面是全脐球面.

(2)设 M^n 是 de Sitter 空间 $\mathbb{S}_1^{n+1}(1)$ 中紧致类空超曲面. 如果 $H_i > 0$($1 \leq i \leq r$)并且 H_r 是常数,其中 $2 \leq r \leq n-1$,则 M^n 是全脐球面.

最近徐森林和胡自胜研究了反 de Sitter 空间 $\mathbb{H}_1^{n+1}(-1)$ 中的紧致类空超曲面,建立了一类 Minkowski 型的积分公式,并应用它们在常高阶平均曲率条件下去讨论 $\mathbb{H}_1^{n+1}(-1)$ 中紧致类空超曲面的全脐问题.

(伪)黎曼空间型中极小子流形,特别是极小曲面是几何学家非常喜欢的几何研究对象. 为了刻画极小子流形的特征,几何学家展开了大量的工作,得出了非常多的漂亮的结果.

设 $x:M^n \to \mathbb{S}^{n+p}(c) \subseteq \mathbb{R}^{n+p+1}$ 是等距浸入到球面 $\mathbb{S}^{n+p}(c)$ 的一个 n 维子流形,Takahashi 给出了下面著名的结果:

定理 11(Takahashi,1966) 等距浸入子流形 $x:M^n \to \mathbb{S}^{n+p}(c) \subseteq \mathbb{R}^{n+p+1}$ 是极小子流形的充要条件是 M^n 的位置向量 x 满足方程

$$\Delta x = -ncx \qquad (4)$$

Takahashi 定理及其相关问题已经被许多数学家做了推广. 一方面就是刻画空间型中位置向量满足 Dillen-Pas-Verstralen 条件 $\Delta x = Ax + B$ 的超曲面的特征问题,L. J. Alías 在这方面做了大量的工作. 另一方

面就是刻画空间型中满足方程 $\Delta\vec{H} = \lambda\vec{H}$(或更一般的方程 $\Delta\vec{H} = A\vec{H}$) 的超曲面的特征问题, 这里 $\vec{H}$ 是超曲面在空间型中的平均曲率向量场. 由此产生了所谓的双调和子流形(biharmonic submanifold) 的概念, 即满足条件 $\Delta\vec{H} = 0$ 的子流形. 调和子流形(harmonic submanifold) 是极小子流形的一种推广, 而双调和子流形又是调和子流形的一种推广. 这里将对这些问题做进一步推广, 研究伪黎曼空间型中位置向量 x 满足方程 $L_r x = Rx + b$ 的超曲面, 还有平均曲率向量场满足 $L_r\vec{H} = \lambda\vec{H}$ 等方程的超曲面, 这里 L_r 为相伴第 $r+1$ 阶平均曲率 H_{r+1} 的二阶线性微分算子, $r = 0, \cdots, n - 1$. 它是 Laplace 算子 Δ 和 Cheng-Yau 算子 $\square$ 的推广.

20 世纪 70 年代后期, 陈邦彦研究欧氏空间的紧致子流形的全曲率时引入了有限型子流形的概念, 三十多年来, 空间型中的有限型子流形的研究非常丰富.

刻画伪黎曼空间型中等参超曲面的分类特征问题也是子流形几何中一个重要的研究课题, K. Nomizu, J. Hahn, M. A. Magid 和 Z. Li 等在这方面做了许多重要的贡献.

J. Simons 研究了欧氏球面中极小子流形, 给出了下面著名的 Simons 不等式:

定理 12(J. Simons, 1967) 设 M^n 是欧氏球面 $\mathbb{S}^{n+p}(c)$ 中的 n 维紧致无边的极小子流形, 则有

$$\int_M \left[\left(2 - \frac{1}{p} \right) S - nc \right] S dv_M \geqslant 0 \qquad (5)$$

其中 S 是 M^n 的第二基本形式模长平方.

S. S. Chern, M. do Carmo 和 S. Kobayashi 还有 H. B. Lawson 进一步证得: 若 $S = \dfrac{nc}{2 - \dfrac{1}{p}}$, 则 M^n 或为 Clifford 极小曲面, 或为 $\mathbb{S}^4$ 的 Veronese 曲面.

对于欧氏球面 $S^{n+p}(c)$ 中的 n 维紧致无边的极小子流形,若它的数量曲率为常数,等价于其第二基本形式模长平方 $S =$ 常数,则 S 的可能值是否是离散的?下一个可能的值是多少?这一问题即使在 $p = 1$,即超曲面的情形也未彻底解决,这就是著名的 Chern 猜想.1983 年,C. -K. Peng,C. -L. Terng 在这方面做出了重要的贡献.

关于(伪)黎曼空间型的子流形几何局部和整体理论是微分几何的一个非常重要的研究课题,本文对其中若干问题做一些探讨研究,推广了一些前人的工作,得到了一些有趣的分类和刚性结果.

前几年由于佩雷尔曼利用 Ricci 流证明了庞加莱猜想,所以 Ricci 流的研究多了起来,甚至出现在硕士论文中.比如扬州大学的于均伟同学的硕士论文题目就是《沿着 Ricci 流几何算子的特征值研究》,他在引言中指出:

基于 Eells 和 Sampson 在调和映射热流方面的前期工作,Hamilton 在 1982 年引入了 Ricci 流方程

$$\frac{\partial}{\partial t} g_{ij} = - 2R_{ij}$$

并利用这个方程得到了具有正 Ricci 曲率的紧致三维黎曼流形一定同胚空间球形式.对于二维情形,Hamilton 和 Chow 先后分别在紧致曲面上得到了任意度量在 Ricci 流下会收敛到常曲率(大小依赖于欧拉示性数)的度量.后来,Hamilton 又将极值原理推广到 Ricci 流上,并得到了具有非负曲率算子的紧致四维流形的分类.尤其重要的是,Perelman 在 Hamilton 之后,2002 年引入了两个 Ricci 流下单调的泛函 F 和 W,首次将 Ricci 流看成是 F 泛函的梯度流,同时还证明了流形在 Ricci 流下满足两个很重要的性质定理:Pseudolocality 性定理和非局部坍塌性定理;在 2003 年又引入尺度重整方法改进了 Hamilton 的几何手术过

程,随着时间的演化,手术的精度不断提高,从而为 Poincaré 猜想的解决提供了关键的思路. 随着几何学的蓬勃发展,直到 Poincaré 猜想得到最终解决,许多数学家才开始从事该领域的研究.

时至今日,Ricci 流已经成为几何学与拓扑学中一个非常重要的工具,关于 Ricci 流的研究也开展得如火如荼. 与 Ricci 流相关的 Yamabe 流也是由 Hamilton 提出的,后来被叶如钢用来解决 Yamabe 问题. 再后来,Bourguignon 在研究 Ricci 曲率和 Einstein 度量之间的关系时结合 Ricci 流和 Yamabe 流得到一般化的 Ricci-Bourguignon 流. List 从静态真空爱因斯坦场方程组出发研究了和广义相对论关系密切的 List-Ricci 流;后来 Mller 结合调和映射流与 Ricci 流方程首次将 List-Ricci 流的研究一般化,提出了调和 Ricci 流方程. 这两种曲率流都是 Ricci 流的推广,除了具备 Ricci 流的很多重要性质,都还有各自自身的一些特点. 在紧致的 Kähler 流形上,Hamilton 的 Ricci 流被复化后成为 Kähler-Ricci 流方程,最早由曹怀东提出研究并证明了第一阵类为负的紧致 Kähler 流形上一定存在 Kähler-Einsten 度量以及 Calabi-Yau 定理. 在紧致复流形上研究抛物复蒙日 – 安培方程时,Gill 首次引入了 Chern-Ricci 流方程. 后来 Tosatti,Weinkove 和杨晓奎等人使用 Chern-Ricci 流方法对一般复流形和复曲面进行研究,发现 Chern-Ricci 流和 Kähler-Ricci 流有许多类似的结果. Ricci 流已经慢慢成为解决几何问题常用的工具.

近四十年来,黎曼流形上拉普拉斯算子的特征值的研究一直是一个很活跃的课题,特别像谱几何中的第一特征值估计和等周问题等. 对流形上几何与拓扑的研究中几何算子的特征值是一个非常有用的工具. 近期国内外有很多沿着各种几何流特征值问题的研究工作,特别是沿着 Ricci 流几何算子的特征值的研究. 首先是 Perelman 引入了所谓 F 熵泛函得到在 Ricci

流耦合一个热方程时 F 熵泛函的单调性；从而说明了 Ricci 流是一个梯度流，并且在紧致流形上没有非平凡稳定和扩张的 Ricci 呼吸子. 马力证明在具有 Dirichlet 边界条件的域上沿着 Ricci 流拉普拉斯算子的特征值是单调的. 曹晓冬证明了在非负曲率算子的流形上几何算子 $-\Delta + \dfrac{R}{2}$ 的特征值沿着 Ricci 流是单调递增的；后来去掉流形上曲率条件的限制得到更一般的结论，即 $-\Delta + cR\left(c \geqslant \dfrac{1}{4}\right)$ 的特征值在 Ricci 流下的单调性. Li Jun-Fang 证明了算子 $-4\Delta + kR$ 的特征值的单调性，同时应用特征值的单调性说明了没有非平凡紧的稳定 Ricci 呼吸子. Ling Jun 研究了在规范化 Ricci 流下拉普拉斯算子第一特征值的单调性，从而给出了二维紧致曲面上 Faber-Krahn 比较定理和最优上界估计. 此外赵亮得出了沿着 Yamabe 流下拉普拉斯算子的第一特征值的发展方程，给出了一些单调的量，并且分别证明了沿着非规范的 m 次平均曲率流和非规范的 H^k 流 p 拉普拉斯算子的第一特征值是单调递增并且几乎处处可微. 郭洪欣等得出了拉普拉斯算子在一般几何流下的最小特征值的发展方程. 方守文等证明了沿着 Ricci 流和 Yamabe 流与威腾拉普拉斯相关的几何算子第一特征值是单调递增的，并证明紧致稳定的 Ricci 呼吸子是平凡的，从而推广了 Perelman 和曹晓冬等关于 Ricci 流下几何算子特征值的研究. 最近，黄广月等研究了与 W 熵相关的几何算子的特征值在 Ricci 流下的发展方程和单调性. 贺群、陈滨等研究了拉普拉斯算子和几何算子 $-\Delta + cR$ 的特征值在 Ricci-Bourguignon 流下特征值是单调的. 他们的工作启发了我们对几何算子特征值在 Ricci 流和 Ricci-Bourguignon 流下单调性的探索.

在其硕士论文中，他设 M 是一个 n 维紧致黎曼流形，具有一个依赖于时间的黎曼度量 $g(t)$，满足 Ricci

流或 Ricci-Bourguignon 流.

他还定义了一个几何算子 $\Box f = -\Delta_\phi f + af\ln f + cRf$,其中 Δ_ϕ 是威腾拉普拉斯,计算了它的特征值在 Ricci 流下的发展方程,并证明其在 Ricci 流下的单调性. 主要定理如下:

定理1 设 $(M,g(t))$,$t \in [0,T)$ 是 Ricci 流在紧黎曼流形 M^n 上的一个光滑解. 假设 $f(x,t)$ 是 C^1 族光滑函数,$f(x,t) > 0$,并且满足

$$-\Delta_\phi f(x,t) + af(x,t)\ln f(x,t) + cRf(x,t) = \lambda f(x,t)$$

和规范化条件

$$\int_M f^2(x,t)\,\mathrm{d}\mu = 1$$

则有特征值 $\lambda(t)$ 满足

$$\frac{\mathrm{d}}{\mathrm{d}t}\left(\lambda(t) + \frac{na^2}{8}t\right) = \frac{1}{2}\int_M \left| R_{ij} + \psi_{ij} + \frac{a}{2}g_{ij} \right|^2 \mathrm{e}^{-\psi}\mathrm{d}\mu +$$

$$\frac{4c-1}{2}\int_M |Rc|^2 \mathrm{e}^{-\psi}\mathrm{d}\mu +$$

$$\int_M \left(\psi_{ij}\phi_{ij} + \frac{1}{2}\psi_i(\Delta\phi)_i \right) \mathrm{e}^{-\psi}\mathrm{d}\mu$$

其中 ψ 满足 $\mathrm{e}^{-\psi} = f^2$.

定理2 设 $g(t)$,$t \in [0,T)$ 是 Ricci 流在紧黎曼流形 M^n 上的一个解. 假设 $f(x,t)$ 是 C^1 族光滑函数,$f(x,t) > 0$,并且满足

$$-\Delta_\phi f(x,t) + cRf(x,t) = \lambda(t)f(x,t)$$

和规范化条件

$$\int_M f^2(x,t)\,\mathrm{d}\mu = 1$$

在这里 $\phi \in C^\infty(M)$ 是热方程

$$\frac{\partial\phi}{\partial t} = \Delta\phi$$

的一个解. 那么特征值 $\lambda(t)$ 满足

$$\frac{\mathrm{d}}{\mathrm{d}t}\left(\lambda(t) + \frac{na^2}{8}t\right) = \frac{1}{2}\int_M \left| R_{ij} + \psi_{ij} + \frac{a}{2}g_{ij} \right|^2 \mathrm{e}^{-\psi}\mathrm{d}\mu +$$

$$\frac{4c-1}{2}\int_M |Rc|^2 \mathrm{e}^{-\psi}\mathrm{d}\mu +$$

$$\int_M \psi_{ij} \phi_{ij} \mathrm{e}^{-\psi} \mathrm{d}\mu + \frac{a}{2} \int_M \Delta\phi \mathrm{e}^{-\psi} \mathrm{d}\mu$$

其中 ψ 满足 $\mathrm{e}^{-\psi} = f^2$.

应用上面的方程可以得到我们的单调性结论.

定理 3　设 $g(t), t \in [0, T)$ 是 Ricci 流在紧黎曼流形 M^n 上的一个解, 其 Ricci 曲率满足

$$\left| Rc - \frac{1}{4c-1} \nabla\nabla\phi \right| \geqslant \frac{2\sqrt{c}}{4c-1} |\nabla\nabla\phi|, \forall t \in [0, T)$$

其中 $c > \dfrac{1}{4}, \phi \in C^\infty(M)$ 满足热方程 $\dfrac{\partial\phi}{\partial t} = \Delta\phi$, 则几何算子 $\square$ 的特征值满足 $\lambda(t) + \dfrac{na^2}{8}t$ 在 Ricci 流下单调递增.

当 M 是二维曲面时, 我们有下面的推论:

推论 1　设 $g(t), t \in [0, T)$ 是 Ricci 流在二维紧致曲面 M 上的一个解. 假设数量曲率满足

$$|R| \geqslant \frac{\sqrt{2}}{2\sqrt{c}-1} |\nabla\nabla\phi|, \forall t \in [0, T)$$

其中 $c > \dfrac{1}{4}, \phi \in C^\infty(M)$ 满足热方程 $\dfrac{\partial\phi}{\partial t} = \Delta\phi$, 那么几何算子 $\square$ 的特征值满足 $\lambda(t) + \dfrac{a^2}{4}t$ 在 Ricci 流下单调递增.

对于规范化 Ricci 流, 他得到了几何算子 $\square$ 的特征值的发展方程和单调性.

定理 4　设 $g(t), t \in [0, T)$ 是规范化 Ricci 流在紧致流形 M^n 上的一个解. 假设存在一个 C^1 族光滑函数 $f(x, t)$ 满足

$$-\Delta_\phi f(x, t) + af(x, t)\ln f(x, t) + cRf(x, t) = \lambda f(x, t)$$

并且在规范化条件下

$$\int_M f^2(x, t)\mathrm{d}\mu = 1$$

则有特征值 $\lambda(t)$ 满足

$$\frac{\mathrm{d}}{\mathrm{d}t}\left(\lambda(t) + \frac{na^2}{8}t\right) = \frac{1}{2}\int_M \left| R_{ij} + \psi_{ij} + \frac{a}{2}g_{ij} \right|^2 \mathrm{e}^{-\psi}\mathrm{d}\mu +$$

$$\frac{4c-1}{2}\int_M | Rc |^2 \mathrm{e}^{-\psi}\mathrm{d}\mu +$$

$$\int_M \left(\psi_{ij}\phi_{ij} + \frac{1}{2}\psi_i(\Delta\phi)_i\right) \mathrm{e}^{-\psi}\mathrm{d}\mu -$$

$$\frac{2r}{n}\lambda - \frac{ar}{n}\int_M \psi \mathrm{e}^{-\psi}\mathrm{d}\mu - \frac{ar}{2}$$

其中 ψ 满足 $\mathrm{e}^{-\psi} = f^2$，$r = \dfrac{\int_M R\mathrm{d}v}{\int_M \mathrm{d}v}$ 是平均数量曲率.

当 M 是二维曲面时，r 是一个常数，我们可以得到下面的推论.

推论 2 设 $g(t)$，$t \in [0, T]$ 是规范化 Ricci 流在欧拉示性数为负的二维紧致曲面 M 上的一个解. 假设数量曲率满足

$$| R | \geqslant \frac{\sqrt{2}}{2\sqrt{c-1}} | \nabla\phi |, \forall t \in [0, T)$$

其中 $c > \dfrac{1}{4}$，$\phi \in C^\infty(M)$ 满足热方程 $\dfrac{\partial\phi}{\partial t} = \Delta\phi$. 如果 λ_1 为算子 $-\Delta_\phi + cR$ 的最小特征值且 $\lambda_1 > -\dfrac{ar}{2}$，那么几何算子 $\square$ 的特征值满足 $\lambda(t) + \dfrac{a^2}{4}t$ 在 Ricci 流下单调递增.

他还得到几何算子 $-\Delta + cR$ 在 Ricci-Bourguignon 流下特征值的发展方程和单调性.

定理 5 设 $g(t)$，$t \in [0, T]$ 是 Ricci-Bourguignon 流在紧黎曼流形 M^n 上的一个解. $g(t) \not\equiv g(0)$，并且 λ 是算子 $-\Delta + cR$ 在 Ricci-Bourguignon 流下的特征值，f 是 λ 对应的标准特征函数. 也就是说

$$-\Delta f + cRf = \lambda f$$

$$\int_M f^2 \mathrm{d}\mu = 1$$

如果 $\rho \leqslant 0, c \geqslant \dfrac{1 - 2(n - 2)\rho}{4(1 - 2(n - 1)\rho)}$，并且在初始时刻曲率算子非负，那么沿着 Ricci-Bourguignon 流算子 $-\Delta + cR$ 的特征值是单调递增的.

推论 3 设 $g(t), t \in [0, T)$ 是 Ricci-Bourguignon 流在三维紧黎曼流形 M 上的一个光滑解. 如果 Ricci 曲率非负

$$\rho \leqslant 0, c \geqslant \frac{1 - 2\rho}{4(1 - 4\rho)}$$

那么沿着 Ricci-Bourguignon 流算子 $-\Delta + cR$ 的特征值是单调递增的.

定理 6 设 $(M, g(t)), t \in [0, T)$ 是 Ricci-Bourguignon 流的一个最大值 $g(t) \not\equiv g(0)$，f 是特征值 λ 对应的标准的特征函数，即

$$-\Delta f + cRf = \lambda f$$

$$\int_M f^2 \mathrm{d}\mu = 1$$

（i）当 $\rho \leqslant 0, c \geqslant \dfrac{2 - (n - 1)\rho + \sqrt{(n - 1)^2 \rho^2 - 4\rho}}{8}$，

并且在初始时刻数量曲率 R 是非负的，则算子 $-\Delta + cR$ 的特征值在 Ricci-Bourguignon 流下是单调递增的.

（ii）当 $0 \leqslant \rho \leqslant \dfrac{1}{2(n - 1)}, c \geqslant \dfrac{\dfrac{5}{4} - (n - 2)\rho}{4(1 - 2(n - 1)\rho)}$，

并且在初始时刻曲率算子是非负的，那么可以得到

$$(T' - t)^{-\alpha} \lambda$$

沿着 Ricci-Bourguignon 流在 $t \in [0, T')$ 时刻是单调递增的，其中 $T' = \dfrac{1}{2(1 - \rho)\varepsilon}, \varepsilon = \max_{x \in M} R(0), \alpha = \dfrac{\rho}{1 - \rho}$.

对于规范化 Ricci-Bourguignon 流，我们还得到几何算子 $-\Delta + cR$ 特征值的发展方程和单调性.

定理 7 设 $g(t), t \in [0, T)$ 是规范化 Ricci-Bourguignon 流在紧致的流形 M^n 上的一个解. 假设存在 C^1 族的光滑函数 $f(x, t) > 0$ 满足

$$-\Delta f(x,t) + cRf = \lambda(t)f(x,t)$$

并且在规范化条件下有

$$\int_M f^2(x,t)\,\mathrm{d}\mu = 1$$

则特征值 $\lambda(t)$ 满足

$$\frac{\mathrm{d}}{\mathrm{d}t}\lambda(t) = -\frac{1}{2}\int_M R_{ij}\psi_i\psi_j e^{-\psi}\,\mathrm{d}\mu + \int_M R_{ij}\psi_{ij} e^{-\psi}\,\mathrm{d}\mu +$$

$$2c\int_M |Rc|^2 e^{-\psi}\,\mathrm{d}\mu +$$

$$\left[\frac{n-2}{2}\rho + c(1-2(n-1)\rho)\right]\int_M \Delta R e^{-\psi}\,\mathrm{d}\mu -$$

$$2\rho\lambda\int_M R e^{-\psi}\,\mathrm{d}\mu 2(1-n\rho)r$$

定理 8　设 $(M,g(t))$，$t \in [0,T]$ 是规范化 Ricci-Bourguignon 流的一个紧致的最大解. $g(t) \not\equiv g(0)$，且有 λ 是算子 $-\Delta + cR$ 的特征值. f 是特征值 λ 对应的标准特征函数，即

$$-\Delta f + cRf = \lambda f$$

$$\int_M f^2\,\mathrm{d}\mu = 1$$

（ⅰ）当 $\rho \leqslant 0, r \leqslant 0, c \geqslant$ $\dfrac{2-(n-1)\rho + \sqrt{(n-1)^2\rho^2 - 4\rho}}{8}$，并且在初始时刻数量曲率 R 是非负的，则沿着规范化 Ricci-Bourguignon 流 $e^{\frac{2(1-n\rho)rt}{n}}\lambda$ 是单调递增的.

（ⅱ）当 $0 \leqslant \rho \leqslant \dfrac{1}{2(n-1)}, r \leqslant 0, c \geqslant$ $\dfrac{\frac{5}{4}-(n-2)\rho}{4(1-2(n-1)\rho)}$，并且在初始时刻曲率算子是非负的，那么可以得到

$$(T'-t)^{-\alpha}\lambda e^{\frac{2(1-n\rho)rt}{n}}$$

沿着规范化 Ricci-Bourguignon 流在 $t \in [0,T')$ 时刻是单调递增的，其中 $T' = \dfrac{1}{2(1-\rho)\varepsilon}, \varepsilon = \max\limits_{x\in M}R(0), \alpha = \dfrac{\rho}{1-\rho}$.

无独有偶，南昌大学数学系的欧阳崇珍教授还研究了 Bochner-Käehler 流形，并发表了题为《某些局部对称黎曼流形的谱几何》的论文，摘录片段如下：

设 M 是紧致连通的 n 维定向黎曼流形，$\wedge^q(M)$ 表示 M 上光滑的 q 次形式的向量空间 $(0 \leq q \leq n)$. 作用在 $\wedge^q(M)$ 上的二阶微分算子有 Laplace 算子 Δ_q，Bochner-Laplace 算子 D_q 和

$$D_q^\varepsilon = \varepsilon \Delta_q + (1-\varepsilon) D_q$$

其中 ε 是实数. 用 $\mathrm{Spec}(D_q^\varepsilon, M)$ 表示算子 D_q^ε 的谱.

P. B. Gilkey[1] 证明了下面结论：

定理 G 设 M 和 M' 是两个紧致连通的定向黎曼流形，$\mathrm{Spec}(\Delta_0, M') = \mathrm{Spec}(\Delta_0, M)$，$\mathrm{Spec}(\Delta_2, M') = \mathrm{Spec}(\Delta_2, M)$ 和 $\mathrm{Spec}(D_1^\varepsilon, M') = \mathrm{Spec}(D_1^\varepsilon, M)$ 对四个不同 ε 值成立. 若 M 是局部对称的，则 M' 也是.

欧阳教授 2002 年证明了下列结果：

定理 1 设 M 和 M' 是两个紧致连通的 n 维定向黎曼流形，$\mathrm{Spec}(D_1^\varepsilon, M') = \mathrm{Spec}(D_1^\varepsilon, M)$ 对四个不同 ε 值成立. 若 M 是局部对称的共形平坦流形，则 M' 也是.

定理 2 设 M 和 M' 是两个紧致连通的 Käehler 流形，复维数为 m，$\mathrm{Spec}(D_1^\varepsilon, M') = \mathrm{Spec}(D_1^\varepsilon, M)$ 对四个不同 ε 值成立. 若 M 是局部对称的 Bochner-Käehler 流形，则 M' 也是.

结合先前的工作[2]，得出：

推论 1 与紧致连通的局部对称的 n 维共形平坦黎曼流形，对四个不同 ε 值分别有相同的谱 $\mathrm{Spec}(D_1^\varepsilon)$ 的紧致连通的 n 维定向黎曼流形彼此局部等距，单连通时，等距同构.

推论 2 与紧致连通的局部对称的复 m 维 Bochner-Käehler 流形，对四个不同 ε 值分别有相同的

谱 $\mathrm{Spec}(D_1^\varepsilon)$ 的紧致连通的复 m 维 Käehler 流形彼此局部全纯等距,单连通时,全纯等距同构.

设 M 是 n 维紧致黎曼流形,$\wedge^1(M)$ 是 M 上光滑 $1-$ 形式的向量空间. 对任意实数 ε,定义二阶微分算子

$$D_1^\varepsilon = \varepsilon\Delta_1 + (1-\varepsilon)D_1 : \wedge^1(M) \to \wedge^1(M)$$

其中 $\Delta_1 = d^*d + dd^*$ 和 $D_1 = -tr\nabla^2$ 分别是 Laplace 算子和 Bochner-Laplace 算子.

D_1^ε 的所有特征值的集合写成

$$\mathrm{Spec}(D_1^\varepsilon, M) = \{0 = \cdots = 0 < \lambda_1 = \cdots = \tag{1}$$
$$\lambda_1 < \lambda_2 = \cdots = \lambda_2 < \lambda_3 < \cdots < \infty\}$$

称为 D_1^ε 的谱. 因为 D_1^ε 是椭圆算子,谱是离散的,各特征值 λ_j 的重数 m_j 有限. 相应有渐近展开

$$\sum_{j=0}^\infty m_j \mathrm{e}^{-\lambda j} \sim (4\pi t)^{-\frac{n}{2}} \sum_{k=0}^\infty a_k(D_1^\varepsilon)t^k \tag{2}$$

其中 $a_k(D_1^\varepsilon)$ 是由 M 的黎曼度量决定的几何常数,前 4 项为[1,3]

$$a_0(D_1^\varepsilon) = n\mathrm{Vol}\,M \tag{3}$$

$$a_1(D_1^\varepsilon) = \frac{n-6\varepsilon}{6}\int_M \tau\mathrm{d}M \tag{4}$$

$$a_2(D_1^\varepsilon) = \frac{1}{360}\int_M \{(-60\varepsilon + 5n)\tau^2 +$$
$$(180\varepsilon^2 - 2n)|\rho|^2 +$$
$$(-30 - 2n)|R|^2\}\mathrm{d}M \tag{5}$$

$$a_3(D_1^\varepsilon) = \frac{1}{9\cdot 7!}\int_M \{35(n-18\varepsilon)\tau^3 +$$
$$42(-n+6\varepsilon+90\varepsilon^2)\tau|\rho|^2 +$$
$$42(n-15-6\varepsilon)\tau|R|^2 +$$
$$36(-n+28-210\varepsilon^3)\mathrm{tr}\rho^3 +$$
$$4(5n-252)\alpha + 4(-2n-63+945\varepsilon)\beta +$$
$$6(4n-63)\gamma + 2(-71n-126+756\varepsilon)|\nabla\tau|^2 +$$
$$2(-13n+504-1\,890\varepsilon^2)|\nabla\rho|^2 +$$
$$7(-n+18)|\nabla R|^2\}\mathrm{d}M \tag{6}$$

其中，τ,ρ,R 分别是数量曲率、Ricci 张量和黎曼曲率张量（这里与文献[1]和[3]相差一符号，与文献[4]一致），$|R|$ 表示模长，∇表示共变微分

$$\mathrm{tr}\rho^3=\rho_{ij}\rho_{jk}\rho_{ki}$$
$$\alpha=\rho_{ij}\rho_{kl}\rho_{ikjl}$$
$$\beta=\rho_{ij}R_{iklh}R_{jklh}$$
$$\gamma=R_{ijkl}R_{ijhu}R_{klhu} \tag{7}$$

R_{ijkl} 是 R 在局部幺正标架下的分量，$\rho_{ij}=R_{ikjk}$，$\tau=\rho_{ij}$，重复指标表示从 1 到 n 求和（省略求和号）。这些约定将贯穿全文.

由定理 1 的假设，M 是局部对称的，即$\nabla R=0$，从而$\nabla\rho=0$，$\nabla\tau=0$

$$\tau,|\rho|,\mathrm{tr}\rho^3,|R|,\alpha,\beta,\gamma \text{ 在 } M \text{ 上都是常数} \tag{8}$$

今后流形 M' 的量用加撇表示，有相应的式(1)～(7)（带撇）。因为 $\mathrm{Spec}(D_1^\varepsilon,M')=\mathrm{Spec}(D_1^\varepsilon,M)$，故

$$a'_k(D_1^\varepsilon)=a_k(D_1^\varepsilon),k=0,1,2,3 \tag{9}$$

从式(3)和(4)分别由式(9)推出（应用式(8)）

$$\mathrm{Vol}\ M'=\mathrm{Vol}\ M \tag{10}$$

$$\int_{M'}\tau'\mathrm{d}M'=\tau\mathrm{Vol}\ M \tag{11}$$

同样，由式(5)推出

$$180\varepsilon^2\left(\int_{M'}|\rho'|^2\mathrm{d}M'-|\rho|^2\mathrm{Vol}\ M\right)-60\varepsilon\left(\int_{M'}\tau'^2\mathrm{d}M'-\tau^2\mathrm{Vol}\ M\right)+\int_{M'}(5n\tau'^2-2n|\rho'|^2+2n|R'|^2)\mathrm{d}M'-(5n\tau^2-2n)|\rho|^2+2n|R|^2)\mathrm{Vol}\ M=0 \tag{12}$$

因为式(12)对四个不同 ε 值成立，故

$$\int_{M'}|\rho'|^2\mathrm{d}M'=|\rho|^2\mathrm{Vol}\ M \tag{13}$$

$$\int_{M'}\tau'^2\mathrm{d}M'=\tau^2\mathrm{Vol}\ M \tag{14}$$

$$\int_{M'}|R'|^2\mathrm{d}M'=|R|^2\mathrm{Vol}\ M \tag{15}$$

由式(11)和(14)，应用 $\tau=\mathrm{const}$，得

$$\int_{M'} (\tau' - \tau)^2 \mathrm{d}M' = \int_{M'} \tau'^2 \mathrm{d}M' - 2\tau \int_{M'} \tau' \mathrm{d}M' + \tau^2 \mathrm{Vol}\, M = 0$$

推出 $\tau' = \tau = \mathrm{const.}$

$n = 2$ 时，M 和 M' 有相同的常曲率，定理显然成立. 以下假定 $n \geqslant 3$.

设 C_{ijkl} 是 M 的共形曲率张量 C 在局部幺正标架下的分量, 则

$$C_{ijkl} = R_{ijkl} - \frac{1}{n-2}(\rho_{ik}\delta_{jl} + \rho_{jl}\delta_{ik} - \rho_{il}\delta_{jk} - \rho_{jk}\delta_{il}) + $$

$$\frac{\tau}{(n-1)(n-2)}(\delta_{ik}\delta_{jl} - \delta_{il}\delta_{jk}) \qquad (16)$$

$$|C|^2 = |R|^2 - \frac{4}{n-2}|\rho|^2 + \frac{2}{(n-1)(n-2)}\tau^2 \qquad (17)$$

其中 δ_{ij} 是 Kronecker 记号.

对 M', 有带撇的式(16) 和(17). 由式(13) ~ (15)(17)推出

$$\int_{M'} |C'|^2 \mathrm{d}M' = |C|^2 \mathrm{Vol}\, M$$

因此, M 是共形平坦流形, 推出当 $n \geqslant 4$ 时, M' 也是共形平坦流形, $C' = C = 0$. $n = 3$ 时, $C' = C = 0$ 自然成立. 进而从带撇的式(16) 推出

$$|\nabla' R'|^2 = \frac{4}{n-2}|\nabla' \rho'|^2 \qquad (18)$$

现在式(7) 为

$$\alpha = \alpha_1 \tau^3 + \alpha_2 \tau |\rho|^2 - \frac{2}{n-2}\mathrm{tr}\rho^3$$

$$\beta = \beta_1 \tau^3 + \beta_2 \tau |\rho|^2 + \frac{2(n-4)}{(n-2)^2}\mathrm{tr}\rho^3$$

$$\gamma = \gamma_1 \tau^3 + \gamma_2 \tau |\rho|^2 + \frac{8(n-4)}{(n-2)^2}\mathrm{tr}\rho^3 \qquad (19)$$

其中, $\alpha_1, \alpha_2, \beta_1, \beta_2, \gamma_1, \gamma_2$ 是仅与 n 有关的常数. 对于 M' 有带撇的式(19), 而系数不变.

将式(6) 代入(9), 并应用式(8)(13) ~ (15)(18)和(19) 等, 得

$$1\,890\varepsilon^3\int_{M'}(\operatorname{tr}\rho'^3-\operatorname{tr}\rho^3)\mathrm{d}M'\,+$$

$$945\varepsilon^2\int_{M'}\mid\nabla'\rho'\mid^2\mathrm{d}M'\,-$$

$$\frac{1\,890(n-4)}{(n-2)^2}\varepsilon\int_{M'}(\operatorname{tr}\rho'^3-\operatorname{tr}\rho^3)\mathrm{d}M'\,+$$

$$\int_{M'}\left\{\left[9(n-28)+\frac{2}{n-2}(5n-252)-\frac{2(n-4)}{(n-2)^2}(22n-441)\right]\right.$$

$$(\operatorname{tr}\rho'^3-\operatorname{tr}\rho^3)\,+$$

$$\left.\left[\frac{13}{2}n-252+\frac{7}{n-2}(n-18)\right]\mid\nabla'\rho'\mid^2\right\}\mathrm{d}M'=0$$

$$(20)$$

因为式(20) 对四个不同的 ε 值成立,故有

$$\int_{M'}\mid\nabla'\rho'\mid^2\mathrm{d}M'=0$$

从而 $\nabla'\rho'=0$,代入式(18) 推出 $\nabla'R'=0$,即 M' 也是局部对称的.

$n=3$ 时,局部对称的黎曼流形 M' 一定是共形平坦的. 于是定理 1 完全得证.

现在,$\mid\rho'\mid$,$\mid R'\mid$ 也是常数,因此

$$\tau'=\tau,\mid\rho'\mid=\mid\rho\mid,\mid R'\mid=\mid R\mid$$

按照文献[2] 中定理 1 的证明得到推论 1.

注 若定理 1 中 M 的数量曲率 $\tau\neq0$,可以不假定 M' 的维数也是 n.

设 M 是复 m 维 Kähler 流形,$n=2m$. 设 g 和 J 分别是 M 的黎曼度量和复结构张量,在局部幺正标架 $e_1,\cdots,e_m,e_{m+1}=Je_1,\cdots,e_{2m}=Je_m$ 下,J 的分量 $J_{ij}=g(e_i,Je_j)(i,j=1,2,\cdots,n)$. 设 B 是 M 的 Bochner 曲率张量,其分量

$$B_{ijkl}=R_{ijkl}=\frac{1}{2(m+2)}(\delta_{ik}\rho_{jl}+\delta_{jl}\rho_{ik}-\delta_{jl}\rho_{jk}-$$

$$\delta_{jk}\rho_{il}+J_{ik}\rho_{jh}J_{hl}-J_{il}\rho_{jh}J_{hk}+\rho_{ih}J_{hk}J_{jl}-$$

$$\rho_{ih}J_{hl}J_{jk}+2J_{ij}\rho_{kh}J_{hl}+2J_{kl}\rho_{ih}J_{hj})+$$

$$\frac{\tau}{4(m+1)(m+2)}$$

$$(\delta_{ik}\delta_{jl} - \delta_{il}\delta_{jk} + J_{ik}J_{jl} - J_{il}J_{jk} + 2J_{ij}J_{kl})$$

$$(21)$$

其中,R, ρ, τ, δ 等及求和约定同前. 若 $B = 0$, 称 M 是 Bochner-Käehler 流形(也称为 Bochner 平坦的 Käehler 流形).

由式(21) 算得

$$|B|^2 = |R|^2 - \frac{8}{m+1}|\rho|^2 + \frac{2}{(m+1)(m+2)}\tau^2$$

$$(22)$$

按照定理 2 的假定,M 是局部对称的 Bochner-Käehler 流形, 故 $\nabla R = 0, B = 0$. 前者推出 式(8).

Käehler 流形 M' 的量用加撇表示, 有相应的式 $(1) \sim (7)(21)$ 和 (22) 且有式 $(9) \sim (15)$ 且

$$\tau' = \tau = \text{const}$$

由式(8)(13) $\sim$ (15) 和(22), 得

$$\int_{M'} |B'|^2 dM' = |B|^2 \text{Vol } M = 0$$

从而 $B' = 0$, M' 也是 Bochner-Käehler 流形.

下面证明 M' 的局部对称性. 由于 $\tau' = \text{const}$, 由 式(21) 和 $B' = 0$ 得

$$|\nabla' R'|^2 = \frac{4(2m-1)}{(m+2)^2}|\nabla' \rho'|^2 \qquad (23)$$

现在类似于式(19), 有

$$\alpha = \xi_1 \tau^3 + \xi_2 \tau |\rho|^2 + \frac{2}{m+2}\text{tr }\rho^3$$

$$\beta = \eta_1 \tau^3 + \eta_2 \tau |\rho|^2 + \frac{4(m+3)}{(m+2)^2}\text{tr }\rho^3$$

$$\gamma = \zeta_1 \tau^3 + \zeta_2 \tau |\rho|^2 + \frac{8(5m+12)}{(m+2)^2}\text{tr }\rho^3 \qquad (24)$$

其中,$\xi_1, \xi_2, \eta_1, \eta_2, \zeta_1, \zeta_2$ 是仅依赖 m 的常数, 对 M' 有 相应的带撇的式(24), 于是类似于式(20) 有

$$\left[18(-2m + 28 - 210\varepsilon^3) + \frac{4}{m+2}(10m - 252) + \right.$$

259

$$\frac{8(m+3)}{(m+2)^2}(-4m-63+945\varepsilon)+$$

$$\frac{24(5m+12)}{(m+2)^2}(8m-63)\Big]\int_{M'}(\operatorname{tr}\rho^3-\operatorname{tr}\rho^3)\,\mathrm{d}M'+$$

$$\Big[-26m+504-1\,890\varepsilon^2+\frac{14(2m-1)}{(m+2)^2}(-2m+18)\Big]\cdot$$

$$\int_{M'}\mid\nabla'\rho'\mid\mathrm{d}M'=0 \tag{25}$$

因为式(25)对四个不同的 ε 值成立,故 ε 的各次幂的系数为零,得

$$\int_{M'}\mid\nabla'\rho'\mid^2\mathrm{d}M'=0$$

故 $\mid\nabla'\rho'\mid=0$,代入式(23)得 $\mid\nabla'R'\mid=0$,从而 $\nabla'R'=0,M'$ 是局部对称的,定理 2 得证.

结合文献[3]中定理 2 的证明,得到推论 2.

注 若数量曲率 $\tau\neq0$,定理 2 可以不预先假定 M' 的复维数也是 m.

本文相关文献如下:

[1] GILKEY P B. The spectral geometry of symmetric spaces[J]. Trans. of A. M. S. ,1977(225):341-353.

[2] OUYANG CHONGZHEN. Note on Isospectral Riemannian Manifolds[J]. Chinese Sci. Bulletin(科学通报),1993(38):982-985. 中文版,402-404.

[3] TSAGAS GR KOBOTIS A,CHRISTOPHORIDOU CH. Spectra and Einstein Structure on a Riemannian Manifold[J]. Algeb. Group Geom. , 1999(6):287-295.

[4] KOBAYASHI S,NOMIZU K. Foundations of differential Geometry I[M]. Interscience,1963.

特别值得一提的是微分几何大师陈省身先生早在 1946 年就研究了埃尔米特流形的示性类. (发表于 *Annals of Mathematics*,1946,47(2):85-121. 原文题目是 "Characteristic classes of Hermitian manifolds".) 陈省身在那篇论文中引进了

复向量丛上一个重要的拓扑不变量 —— 后来被称为"陈示性类"(Chern characteristic class),简称"陈类".与其他的示性类相比,陈类具有计算容易,使用方便等特点.陈类在现代数学中有广泛的应用,特别是在拓扑学、微分几何和代数几何领域中.这篇论文的引言部分摘录如下:

> 通过引入所谓纤维丛的概念,斯蒂弗尔(Stiefel)、惠特尼(Whitney)、庞特里亚金(Pontryagin)、斯廷罗德(Steenrod)、费尔德鲍(Feldbau)、埃雷斯曼(Ehresmann)等人近年来的研究工作大大地增加了我们对于微分流形拓扑结构的认识.由此在流形上引入了称为示性上同调类的拓扑不变量,利用局部几何的方法,在某种程度上很容易起到示性的作用,至少对于黎曼流形是如此.艾伦多弗 – 韦伊的广义高斯 – 博内公式也许就是这些示性类中最有名的例子.
>
> 在上述工作中,特别值得强调的是球丛,因为它们是从微分流形上自然产生的纤维丛.同样重要的是复解析流形,它们在多复变解析函数论和代数及几何中起着重要的作用.本文将研究复流形上复切向量的纤维丛以及它们的庞特里亚金意义下的示性类.我们将证明,存在某些基本示性类,由它们通过上同调环运算可以得到其他一切示性类.这些基本示性类因而等同于把斯蒂费尔 – 惠特尼示性类推广到复向量上.在德·拉姆的意义下,上同调类能用恰当外微分形式来表示,后者在(实)流形上是处处正则的.于是证明,对于具有埃尔米特度量的流形,这些微分形式可用简单的方法从度量来构造.这意味着示性类被埃尔米特度量的局部结构完全确定.这个结果也包含了艾伦多弗 – 韦伊公式,并可看作该公式的一个推广.
>
> 关于复流形的示性类与定义在该流形上的埃尔米特度量的关系,这个问题被上述结果完全解决了.值得注意的是,黎曼流形上相应的问题仍然还未解

决.粗略地说,这里的困难在于某些实流形(即由有限维向量空间的线性独立向量的有序集形成的流形)上存在有限同伦群.

全文分为五章.在第一章中,我们考虑称为复球丛的纤维丛,包括复流形的复切向量丛.对于给定的基本空间,复球丛可用基本空间到复格拉斯曼流形的连续映射来定义,我们证明这是生成复球丛的最一般方法.我们取充分高维复向量空间中的格拉斯曼流形,并定义基本空间的示性上同调类为该格拉斯曼流形的上同调类映射的逆象.从而导致我们去研究复格拉斯曼流形的上闭链(cocycle)或闭链(cycle),这是已被埃雷斯曼彻底研究过的问题.于是,第二章将根据我们在这里所关心的问题,仔细考查埃雷斯曼的结果.实际上,我们感兴趣的仅仅是格拉斯曼流形上维数不大于基本空间维数的上闭链.如果格拉斯曼流形是 $n+N$ 维复线性向量空间中(复)n 维线性子空间集,则其上存在着 n 个基本上闭链,使得维数不大于 $2n$ 的一切上闭链都能通过上同调环运算从基本上闭链得到.我们确定了这些上闭链所对应的闭链,并给出了几何解释.在第三章中,我们把基本空间中的这些上闭链的象与推广斯蒂费尔 – 惠特尼不变量到复向量而得的上闭链等同起来.给出了这些上闭链的一个新定义,它对于在大范围微分几何中的应用是十分重要的.第四章致力于研究具有埃尔米特度量的复流形.我们证明,利用埃尔米特度量构造的微分形式,上述问题中的 n 个基本上闭链能用简单的方法来刻画.然后在第五章中,我们把这些结果应用于具有椭圆埃尔米特度量的复射影空间.作为特殊情况,嘉当和维尔丁格的经典结果可从我们的公式中作为特例导出.

现代数学突飞猛进.令人难以跟上其脚步.李诞出版曾经被视为"垃圾"的《宇宙超度指南》后,在寄给蒋方舟的那本书的扉页上,他写道:"你加油,我不了".笔者距退休还剩二年多时间了,眼见不懂的东西越来越多,努力想搞明白但越来越感到力不从心,所以在此祝各位年轻读者:"你加油,我退了!"

刘培杰

2020 年 11 月 15 日

于哈工大

263

复分析 —— 现代函数论第一课(英文)

小杰里·R.缪尔　著

编辑手记

本书是我们数学工作室引进 Wiley 出版社的一部教材,中文书名可译为《复分析 —— 现代函数论第一课(英文)》.

正如作者在前言中转述 Zeev Nehari(关于虚数一词的使用)的一句名言:

> 这个不幸的名字,似乎暗示着这些数字有一些不真实的东西,它们只在一些人的想象中过着不稳定的生活,这在很大程度上使得复数在几代高中生的眼中都是可疑的.

阿达玛有句名言:"实域中两个真理之间的最短路程是通过复域". 我们在中学阶段都有这样的解题经验,即在 **R** 中使用 **C** 中的方法. 比如:

已知 a,b 是不同的实数,满足 $a^3 = 3ab^2 + 11, b^3 = 3a^2b + 2$,求 $a^2 + b^2$ 的值.

解　设 $z = a + bi (a,b \in \mathbf{R})$,则

$$z^3 = (a + bi)^3 = (a^3 - 3ab^2) + (3a^2b - b^3)i = 11 + 2i$$

即

$$|z|^3 = |a + bi|^3 = \sqrt{11^2 + 2^2} = \sqrt{5^3} \Rightarrow |z| = \sqrt{5}$$

因此

$$|z|^2 = 5 \Rightarrow a^2 + b^2 = 5$$

本题的解题灵感是源于题设中两个等式的形式与 $(a + bi)^3$ 展开式的结构关联,通过构造复数 $z = a + bi$,并利用复数的乘方运算来求解问题. 这种求解方法令人耳目一新!

再举个例子:

若 $x, y \in \mathbf{R}$,解方程组

$$\begin{cases} x\left(1 + \dfrac{1}{x^2 + y^2}\right) = \dfrac{2\sqrt{3}}{3} & ① \\[3mm] y\left(1 - \dfrac{1}{x^2 + y^2}\right) = \dfrac{4\sqrt{14}}{7} & ② \end{cases}$$

解　设 $z = x + yi (x, y \in \mathbf{R})$,则方程 ① $+ i \times$ ② 可得

$$z + \frac{1}{z} = \frac{2\sqrt{3}}{3} + \frac{4\sqrt{14}}{7}i \Rightarrow z^2 - \left(\frac{2\sqrt{3}}{3} + \frac{4\sqrt{14}}{7}i\right)z + 1 = 0$$

解得

$$z_1 = \left(\frac{\sqrt{3}}{3} + \frac{2\sqrt{21}}{21}\right) + i\left(\frac{2\sqrt{14}}{7} + \sqrt{2}\right)$$

$$z_2 = \left(\frac{\sqrt{3}}{3} - \frac{2\sqrt{21}}{21}\right) + i\left(\frac{2\sqrt{14}}{7} - \sqrt{2}\right)$$

由上可得方程组的解为

$$\begin{cases} x = \dfrac{\sqrt{3}}{3} + \dfrac{2\sqrt{21}}{21} \\[3mm] y = \dfrac{2\sqrt{14}}{7} + \sqrt{2} \end{cases}$$

或

$$\begin{cases} x = \dfrac{\sqrt{3}}{3} - \dfrac{2\sqrt{21}}{21} \\[3mm] y = \dfrac{2\sqrt{14}}{7} - \sqrt{2} \end{cases}$$

以复数的视角审视方程组,容易发现方程组的背后隐藏了形如 $z + \dfrac{1}{z} = z_0 (z, z_0 \in \mathbf{C})$ 的结构. 由此便可构造复数 $z = x + yi (x, y \in \mathbf{R})$,通过复数运算求解方程,从而以整体的方法解决问题.

在数学发展史上,虚数的出现充满着戏剧性,几位数学大师对虚数的评价也各有千秋,如意大利的卡尔达诺说:"(虚数是)又精致又不中用."法国的笛卡儿说:"虚数是不可思议的."德国的莱布尼兹则说:"虚数是神灵美妙与神奇的避难所."最有趣的要数瑞士的欧拉,他说:"虚数既不是什么都不是,也不比什么都不是多些什么,更不比什么都不是少些什么,它们纯属虚构."

确实,对于高中生而言,虚数的引进是令人费解的. 在中国的高考试卷中,复数已被压缩得少之而少.

笔者最近在微信公众号中看到一套 2019 年东京大学理科数学高考试题解答. 这份东京大学入学考试试卷,考试对象是所有想要考入东京大学的日本高中生,考试时间为150分钟. 试卷由6道解答题构成,对于日本高中生而言,一般完成4道左右大概率能考入日本东京大学(当然前提是各科成绩均衡,不能偏科).

其中最后一道题也就是第六题如下.

复数 $\alpha, \beta, \gamma, \delta$ 和实数 a, b 满足下列三个条件:

(ⅰ)四个复数互不相同.

(ⅱ)$\alpha, \beta, \gamma, \delta$ 是四次方程 $z^4 - 2z^3 - 2az + b = 0$ 的解.

(ⅲ)复数 $\alpha\beta + \gamma\delta$ 是纯虚数,即复数 $\alpha\beta + \gamma\delta$ 的实部为 0,虚部不为 0.

(1)求证:这四个复数中,有两个是实数,剩下两个互为共轭复数.

(2)用 a 来表示 b.

(3)在复平面上画出 $\alpha + \beta$ 的取值范围.

这道题应该就是该试卷的压轴题.

证 (1)对于四次方程 $z^4 - 2z^3 - 2az + b = 0$,它的解可以分为如下三种情况:

① 有四个实数解,显然不满足复数 $\alpha\beta + \gamma\delta$ 是纯虚数.

② 有两个实数解,一对共轭复根,显然满足题意.

③ 有两对共轭复根. 下面使用反证法证明这不可能.

假设方程存在两对共轭复根.

令 $\alpha = x + yi$,若 $\beta = x - yi$,则 $\alpha\beta + \gamma\delta$ 为实数,不满足题

意,因此只能令 γ 或 $\delta = x - y\mathrm{i}$,由对称性,不妨令 $\delta = x - y\mathrm{i}$.

接下来令 $\beta = a + b\mathrm{i}$,$\gamma = a - b\mathrm{i}$,则

$$\alpha\beta + \gamma\delta = (x + y\mathrm{i})(a + b\mathrm{i}) + (x - y\mathrm{i})(a - b\mathrm{i}) = 2xa - 2by$$

为实数,不满足题意.

综上所述:四个复数中,有两个是实数,剩下两个互为共轭复数.

做第二问时,容易发现虽然四个复数中有两个是实数,剩下两个互为共轭复数,但它们的取值并不是任意的,需要满足一定的条件才能有 $\alpha\beta + \gamma\delta$ 是纯虚数,因此应尽可能充分挖掘它们之间的关系,做到等价转换.

(2)令 $\alpha = x + y\mathrm{i}$,显然 β 不可能为 $x - y\mathrm{i}$,由对称性,不妨设 $\delta = x - y\mathrm{i}$,β,γ 为实数. 那么

$$\alpha\beta + \gamma\delta = (x + y\mathrm{i})\beta + \gamma(x - y\mathrm{i}) = x(\beta + \gamma) + y(\beta - \gamma)\mathrm{i}$$

由于该复数是纯虚数,故要么 $x = 0$,要么 $\beta + \gamma = 0$.

①当 $x = 0$ 时,则 $\alpha = y\mathrm{i}$,$\delta = -y\mathrm{i}$(这里由于把条件(ⅲ)等价转换了,因此接下来利用条件(ⅱ),在利用条件(ⅱ)时,应当考虑比较系数或者韦达定理,这样就可以看出四个根与 a,b 的关系),则

$$\begin{aligned}
z^4 - 2z^3 - 2az + b &= (z + y\mathrm{i})(z - y\mathrm{i})(z - \beta)(z - \gamma) \\
&= z^4 - (\beta + \gamma)z^3 + (\beta\gamma + y^2)z^2 - \\
&\quad y^2(\beta + \gamma)z + \beta\gamma y^2
\end{aligned}$$

比较系数得

$$\beta + \gamma = 2,\beta\gamma + y^2 = 0,y^2(\beta + \gamma) = 2a,\beta\gamma y^2 = b$$

消去 β,γ,得到 $-y^4 = b$,$y^2 = a$,则 $b = -a^2$.

②当 $\beta + \gamma = 0$ 时,类似上述解法

$$z^4 - 2z^3 - 2az + b$$

$$= (z - x - y\mathrm{i})(z - x + y\mathrm{i})(z - \beta)(z + \beta)$$

$$= z^4 - 2xz^3 + (x^2 + y^2 - \beta^2)z^2 + 2\beta^2 xz - \beta^2(x^2 + y^2)$$

比较系数得

$$-2x = -2,x^2 + y^2 - \beta^2 = 0$$

$$-2a = 2\beta^2 x, -\beta^2(x^2 + y^2) = b$$

则 $x = 1$,$1 + y^2 - \beta^2 = 0$,$a = -\beta^2$,$-\beta^2(1 + y^2) = b$,因此 $b = -a^2$.

综上所述,$b = -a^2$.

解决第二问之后,第三问基本就是送分的.

(3)① 当 $x = 0$ 时,$\alpha + \beta = yi + \beta = \beta + yi$.

由 $\beta + \gamma = 2$,$\beta\gamma + y^2 = 0$,知 $\beta^2 - 2\beta = y^2$,即 $(\beta - 1)^2 - y^2 = 1$,容易知道 $y \neq 0$,其他取值都是合理的.

② 当 $\beta + \gamma = 0$ 时,$\alpha + \beta = x + yi + \beta = (x + \beta) + yi$.

由 $x = 1$,$1 + y^2 - \beta^2 = 0$,知 $\alpha + \beta = (1 + \beta) + yi$,令 $k = 1 + \beta$,则 $1 + y^2 - \beta^2 = 1 + y^2 - (k - 1)^2 = 0$,同样容易知道 $y \neq 0$,其他取值都是合理的.

那么 $\alpha + \beta$ 在复平面上的图像就是一条双曲线($y \neq 0$),如图 1.

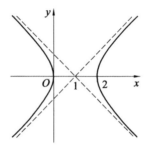

图 1

吴帆博士点评说:做完此题的时候感觉有点神奇,最后分类讨论求出来的答案都是一样的,不知有没有高手能看出其中题目的背景或命题思路,给出一个不用分类讨论的办法.

无独有偶,如下是 2019 年浙江省高考数学第 17 题.

已知正方形 $ABCD$ 的边长为 1,当每个 $\lambda_i(i = 1,2,3,4,5,6)$ 取遍 ± 1 时,$|\lambda_1 \overrightarrow{AB} + \lambda_2 \overrightarrow{BC} + \lambda_3 \overrightarrow{CD} + \lambda_4 \overrightarrow{DA} + \lambda_5 \overrightarrow{AC} + \lambda_6 \overrightarrow{BD}|$ 的最小值是_____,最大值是_____.

衢州高级中学的方贞老师给出了一个解析.

解析 根据向量加减法的几何意义,当 $\lambda = 1$,$|\overrightarrow{AB}| = 1$ 时,$\lambda \overrightarrow{AB}$ 表示向前走一个单位长度,即从点 A 出发,向前走一个单位长度到达点 B;当 $\lambda = -1$,$|\overrightarrow{AB}| = 1$ 时,$\lambda \overrightarrow{AB}$ 表示向后走

一个单位长度,即从点 A 出发,沿 AB 相反方向走一个单位长度,或者从点 B 出发,走一个单位长度到达点 A. 这样,本题可以走两个回路,分别是 $ABBCCA$ 和 $DCCB(DA)BD$(图2),因此模的最小值为0,即取 $\lambda_1 = 1, \lambda_2 = 1, \lambda_5 = -1$ 和 $\lambda_3 = -1, \lambda_4 = 1, \lambda_6 = 1$,得到

$$\lambda_1 \overrightarrow{AB} + \lambda_2 \overrightarrow{BC} + \lambda_5 \overrightarrow{AC} = \overrightarrow{AB} + \overrightarrow{BC} - \overrightarrow{AC} = \mathbf{0}$$

因此

$$|\lambda_1 \overrightarrow{AB} + \lambda_2 \overrightarrow{BC} + \lambda_3 \overrightarrow{CD} + \lambda_4 \overrightarrow{DA} + \lambda_5 \overrightarrow{AC} + \lambda_6 \overrightarrow{BD}| = 0$$

图2

而求模的最大值,意思是从某个位置出发,往外走,尽量远离这个位置,如图3,即取 $\lambda_1 = 1, \lambda_2 = 1, \lambda_5 = 1, \lambda_3 = -1, \lambda_4 = -1, \lambda_6 = 1$,得到

$$\lambda_1 \overrightarrow{AB} + \lambda_2 \overrightarrow{BC} + \lambda_5 \overrightarrow{AC} + \lambda_4 \overrightarrow{DA} + \lambda_3 \overrightarrow{CD} + \lambda_6 \overrightarrow{BD}$$
$$= \overrightarrow{AB} + \overrightarrow{BC} + \overrightarrow{AC} - \overrightarrow{DA} - \overrightarrow{CD} + \overrightarrow{BD}$$
$$= \overrightarrow{AB} + \overrightarrow{BC} + \overrightarrow{CE} + \overrightarrow{EF} + \overrightarrow{FG} + \overrightarrow{GH}$$
$$= \overrightarrow{AH}$$

其中 $|\overrightarrow{CE}| = |\overrightarrow{GH}| = \sqrt{2}$,其他向量模长为1,求得 $|\overrightarrow{AH}| = \sqrt{4^2 + 2^2} = 2\sqrt{5}$. 因此,模的最大值为 $2\sqrt{5}$.

但笔者一直认为本题应该有一个纯复数的解法,不知道哪位读者可以做到这一点.

在众多的现代数学分支中很少有学科发展得如单复变函数这个分支那样美丽. 正如本书作者所言:

> 在19世纪之前的几个世纪中,为了确保数学分析建立在坚实的逻辑基础之上,越来越多的人利用代数运算把 $\sqrt{-1}$ 加到实数域中,从而得到复数,这个

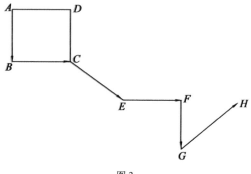

图 3

方法被越来越多的数学家和物理学家运用,因为他们
认为复数是解决时间问题的有效工具.19 世纪见证了
复分析的诞生,该分析通常被称为函数理论,作为一
个研究领域,它已经成长为一个美丽和强大的科目.

在"函数理论"中提到的函数主要是分析函数,
复分析的第一门课程可归结为对复平面和分析函数
的独特且常常令人惊讶的性质的研究.微积分中熟悉
的概念——导数、积分、序列和级数——在复分析中
是普遍存在的,但它们的表现形式和相互关系在这种
情况下却是新颖的.因此,以一种有助于强调这些差
异的方式来处理这些数学分支是可能且可取的,不应
只是遵循在微积分中看到的相同顺序.

极简单的公式可以极复杂.

复数对于许多科学家与工程师来说是极其有用的,对数学
家来说同样不可或缺,数学家摆弄复数的方式五花八门.例如
考虑函数族 $f_c: z \to z^2 + c$,其中 z 与 c 是两个复数.对于每个给定
的复数 c,观察由递推式 $z_0 = 0$ 与 $z_{n+1} = f_c(z_n)$ 定义的点列,其
中 n 取遍全体自然数.具体地说,就是观察点列 $0, f_c(0) = c$,
$f_c(f_c(0)) = c^2 + c, f_c(f_c(f_c(0))) = c^4 + 2c^3 + c^2 + c, \cdots$,那么以
下两种情况必居其一:

(1)或者序列 $\{z_n\}_{n \in \mathbf{N}}$ 中的点逃逸到无穷远处,此时我们

说点 c 属于 A 类.

（2）或者该序列中所有的点都位于到原点 0 的某个有限距离之内,此时我们说点 c 属于 B 类.

如果现在画出 B 类复数 c 的图形,那么就得到一个具有不可思议的丰富性的集合,目前还远远不能完满地理解它. 这个已经成为分形理论标志的图形名叫 Mandelbrot 集,以它为主题的研究与普及文章汗牛充栋. 反复迭代一个变换并且试图理解在极大量迭代后的行为,这正是动力系统理论的研究对象. 数学研究的这一领域是由亨利·庞加莱在 19 世纪末创始的.

本书作者在前言中还介绍了他的写作动机及写作经历. 他说：

> 本书内容来自于我在罗斯 – 霍曼理工学院和斯克兰顿大学教授本科生复分析时的课堂笔记,这些笔记已经在许多不知情的学生身上测试了几次. 以下的特征,植根于我个人对如何最好地思考函数理论的偏见,我认为是值得一提的.
>
> 1. 复分析永远不应该被低估,就像用复数代替实数来计算一样,在任何可能的情况下都不应该被低估.
>
> 2. 级数被放在本书的前面和中心的位置,并且在许多证明和定义中经常出现. 利用幂级数定义解析性,强调解析函数与微积分中研究的可微函数的区别.
>
> 3. 在用幂级数分析零点和用洛朗级数分析奇点之间有一种直观的对称性. 幂级数的早期引入允许我们将复指数函数和三角函数定义为它们的实际对应函数的自然扩展.
>
> 4. 对于刚刚学完微积分的学生来说,解析函数的许多性质似乎是违反直觉的(也许是难以置信的),尽早看到这些性质可以强调复分析的独特性. 在此基础上,我们首先考虑了刘维尔定理、零因子分解、开映射定理和极大值原理,最后才考虑了更为复杂的柯西积

分理论.

5. 平面函数的几何映射特性使微积分中的函数
图像具有直观的意义,有助于将几何与函数理论联系
起来. 特别是在引入解析性或保角映射之前,线性分
式麦比乌斯变换的发展就遵循了这一原则.

6. 任何形式的分析研究都需要一系列的工具,其
中包含基本的几何和拓扑事实以及序列的相关属性.
在平面中这些知识可以为读者提供参考,以便不中断
后续对函数理论的介绍.

本书此次出版是以影印版的形式,将来会出中文翻译版,
因为现在翻译的人手不够. 英文还好,俄文也尚可,我们大约有
十几位翻译高手,缺的是法文、德文、日文翻译人员. 吴帆博士
最近为我们工作室翻译了一本非常好的法文数学著作,敬请期
待. 其中还专门有一节论及复分析,即从通常空间中的曲面到
黎曼曲面:

1的平方根是什么? 根据定义,一个数 z 的平方根
是满足 $w^2 = z$ 的数 w. 因此这个问题有两个答案: $+1$
与 -1. 更一般地,若 z 是一个非零复数,则存在 z 的两
个平方根. 如果其中之一是 w,那么另一个就是 $-w$.
平方根是一个多值函数(因此按照如今绝大部分数学
家所使用的定义,这就不是一个"真正的"函数),这
就是说,这个函数将每个非零复数 z 同时对应到两个
相反的复数 w 与 $-w$.

跟随着 19 世纪中期黎曼的足迹,数学家们学会
了研究抽象曲面,就是那些不一定能在通常空间中完
全自然地表现出来的曲面(这里表达"完全自然地"
的原文是"sans artefact",指没有变形,不造作,不勉
强). 就这样,黎曼曲面的观念从全纯函数(这是实变
函数的可微性在复变函数理论中的类推概念,从几何
上讲,就是说函数的导数是个无穷小尺度上的相似变
换,从而保持形状.)的语境中诞生了. 每个多值函数,

比如平方根函数,定义了某个特定黎曼曲面上的一个单值函数.这么做要付出的代价是得研究像黎曼曲面这样更抽象的对象;收益则是可以把问题重述为现代意义上的函数,也即在定义域中的每一个点上取一个且仅取一个值的函数.

对于本书的写作特点,作者在前言中介绍说:

当面对忽略一些细节以更快地"得到好的东西",还是确保主题的发展在逻辑上的完整性和一致性的时候,我选择了后者,让读者自由决定如何处理书中的内容.这样做的前提是,假设所有在典型的本科微积分课程中遇到的材料都是未经证明的.这种假设包括一些没有在书中得到证实的结果,但其证明过程却是实分析标准课程的一部分的情况.这种做法有助于简化演示,同时减少与其他课程的重叠.例如,当且仅当复序列的实部和虚部收敛时,复序列才是收敛的.然后,对于收敛实序列,假设代数规则也同样适用于复序列.类似的实部和虚部的分解,很容易为实变量的复值函数的导数和积分提供熟悉的运算规则.需要澄清的是,在实分析课程中证明的材料在微积分中是不被考虑的,比如在本书中提到的拓扑的相关知识或函数序列的收敛问题.

我希望这本书能提供一个清晰、简洁的对函数理论的阐述,让读者能够观察到该理论的发展,而不会"只见树木不见森林".也就是说,复分析与科学和工程之间的联系尚未得到探索,尽管这方面的内容很有趣,也很重要,但在保持前面提到的逻辑完整性的同时,向读者呈现一些他们不熟悉的应用领域,不仅会增加本书的篇幅,还会中断读者的思路.

复分析课程的第一个目标是留数定理及其在实积分求值中的应用(第5.3节和第5.4节),教学能否达到或超越这一目标取决于学生的背景知识,教师的目标与严格程度等. 在不跳过某些材料的情况下, 掌握第 5.4 节内容的最短路径是:1.2 ～ 1.7 节, 2.1 ~2.4 节,2.7 ~2.9 节,3.1 ～ 3.4 节,4.1 ~ 4.3 节和5.1 ~ 5.4 节. 根据我的经验,5.4 节的目标可以在一个为期14 周的学期课程中达到, 该课程是为具有多变量微积分背景的学生开设的, 如果有必要的话, 可能只会省略第3 章后面的一两个章节. 本书的完整性使得教师可以决定哪些结果不经过证明就可以被使用, 或者简单地覆盖. 一名教师在上一章谈到谐波函数时, 可能会希望在开始时学习3.5 节和3.6 节,之后再学习2.6 节.

正文的每个部分均以"摘要和注释"为标题做总结,以复习本节的要点,请将它们放在上下文的整个文本或更广泛的数学世界中进行学习,注意它们之间科学而有趣的联系. 我精通数学史,总能发现每个话题的趣味性. 我希望这些信息能激起读者的兴趣,让他们比我知道得更多,并和我一样发现书目中与历史相关的参考文献的教育意义.

本书给出了具有计算和理论性质的练习题. 其中许多要求学生"证明"或"展示"的问题只要计算即可, 而另一些题目则更难一些, 需要深层次的知识才可以求解. 一些标有"◁"的知识点会在本书的后半部分被引用.

值得注意的是, 有一些练习提供了某些概念的另一种定义或观点,或者引入了本书正文中没有包含的复分析主题. 例子包括使用黎曼和的极限来定义周线积分,解析函数的阿达玛乘积,循环的柯西定理的证明,论点原理,将留数定理用于某些数值序列求和的方法,拉普拉斯逆变换的唯一性和连续性,还有傅里叶级数的切萨罗可加性的费耶尔定理. 这些将成为优秀学生的有趣项目,他们也可以深度阅读黎曼映射定理的结语.

我在纽约州立大学波茨坦分校(SUNY Potsdam)

读本科时,教授们喜欢说,读数学书时,一定要拿着纸和笔. 我希望在简洁和清晰之间的拉锯战中失去的任何细节,都可以通过一些额外的工作来恢复,这对读者来说是有好处的. 函数理论已经存在很长一段时间了,我很感谢我作为学生所接受的指导和我在书目中列出的优秀的复分析书籍. 作为肯塔基大学 Ted Suffridge 的学生,我度过了一段特殊的时光,那些年里,在我学习并参考过的书中,萌发了我对这个学科的热爱,形成了一些初步的观点. 我毫不怀疑,这些知识的影响会在接下来的几页中,甚至在我意想不到的地方出现.

相对于国内的复分析教程,本书从深度上可能略显不足,这里引用几篇文献展示一下中国在这个领域中的几位老数学家的研究成果,作为读者进一步学习的导引.

解析函数的边值问题是复变函数论中极为重要的分支. 特别在其中有所谓迪利克雷边值问题,武汉大学路见可先生是此领域的大家,下面是他对此专题的研究(路见可,“双周期解析函数的变态迪利克雷问题”[J],《数学物理学报》,1984,4(1):1-9).

为了后面的需要,我们先给出双周期解析函数的一种积分表示式.

已给 S^- 中的一个双周期解析函数 $\Phi^-(z)$,其边值 $\Phi^-(t) \in H(t \in L)$,我们希望 $\Phi^-(z)$ 有下列积分表示式

$$\Phi^-(z) = \frac{1}{2\pi i} \int_{L_0} \mu(t)(\zeta(t-z) + \zeta(z))dt + A, z \in S^-$$

①

其中,$\zeta(z)$ 是魏尔斯特拉斯 ζ 函数,$\mu(t)$ 是一实值函数,属于 $H(L_0)$,而 A 是某复常数.

假设对某一个这种 $\mu(t)$ 以及某常数 A,表示式 ① 成立. 记式 ① 右端的函数当 $z \in S^+$ 时为 $\Phi^+(z)$,则由

推广的普勒梅列公式

$$\Phi^+(t) - \Phi^-(t) = \mu(t), t \in L \qquad ②$$

这里 $\mu(t)$ 已在 L 上作双周期延拓. 因此, 记 $\Phi^-(t) = \mu(t) + iv(t)$ 时, 我们有

$$\mathrm{Re}(-i\Phi^+(t)) = v(t), t \in L \qquad ③$$

因为 $v(t) = \mathrm{Im}\,\Phi^-(t) \in H$ 已知, 所以, 如果限定 $t \in L_0$, 那么式 ③ 是 S_0^+ 内解析函数 $-i\Phi^+(z)$ 的迪利克雷问题. 不过要当心, 现在 $\Phi^+(z)$ 在 S_0^+ 内可能有一单极点 $z = 0$. 因此, 式 ③ 的一般解为

$$-i\Phi^+(z) = (Sv)(z) - i\beta_0 + C_1\omega(z) - \bar{C_1}\frac{1}{\omega(z)} \qquad ④$$

其中, β_0 是一任意实常数, C_1 是一任意复常数, $w = \omega(z)$ 是把 S_0^+ 保形映射到单位圆 $|w| < 1$ 且使 $\omega(0) = 0(\omega'(0) \neq 0)$ 的函数, 而 S 是区域 S_0^+ 上的施瓦兹算子

$$(Sv)(z) = \frac{1}{2\pi}\int_0^{|L_0|}\frac{\partial M(z,t)}{\partial_n}v(t)\,\mathrm{d}s, z \in S_0^+ \qquad ⑤$$

S 是 L_0 上 t 处的弧长参数, $M(z,t)$ 是 S_0^+ 的复格林函数, n 是 L_0 在 t_0 处朝向 S_0^+ 的法线方向, $|L_0|$ 是 L_0 的全长. 式 ⑤ 是 S_0^+ 内的全纯函数, 具有性质

$$(Sv)^+(t) = (Sv)(t), \mathrm{Re}((Sv)(t)) = v(t), t \in L_0 \qquad ⑥$$

亦即, $(Sv)(z)$ 是 S_0^+ 内其实部边值为 $v(t)$ 的解析函数迪利克雷问题的解. 注意 $\overline{\omega(t)} = \dfrac{1}{\omega(t)}$, 故式 ④ 又可写成

$$\Phi^+(z) = i(Sv)(z) + \beta_0 + \mathrm{Re}(C\omega(z)) \qquad ⑦$$

其中 C 是另一任意常数. 将式 ⑦ 代入 ② 中, 便得

$$\mu(t) = \mu_0(t) + \beta_0 + \mathrm{Re}(C\omega(t)) \qquad ⑧$$

这里已令

$$\mu_0(t) = i(Sv)(t) - \Phi^-(t) = -\mathrm{Im}(Sv)(t) - u(t) \qquad ⑨$$

于是，已给 $\Phi^-(z)$，如果表示式 ① 可能成立，那么 $\mu(t)$ 必定是式 ⑧ 之形式.

现在我们来证明，由式 ⑧ 中给出的 $\mu(t)$ 构成的函数

$$\Psi^-(z) = \frac{1}{2\pi i}\int_{L_0} \mu(t)(\zeta(t-z) + \zeta(z))\,\mathrm{d}t, z \in S^-$$

⑩

等于 $\Phi^-(z) - A$（A 为某一复常数），从而表示式 ① 确实成立，且 A 可以显式表出. 注意，在证明时，可限定式 ⑩ 中的 $z \in S_0^-$.

首先，我们有

$$\frac{1}{2\pi i}\int_{L_0} (\zeta(t-z) + \zeta(z))\,\mathrm{d}t = 0, z \in S^- \qquad ⑪$$

$$\frac{1}{2\pi i}\int_{L_0} \mathrm{Re}(C\omega(t))(\zeta(t-z) + \zeta(z))\,\mathrm{d}t = 0, z \in S^-$$

⑫

式 ⑪ 显然，因为被积式作为 t 的函数在 S_0^+ 内全纯. 为了验证式 ⑫，令

$$\omega(z) = a_1 z + a_2 z^2 + \cdots, a_1 \neq 0$$

由留数定理

$$\frac{1}{2\pi i}\int_{L_0} \mathrm{Re}(C\omega(t))\,\mathrm{d}t = \frac{C}{4\pi i}\int_{L_0} \frac{\mathrm{d}t}{\omega(t)} = \frac{C}{2a_1}$$

另一方面，当 $z \in S^-$ 时

$$\frac{1}{2\pi i}\int_{L_0} \mathrm{Re}(C\omega(t))\zeta(t-z)\,\mathrm{d}t = \frac{C}{4\pi i}\int_{L_0} \frac{\zeta(t-z)}{\omega(t)}\,\mathrm{d}t$$
$$= -\frac{\bar{C}}{2a_1}\zeta(z)$$

这就证实了式 ⑫.

因此，式 ⑩ 实际上可写成

$$\Psi^-(z) = \frac{1}{2\pi i}\int_{L_0} \mu_0(t)(\zeta(t-z) + \zeta(z))\,\mathrm{d}t, z \in S_0^-$$

⑬

注意到 $(Sv)(t)$ 是 $(Sv)(z)$ 在 S_0^+ 中的边值，故有

$$\frac{1}{2\pi i}\int_{l_0}(Sv)(t)\mathrm{d}t = 0$$

$$\frac{1}{2\pi i}\int_{l_0}(Sv)(t)\zeta(t-z)\mathrm{d}t = 0, z \in S^-$$

因而,由式 ⑧ 与 ⑬,得知

$$\Psi^-(z) = -\frac{1}{2\pi i}\int_{l_0}\Phi^-(t)(\zeta(t-z)+\zeta(z))\mathrm{d}t, z \in S_0^-$$

记基本胞腔 S_0 的边界为 $\Gamma = \gamma_1 + \gamma_2 + \gamma_3 + \gamma_4$.
因为 $\Phi^-(\tau)$ 作为 τ 的函数在 S^- 中为双周期的,所以

$$\frac{1}{2\pi i}\int_{\Gamma}\Phi^-(\tau)\mathrm{d}\tau = 0$$

因而易于验证

$$\frac{1}{2\pi i}\int_{l_0}\Phi^-(t)\mathrm{d}t = 0$$

前面的等式可写成

$$\Psi^-(z) = -\frac{1}{2\pi i}\int_{l_0}\Phi^-(t)\zeta(t-z)\mathrm{d}t, z \in S_0^- \quad ⑭$$

再由留数定理,得

$$\Phi^-(z) = \frac{1}{2\pi i}\int_{\Gamma}\Phi^-(\tau)\zeta(\tau-z)\mathrm{d}\tau -$$
$$\frac{1}{2\pi i}\int_{l_0}\Phi^-(t)\zeta(t-z)\mathrm{d}t, z \in S_0^-$$

式 ⑭ 可进一步改写为

$$\Psi^-(z) = \Phi^-(z) - \frac{1}{2\pi i}\int_{\Gamma}\Phi^-(\tau)\zeta(\tau-z)\mathrm{d}\tau, z \in S_0^-$$

这样,我们的目的是要验证

$$A = \frac{1}{2\pi i}\int_{\Gamma}\Phi^-(\tau)\zeta(\tau-z)\mathrm{d}\tau, z \in S_0^-$$

确实为与 z 无关的常数. 将此式中的积分分解为沿各个 γ_j 上的积分,并把沿 γ_3, γ_4 上的积分分别转换到 γ_1, γ_2 上,便知

$$A = \frac{1}{2\pi i}\int_{\gamma_1}\Phi^-(\tau)(\zeta(\tau-z)-\zeta(\tau-z+2\omega_2))\mathrm{d}\tau +$$
$$\frac{1}{2\pi i}\int_{\gamma_2}\Phi^-(\tau)(\zeta(\tau-z)-\zeta(\tau-z+2\omega_1))\mathrm{d}\tau$$

由 $\zeta(z)$ 的性质，立刻得知

$$A = \frac{\eta_1}{\pi i}\int_{\gamma_2} \Phi^-(\tau)\mathrm{d}\tau - \frac{\eta_2}{\pi i}\int_{\gamma_1} \Phi^-(\tau)\mathrm{d}\tau \qquad ⑮$$

确为常数. 这样，我们有以下定理.

定理 1 若 $\Phi^-(z)$ 在 S^- 中双周期全纯，且 $\Phi^-(t) = u + iv \in H$ 于 L 上，则它可表示为式 ① 的形式，其中 A 由 $\Phi^-(z)$ 一意确定，由式 ⑮ 给出，实函数 $\mu(t)$ 可由式 ⑱⑲ 给出，其中 S 是 S_0^+ 中的施瓦兹算子，β_0 是一任意实常数，C 是一任意复常数，而 $w = \omega_0(z)$ 是 S_0^- 保形变换到 $|w| < 1(\omega(0) = 0)$ 的函数：$\mu(t)$ 中含 $\beta_0 + \mathrm{Re}(C\omega(t))$ 的项对表示式 ② 不起作用.

这样，已给 $\Phi^-(z)$，式 ① 中的函数 $\mu(t)$ 并不唯一，而依赖于三个任意实常数.

积分表示式 ① 可用来解决双周期解析函数的迪利克雷问题，但它也有独立意义.

现在来考虑双周期(解析函数)迪利克雷问题，简记为 DD 问题，即已给 L 上的一个实值双周期连接函数 $f(t)$，要求在 S^- 中的一双周期解析函数 $\Phi^-(z)$，使满足边值条件

$$\mathrm{Re}\,\Phi^-(t) = f(t), t \in L \qquad ⑯$$

我们恒设 L_0 为一李雅普诺夫曲线，$f(t) \in H$.

如果此问题有解 $\Phi^-(z)$，那么它可表示为

$$\Phi^-(z) = \frac{1}{\pi i}\int_{L_0} \mu(t)(\zeta(t - z) + \zeta(z))\mathrm{d}t + A, z \in S^-$$

$$⑰$$

这里右端已略去因子 $1/2$，它已并入 $\mu(t)$，其中 $A = \alpha + i\beta$ 为一常数. 显然，β 可以任意，而 α 则由 $\Phi^-(z)$ 唯一确定. 于是，由推广的普勒梅列公式

$$\Phi^-(t_0) = -\mu(t_0) + \frac{1}{\pi i}\int_{L_0} \mu(t)(\zeta(t - t_0) +$$
$$\zeta(t_0))\mathrm{d}t + A, t_0 \in L \qquad ⑱$$

将其实部代入式 ⑯，便得

$$-\mu(t_0) + \mathrm{Re}\left(\frac{1}{\pi \mathrm{i}}\int_{L_0} \mu(t)(\zeta(t-t_0) + \zeta(t_0))\,\mathrm{d}t\right)$$

$$= f(t_0) - \alpha, t_0 \in L_0$$

将 $\zeta(t-t_0)$ 写成

$$\frac{1}{t-t_0} + \zeta_0(t-t_0)$$

这里 $\zeta_0(t-t_0)$ 已在 L_0 上正则,因此上述方程可写成具有双层位势的积分方程

$$K\mu \equiv \mu(t_0) - \frac{1}{\pi}\int_{L_0}\mu(t)\,\frac{\cos(r,n)}{r}\mathrm{d}s -$$

$$\frac{1}{\pi}\int_{L_0}k(t_0,t)\mu(t)\,\mathrm{d}s$$

$$= -f(t_0) + \alpha, t_0 \in L_0 \qquad ⑲$$

其中,$r = |t - t_0|$,n 是 L_0 在 t 处的朝向 S_0^+ 的法线,(r, n) 是 n 与 $t - t_0$ 间的夹角,而

$$k(t_0,t) = \mathrm{Im}((\zeta_0(t-t_0) + \zeta(t_0))t'(s)) \qquad ⑳$$

当 $t, t_0 \in L_0$ 时属于 H. 式 ⑲ 是一弗雷德霍姆积分方程.

先考虑齐次方程 $K\mu = 0$ 的求解. 设 $\mu_1(t)$ 是其一解. 定义

$$\Phi_1^-(z) = \frac{1}{\pi \mathrm{i}}\int_{L_0}\mu_1(t)(\zeta(t-z) + \zeta(z))\,\mathrm{d}t, z \in S^-$$

$$㉑$$

如前所述,立刻知道 $\mathrm{Re}\,\Phi_1^-(t) = 0, t \in L$. 由 S^- 中的最大模原理,得知 $\mathrm{Re}\,\Phi_1^-(z) = 0, z \in S^-$,从而 $\Phi_1^-(z) = \mathrm{i}\gamma$ 是一纯虚常数. 又因 $(S\gamma)(t)$ 是一实常数,故由式 ⑧ 知

$$\mu_1(t) = \beta_1 + \mathrm{Re}(C\omega(t))$$

其中,β_1 是一任意实常数,C 是一任意复常数.

定理 2 齐次方程 $K\mu = 0$ 有三个(在实系数域中)线性无关的解

$$1, \mathrm{Re}\,\omega(t), \mathrm{Im}\,\omega(t) \qquad ㉒$$

其中 $\omega(t)$ 如定理 1 中所述.

根据弗雷德霍姆积分方程的一般理论，$K\mu = 0$ 的相联方程

$$K'\nu \equiv \nu(t_0) + \frac{1}{\pi}\int_{l_0}\nu(t)\frac{\cos(r,n_0)}{r}\mathrm{d}s -$$

$$\frac{1}{\pi}\int_{l_0}k(t,t_0)\nu(t)\mathrm{d}s = 0 \qquad ㉓$$

（其中 n_0 是 L_0 在 t_0 处朝向 S_0^+ 的法线）也有三个（实）线性无关的解 $\nu_1(t)$，$\nu_2(t)$，$\nu_3(t)$，且方程 ⑲ 当且仅当下列条件满足时有解

$$\int_{l_0}\nu_j(t)(f(t)-\alpha)\mathrm{d}s = 0, j = 1,2,3 \qquad ㉔$$

注意，特别地，当 $f(t) = 1$，$\alpha = 0$ 时，方程 ⑲ 无解. 因为，若它有一解 $\mu_1(t)$，则由式 ㉑ 定义的 $\Phi_1^-(z)$ 必有 Re $\Phi_1^-(t) = 1$，于是 $\Phi_1^-(z) = 1 + ir$. 另外，对于这个 $\Phi_1^-(z)$，如果表示为式 ⑰ 的形式，那么必有

$$\mu(t) = \beta_0 + \mathrm{Re}(C\omega(t))$$

且 $A = 1 + i\gamma$，这与式 ㉑ 矛盾，根据这一事实，从式 ㉔ 得知

$$\nu_j^* = \int_{l_0}\nu_j(t)\mathrm{d}s, j = 1,2,3$$

必不同时为 0. 不妨设 $\nu_3^* \neq 0$，我们可以把 $\nu_1(t)$，$\nu_2(t)$ 分别换作与 $\nu_3(t)$ 的线性组合，仍记为 $\nu_1(t)$，$\nu_2(t)$，使得 $\nu_1^* = \nu_2^* = 0$；我们还可把 $\nu_3(t)$ 除以 ν_3^*，仍得一个解，记为 $\nu_3(t)$，使得 $\nu_3^* = 1$. 这样得到的解不妨称为正规化了的解. 利用它们，可解条件 ㉔ 就成为

$$\int_{l_0}\nu_j(t)f(t)\mathrm{d}s = 0, j = 1,2 \qquad ㉕$$

而

$$\alpha = \int_{l_0}\nu_3(t)f(t)\mathrm{d}s \qquad ㉖$$

这样，原问题 ⑯ 当且仅当式 ㉕ 满足时可解，且 α 由式 ㉖ 唯一确定.

定理 3 在 S^- 中的 DD 问题 ⑯ 当且仅当式 ㉕ 满足时可解,其唯一解由式 ⑰ 给出,其中 $\operatorname{Re} A = \alpha$ 由式 ㉖ 确定,而 $\mu(t)$ 是方程 ⑲ 的任一特解;在式 ㉕㉖ 中的 $\nu_j(t)$ $(j = 1,2,3)$ 为方程 ㉓ 的正规解组,满足条件

$$\int_{l_0} \nu_j(t)\,\mathrm{d}s = 0, j = 1,2$$

$$\int_{l_0} \nu_3(t)\,\mathrm{d}s = 1$$

以上解决了 DD 问题的求解,但我们限定 L_0 为 S_0 中的一条封闭曲线.如果把 L_0 改为 S_0 中一组互相外离的封闭曲线,即 S_0^- 是基本胞腔中挖掉若干个洞的区域,那么相应的 DD 问题一般无解.这时我们可讨论所谓的双周期变态迪利克雷问题.

一、双准周期解析函数迪利克雷问题

1. 加法双准周期迪利克雷问题

下面将讨论双准周期(解析函数)的迪利克雷问题.本段中先讨论加法双准周期迪利克雷问题,简记为 AQD 问题. 它可表述如下:在 L_0 上已给一实函数 $f(t) \in H$,求一个在 S^- 中的解析函数 $\Phi^-(z)$,具有加法双准周期性(简记为 AQ 函数)

$$\Phi^-(z + 2\omega_j) = \Phi^-(z) + a_j, j = 1,2 \qquad ㉗$$

$(a_1, a_2$ 为两个复常数) 满足边值条件

$$\operatorname{Re} \Phi^-(t) = f(t), t \in L_0 \qquad ㉘$$

加数 a_1, a_2 可以事先指定或否,但必须先说明.

在讨论此问题之前,我们先建立一个有关 DD 问题的引理,它将在后面的讨论中起作用.

引理 1 设 $C \neq 0$ 是一复常数,则 S^- 中的 DD 问题

$$\operatorname{Re} \Phi^-(t) = \operatorname{Re}(Ct), t \in L_0 \qquad ㉙$$

无解.

注意问题 ㉙ 实际上是说:在条件 ㉘ 中,对于 $t \in L_0$,有 $f(t) = \operatorname{Re}(Ct)$,而对于 $t \in L, f(t)$ 等于其周期延拓而不再是 $\operatorname{Re}(Ct)$.

证 若在 S^- 中存在这样的函数 $\Phi^-(z) = u(z) + \mathrm{i}v(z)$,则

$$\Phi^-(t) = \alpha x + \beta y + \mathrm{i}v(t), t = x + \mathrm{i}y \in L_0 \qquad ㉚$$

这里已记 $C = \alpha - \mathrm{i}\beta(\alpha,\beta$ 不同时为零$)$. 由于 L_0 是一李雅普诺夫曲线,从而 $u'(t)$ 连续,故由解析函数边界性质的一些结果,可以证明,在 L_0 外侧靠近它的平准线 L_ε(即 L_ε 是圆周 $|w| = 1 - \varepsilon$ 在映射 F 下的逆象,这里 F 是把 L_0 所围的外域保形变换到 $|w| < 1$ 上的映射且使 $F(\infty) = 0$)上,$\dfrac{\partial t}{\partial s}$ 可连续延拓到 L_0 上的 $\dfrac{\partial u}{\partial s}$.

于是由柯西 - 黎曼方程与格林公式

$$\left(\int_\Gamma - \int_{L_\varepsilon}\right) v\,\frac{\partial u}{\partial s}\mathrm{d}s = -\iint_{S_\varepsilon^-}\left(\left(\frac{\partial u}{\partial x}\right)^2 + \left(\frac{\partial u}{\partial y}\right)^2\right)\mathrm{d}x\mathrm{d}y$$

其中,Γ 是 S_0 的边界,S_ε^- 是 L_ε 与 Γ 间所围的区域. 注意 u,v 是双周期的,令 $\varepsilon \to 0$ 求极限,便得

$$\int_{L_0} v\mathrm{d}u = \iint_{S_0^-}\left(\left(\frac{\partial u}{\partial x}\right)^2 + \left(\frac{\partial u}{\partial y}\right)^2\right)\mathrm{d}x\mathrm{d}y \geqslant 0 \qquad ㉛$$

另外,因为

$$\int_{L_0}\Phi^-(t)\mathrm{d}t = \int_\Gamma \Phi^-(\tau)\mathrm{d}\tau = 0$$

易证

$$\int_{L_0} v(t)\mathrm{d}t = -\alpha\int_{L_0} x\mathrm{d}y + \beta\mathrm{i}\int_{L_0} y\mathrm{d}x = -(\alpha + \mathrm{i}\beta)\,|\,S_0^+\,|$$

其中 $|\,S_0^+\,|$ 是 S_0^+ 的面积,所以

$$\int_{L_0} v(t)\mathrm{d}x = -\alpha\,|\,S_0^+\,|$$

$$\int_{L_0} v(t)\mathrm{d}y = -\beta\,|\,S_0^+\,|$$

因此

$$\int_{L_0} v\mathrm{d}u = \alpha\int_{L_0} v\mathrm{d}x + \beta\int_{L_0} v\mathrm{d}y = (-\alpha^2 + \beta^2)\,|\,S_0^+\,| < 0$$

此与式 ㉛ 矛盾.

在讨论 AQD 问题 ㉘ 时,首先注意,在适当选择

（复）常数 A, B 后，令

$$\Psi^-(z) = \Phi^-(z) - \operatorname{Re}(A\zeta(z) + Bz), z \in S^- \quad ㉜$$

使 $\Psi^-(z)$ 成为 S^- 中的一个双周期解析函数（注意，$\zeta(z)$ 虽在 $z = 0$ 处有奇点，但它不在 S_0^- 中），其中 A, B 与 a_1, a_2 有下列关系式，即

$$A = \frac{1}{\pi i}(\omega_2 a_1 - \omega_1 a_2)$$

$$B = \frac{1}{\pi i}(a_2 \eta_1 - a_1 \eta_2) \quad ㉝_1$$

或者，完全一样

$$a_j = 2(\eta_j A + \omega_j B), j = 1, 2 \quad ㉝_2$$

这样，S^- 中 $\Phi^-(z)$ 的 AQD 问题 ㉘ 就可转化为 S^- 中 $\Psi^-(z)$ 的 DD 问题

$$\operatorname{Re}\Psi^-(t) = f(t) - \operatorname{Re}(A\zeta(t) + Bt), t \in L_0 \quad ㉞$$

现在来求解 AQD 问题 ㉘ 或 DD 问题 ㉞. 分以下几种情况讨论.

（1）设 a_1, a_2 未事先指定，从而常数 A, B 也未指定. 如果对 DD 问题 ㉞ 求出了解 $\Psi^-(z)$，那么由式 ㉜，问题 ㉘ 的解由下式给出

$$\Phi^-(z) = \Psi^-(z) + A\zeta(z) + Bz \quad ㉟$$

由定理 3，问题 ㉞ 的可解条件（参照式 ㉛）为

$$\operatorname{Re}\int_{L_0} (A\zeta(t) + Bt)\nu_j(t)\mathrm{d}s = \int_{L_0} f(t)\nu_j(t)\mathrm{d}s, j = 1, 2 \quad ㊱$$

记

$$\begin{cases} \int_{L_0} \zeta(t)\nu_j(t)\mathrm{d}s = c_{j1} \\ \int_{L_0} t\nu_j(t)\mathrm{d}s = c_{j2}, j = 1, 2 \\ \int_{L_0} f(t)\nu_j(t)\mathrm{d}s = \gamma_j \end{cases} \quad ㊲$$

于是，$c_{jk}(j, k = 1, 2)$ 是与 $f(t)$ 无关的复常数，而 γ_j 是由 $f(t)$ 唯一确定的实常数. 为了确定 A, B，就要求解线性方程组

$$c_{j1}A + c_{j2}B = \gamma_j + \mathrm{i}\delta_j, j = 1,2 \qquad ㊳_1$$

其中，δ_1, δ_2 是两个待定实常数，应把它们适当选取使得方程组 ㊳$_1$ 可以对 A, B 求解. 一旦求得 A, B，则由定理 3，问题 ㉞ 的唯一解可由下式给出，即

$$\Psi^-(z) = \frac{1}{\pi \mathrm{i}} \int_{L_0} \mu(t)(\zeta(t-z) + \zeta(z))\mathrm{d}t + \alpha + \mathrm{i}\beta$$

其中 $\mu(t)$ 是方程

$$K\mu = -f(t) + \mathrm{Re}(A\zeta(t) + Bt) + \alpha$$

的任一解（且不论取哪个解，前式右端积分是同一函数），且

$$\alpha = \int_{L_0} (f(t) - \mathrm{Re}(A\zeta(t) + Bt))\nu_3(t)\mathrm{d}s$$

而 β 为任意实常数，这里 K 为弗雷德霍姆算子，由式 ⑲ 左端定义.

在求解方程组 ㊳$_1$ 之前，我们要证明另一引理.

引理 2　式 ㊲ 中的 c_{12}, c_{22} 不同时为零.

证　若 $c_{12} = c_{22} = 0$，则当 $f(t) = 0$（从而 $\gamma_1 = \gamma_2 = 0$）时，若取 $\delta_1 = \delta_2 = 0$，则方程组 ㊳$_1$ 将有一组解 $A = 0, B = 1$. 与问题 ㉞ 比较，这就表明 S^- 的双周期解析函数 $\Psi^-(z)$ 的迪利克雷问题

$$\mathrm{Re}(\Psi^-(t)) = \mathrm{Re}(-t), t \in L_0$$

可解，与引理 1 矛盾.

不失一般性，我们设 $c_{22} \neq 0$. 令

$$\Delta = c_{11}c_{22} - c_{12}c_{21}$$

若 $\Delta \neq 0$，则任取 δ_1, δ_2，方程组 ㊳$_1$ 对 A, B 恒唯一可解，这时 AQD 问题 ㉘ 恒可解，且一般解中含有两个任意实常数.

若 $\Delta = 0$，则必存在一复常数 $k = k_1 + \mathrm{i}k_2$，使得

$$c_{11}A + c_{12}B = k(c_{21}A + c_{22}B)$$

对任何 A, B 成立. 这样，方程组 ㊳$_1$ 可改写为

$$k(c_{21}A + c_{22}B) = \gamma_1 + \mathrm{i}\delta_1, c_{21}A + c_{22}B = \gamma_2 + \mathrm{i}\delta_2$$
$$㊳_2$$

我们来证明 $k_2 \neq 0$. 若不是这样，则 $k = k_1$ 是一实常

数. 那么, 对于 $f(t) \equiv 0$(从而 $\gamma_1 = \gamma_2 = 0$) 以及任取的 $\delta_2 \neq 0$, 我们得到 $A = 0, B = \dfrac{\mathrm{i}\delta_2}{c_{22}}$ 是方程组 $\textcircled{38}_2$ 中第二个方程的一组解. 于是, 若再取 $\delta_1 = k\delta_2$, 则它们也是第一个方程的解. 因此, S^- 中的 DD 问题

$$\mathrm{Re}\ \Psi^-(t) = \mathrm{Re}\left(\frac{\mathrm{i}\delta_2 t}{c_{22}}\right), t \in L_0 \qquad \textcircled{39}$$

可解, 这与引理 1 矛盾. 这样, 得知 $k_2 \neq 0$.

为了在这种情况下求解方程组 $\textcircled{38}_2$, 必须取 δ_1, δ_2 使得

$$k(\gamma_2 + \mathrm{i}\delta_2) = \gamma_1 + \mathrm{i}\delta_1$$

亦即

$$k_1\gamma_2 - k_2\delta_2 = \gamma_1, k_1\delta_2 + k_2\gamma_2 = \delta_1 \qquad \textcircled{40}$$

当 $f(t)$ 已给(从而 γ_1, γ_2 已知) 时, 因 $k_2 \neq 0$, 故 δ_1, δ_2 可由式 $\textcircled{40}$ 一意确定. 于是方程组 $\textcircled{38}_2$ 的解为

$$B = \frac{1}{c_{22}}(\gamma_2 + \mathrm{i}\delta_2 - c_{21}A) \qquad \textcircled{41}$$

而 $A = \alpha_1 + \mathrm{i}\alpha_2$ 可以任意. 因此得知, AQD 问题 $\textcircled{28}$ 的一般解中仍含有两个任意实常数 α_1, α_2.

定理 4 当加数 a_1, a_2 未事先指定时, AQD 问题 $\textcircled{28}$ 恒可解, 且一般解中含有两个任意实常数.

(2) 设

$$\mathrm{Re}\ a_j = \varepsilon_j, j = 1, 2 \qquad \textcircled{42}$$

已事先指定. 换句话说, 已设 $\mathrm{Re}\ \Phi^-(t) = f(t)$ 的双准周期也给出于 L 上

$$f(t + 2\omega_j) = f(t) + \varepsilon_j, j = 1, 2, t \in L$$

当 $\Delta \neq 0$ 时, 如(1)中的讨论知: A, B 是 $\gamma_1, \gamma_2, \delta_1, \delta_2$ 的齐次线性函数, 令 $A = \alpha_1 + \mathrm{i}\alpha_2, B = \beta_1 + \mathrm{i}\beta_2$ 时, $\alpha_1, \alpha_2, \beta_1, \beta_2$ 将是 $\gamma_1, \gamma_2, \delta_1, \delta_2$ 的实线性组合, 这些组合的系数是与 $f(t)$ 无关的实常数. 另外, 易知 $\varepsilon_1, \varepsilon_2$ 是 $\alpha_1, \alpha_2, \beta_1, \beta_2$ 的实线性组合. 因此, 可以记

$$\boldsymbol{P}\begin{pmatrix}\delta_1\\\delta_2\end{pmatrix} = \begin{pmatrix}\varepsilon_1\\\varepsilon_2\end{pmatrix} + \boldsymbol{Q}\begin{pmatrix}\gamma_1\\\gamma_2\end{pmatrix} \qquad \textcircled{43}$$

286

其中,$\boldsymbol{P},\boldsymbol{Q}$ 是 2×2 实常数矩阵,其各个元与 $f(t)$ 无关. 今证 $\det \boldsymbol{P} \neq 0$. 当 $f(t) \equiv 0$(从而 $\gamma_1 = \gamma_2 = 0$)并给定 $\varepsilon_1 = \varepsilon_2 = 0$ 时,我们的问题成为 S^- 中 $\Phi^-(z)$ 的 AQD 问题

$$\mathrm{Re}\, \Phi^-(t) = 0, t \in L_0$$

且已知 $\mathrm{Re}\, \Phi^-(z + 2\omega_j) = \mathrm{Re}\, \Phi^-(z)(j = 1,2)$. 因此,$\mathrm{Re}\, \Phi^-(z)$ 是 S^- 中一个在 L 上具有零边值的双周期调和函数. 由最大模原理,可知 S^- 中 $\mathrm{Re}\, \Phi^-(z) \equiv 0$. 因此,在 S^- 中 $\Phi^-(z) = \mathrm{i}\lambda$ 是一纯虚数. 这样,$\Phi^-(z)$ 本身已是双周期的. 因此,一定有 $a_1 = a_2 = 0$. 于是,$A = B = 0$;再由方程组 ㉟₁ 便知 $\delta_1 = \delta_2 = 0$. 这样,相应于式 ㊸ 的齐次方程只有平凡解. 这就证明了我们的论断. 因而方程组 ㉟₁ 对任意的 γ_1, γ_2,以及给定的 $\varepsilon_1, \varepsilon_2$ 一意可解.

若 $\Delta = 0$,则由式 ㊵,δ_1, δ_2 是 γ_1, γ_2 的实线性组合,再由式 ㊶,便知 β_1, β_2 是 $\alpha_1, \alpha_2, \gamma_1, \gamma_2$ 的实线性组合. 于是可以记

$$\boldsymbol{R}\begin{pmatrix} \alpha_1 \\ \alpha_2 \end{pmatrix} = \begin{pmatrix} \varepsilon_1 \\ \varepsilon_2 \end{pmatrix} + \boldsymbol{S}\begin{pmatrix} \gamma_1 \\ \gamma_2 \end{pmatrix} \qquad ㊹$$

其中,$\boldsymbol{R}, \boldsymbol{S}$ 也是 2×2 矩阵,与上面讲的为同种类型. 如前同样推理,可证 $\det \boldsymbol{R} \neq 0$. 因此,式 ㊹ 对任意的 γ_1, γ_2 以及 $\varepsilon_1, \varepsilon_2$ 也一意可解.

定理 5 当加数的实部 $\mathrm{Re}\, a_j(j = 1,2)$ 事先指定时,AQD 问题 ㉘ 恒唯一可解.

(3)设 a_1, a_2 都事先指定. 因为如前所述,A,B 可唯一地由 γ_1, γ_2 与 $\mathrm{Re}\, a_1, \mathrm{Re}\, a_2$ 确定,故由式 ㉝ 知,当且仅当下列两个实的条件

$$\mathrm{Im}\, a_j = \mathrm{Im}(\eta_j A + \omega_j B), j = 1,2 \qquad ㊺$$

满足时,我们的 AQD 问题(唯一)可解. 式 ㊺ 实际上是间接地施加于 $f(t)$ 上的两个条件.

定理 6 当加数 a_1, a_2 事先指定时,AQD 问题 ㉘ 当且仅当 $f(t)$ 满足两个(实)可解条件时(唯一)

可解.

2. 乘法双准周期的齐次迪利克雷问题

我们将讨论乘法双准周期的迪利克雷问题,简记为 MQD 问题,即求 S^- 中的一乘法双准周期解析函数(简记为 MQ 函数)$\varPhi^-(z)$,其乘数为 β_1,β_2,且

$$\varPhi(z + 2\omega_j) = \beta_j\varPhi^-(z),\beta_j \neq 0,j = 1,2,z \in S^- \tag{46}$$

使满足边值条件

$$\mathrm{Re}\ \varPhi^-(t) = f(t),t \in L_0 \tag{47}$$

其中 $f(t) \in H$ 已给于 L_0 上. 我们以后还恒假定 β_1,β_2 是实数,以便 $f(t)$ 易于在 L 上延拓

$$f(t + 2\omega_j) = \beta_j f(t),t \in L \tag{48}$$

且设 β_1,β_2 不同时为 1,因为否则的话,条件 ㊼ 就成为 DD 问题了.

本段将先讨论齐次问题($f(t) \equiv 0$),记为 MQD_0 问题

$$\mathrm{Re}\ \varPhi^-(t) = 0,t \in L_0 \tag{49}$$

自然此式当 $t \in L$ 时也成立.

我们知道,如果 $\varPhi^-(z)$ 是双周期的,由最大模原理,立即知道 $\varPhi^-(z)$ 是一纯虚常数. 此结论对 MQ 函数 $\varPhi^-(z)$ 就不能成立,因为这时 $\varPhi^-(z)$ 在 S^- 中一般无界,最大模原理失效. 事实上,问题 ㊾ 也的确可能存在非平凡解的情况.

定理 7 在 β_1,β_2 都事先指定时,齐次 MQD_0 问题 ㊾ 或者只有零解;或者有唯一的非零解(允许有一个任意实常数系数),且它根本无零点.

证 设此问题有一个非零解 $f(z),z \in S^-$. 我们来证明:$f(z)$ 在整个闭区域 $\overline{S}^-$ 上没有零点.

为此,将 L_0 所围的外域用 $z = \varphi(w)$ 保形映射到单位圆周 $l:|w| = 1$ 的外域,并使无穷远点不变. 于是,$f(\varphi(w)) = F(w)$ 在 $|w| > 1$ 中边界 l 附近全纯,且在 l 上其实部为零. 可见 $F(w)$ 可解析延拓到 $|w| < 1$ 的边界 l 附近,于是 $F(w)$ 在 l 上解析. 由此可见,如

果 $F(w)$ 在 l 上有零点,其阶数必为正整数,且个数有限. 设其总数(连同阶数计算在内) 为 M.

基本胞腔 S_0 的边界 Γ 和 L_0 之间所围区域 S_0^- 在映射 $z = \varphi(w)$ 之下为单位圆周 l 和 Γ 的原象 γ 之间所围区域的象. 设 $F(w)$ 在这区域中零点的总数(连同阶数计算) 为 N. 不失一般性,可以认为 $f(z)$ 在 Γ 上无零点,于是 $F(w)$ 在 γ 上也无零点.

由推广的辐角原理知

$$\frac{1}{2\pi i}\int_{l+\gamma} \frac{F'(w)}{F(w)}dw = \frac{1}{2}M + N \qquad ⑤0$$

但显然

$$\int_\gamma \frac{F'(w)}{F(w)}dw = \int_\Gamma \frac{f'(z)}{f(z)}dz$$

而 $f'(z)/f(z)$ 已是双周期的,因此此积分等于零.

另外,如果在 l 上 $F(w)$ 的每一零点前后各去掉一段充分小弧长 ε 后余下的部分记为 l_ε,那么

$$\frac{1}{2\pi i}\int_l \frac{F'(w)}{F(w)}dw = \lim_{\varepsilon\to 0}\frac{1}{2\pi i}\int_{l_\varepsilon} d\log F(w) \qquad ⑤1$$

在 l_ε 的每一弧段上,$F(w) \neq 0$,而其实部为 0,因此其虚部不变号. 这样,$\arg F(w)$ 在其上为一常数值. 由此可知,式 ⑤1 左边的积分实部必为零. 再从式 ⑤0 立即可知 $M = N = 0$. 这就证明了 $F(w)$ 在 l 和 γ 间所围的闭区域上没有零点,从而也证明了 $f(z)$ 在 $\overline{S^-}$ 上没有零点.

今若 $g(z)$ 又是原问题的一个非零解,则可知 $g(z)/f(z)$ 是 S^- 中的双周期全纯函数,且易见其虚部在 L 上恒等于零,故必为一实常数. 这样,原问题的一般解为 $\Phi^-(z) = kf(z)$,其中 k 为一任意实常数.

我们现在要问:β_1, β_2 要满足怎样的条件,才能使原问题有非零解? $f(z)$ 为原问题的一非零解(并不妨设于 L 上 $\mathrm{Im}\, f(t) > 0$) 当且仅当

$$\psi(z) = \log[-if(z)]$$

(取定一分支) 是以 $a_j = \log\beta_j (j=1,2)$ 为加数(其中

289

对数为某两个确定值,不同时为零) 的 AQD_0 问题
$$\text{Re}(\text{i}\psi(t)) = 0, t \in L_0 \qquad \text{⑤2}$$
的解. 注意,虽然 β_j 为实数,a_j 仍可为复数;一般地,应允许
$$a_j = \log \beta_j = \begin{cases} \ln|\beta_j| + 2k_j\pi\text{i}, \beta_j > 0 \\ \ln|\beta_j| + (2k_j + 1)\pi\text{i}, \beta_j < 0 \end{cases} \qquad \text{⑤3}$$
这里 $\ln|\beta_j|$ 已取定为实值,k_j 为整数. 记
$$A = \frac{1}{\pi\text{i}}(\omega_2 a_1 - \omega_1 a_2), B = \frac{1}{\pi\text{i}}(a_2\eta_1 - a_1\eta_2)$$
则由方程组 ㉘ 知(现在 $\gamma_1 = \gamma_2 = 0$),问题 ⑤2 的可解条件为
$$\text{Re}(c_{11}A + c_{12}B) = \text{Re}(c_{21}A + c_{22}B) = 0 \qquad \text{⑤4}$$
其中 $c_{jk}(j, k = 1, 2)$ 只与 S^- 的形状有关而与 β_j 或 a_j 无关的复常数. 因此,原问题的可解条件为
$$\text{Im}(c'_{11}\log\beta_1 + c'_{12}\log\beta_2)$$
$$= \text{Im}(c'_{21}\log\beta_1 + c'_{22}\log\beta_2) = 0 \qquad \text{⑤5}$$
其中已令
$$\begin{pmatrix} c'_{11} & c'_{12} \\ c'_{21} & c'_{22} \end{pmatrix} = \begin{pmatrix} c_{11} & c_{12} \\ c_{21} & c_{22} \end{pmatrix} \begin{pmatrix} \omega_2 & -\omega_1 \\ -\eta_2 & \eta_1 \end{pmatrix}$$

根据以上讨论,我们得到:

定理8 在 β_1, β_2 都事先指定时,AQD_0 问题 ㊺ 有非零解的充要条件:可以在式 ⑤3 中适当地选择 k_1, k_2,使得满足两个实的条件 ⑤5.

有人举出了实例,说明确实有问题 ㊺ 存在非零解的情况.

下面来讨论当乘数 β_1, β_2 不事先指定的情况.

这时,在问题 ⑤3 中取定 k_1, k_2,然后求解 ⑤5,便可得出一组 $\ln|\beta_1|, \ln|\beta_2|$,从而获得原问题的一个解. 为了说明这种情况下一般解的结构,我们进行如下讨论.

先在问题 ⑤3 中取定 $k_1 = 1, k_2 = 0$. 这时,对于 AQD_0 问题 ⑤2 来说,相当于已给定 a_1, a_2 的虚部,故由

定理 5 知,可以求出唯一的一组实数 $\ln|\beta'_1|$,$\ln|\beta'_2|$ 使条件 ㉓ 或 ㉖ 成立,且这时 AQD_0 问题 ㉒ 有唯一解 $\psi_1(z)$(可相差一任意实常数项).对于原 MQD_0 问题 ㊾ 而言,这时有唯一解(可相差一任意实常数因子)

$$f_1(z) = \mathrm{i}\exp\{\psi_1(z)\}$$

其乘数为

$$\beta_1 = -|\beta'_1|,\beta_2 = |\beta'_2|$$

同样,在式 ㉝ 中取 $k_1 = 0,k_2 = 1$,则又可得条件 ㉖ 的唯一解组 $\ln|\beta''_1|$,$\ln|\beta''_2|$,相应的 AQD_0 问题有唯一解 $\psi_2(z)$,而原问题有唯一解

$$f_2(z) = \mathrm{i}\exp\{\psi_2(z)\}$$

其乘数为

$$\beta_1 = |\beta''_1|,\beta_2 = -|\beta''_2|$$

因此,原问题的一般解为

$$\Phi^-(z) = D\mathrm{i}\exp(k_1\psi_1(z) + k_2\psi_2(z)) \qquad ㊴$$

其中,k_1,k_2 为任意整数,D 为一任意实常数;这时,乘数为

$$\begin{cases}\beta_1 = (-1)^{k_1}|\beta'_1|^{k_1}|\beta''_1|^{k_2} \\ \beta_2 = (-1)^{k_2}|\beta'_2|^{k_1}|\beta''_2|^{k_2}\end{cases} \qquad ㊵$$

定理 9 齐次 MQD_0 问题 ㊾,若对 $\Phi^-(z)$ 的乘数不事先指定,则恒可解,且其一般解由式 ㊴ 给出,其中除显然有一任意实常数因子外,还依赖于两个独立的整数,而 $\Phi^-(z)$ 的乘数也依赖于这两个整数.

3. 乘法双准周期解析函数的积分表示式

前面我们曾给出双周期解析函数的积分表示式,由此出发,乘上一个适当的因子,就容易得到 MQ 函数的一个积分表示式,但它对我们以后的讨论并不适用.我们将导出它的另一种积分表示法.

设 $\Phi^-(z) = u(z) + \mathrm{i}v(z)$ 是 S^- 中一个 MQ 函数,其乘数为 b_1,b_2,即

$$\Phi^-(z + 2\omega_j) = b_j\Phi^-(z),b_j \neq 0,j = 1,2 \qquad ㊽$$

我们暂不限定 b_1, b_2 为实数.

对 $\log b_1$ 与 $\log b_2$ 各取一确定值,定义两个(复)常数 λ, z_0,使满足

$$2\omega_j \lambda - 2\eta_j z_0 = \log b_j, j = 1, 2 \qquad ⑲_1$$

λ 与 z_0 是一意确定的. 为确定起见,我们要求 $z_0 \in S_0$,当适当取定 $\log b_j (j = 1, 2)$ 时,这一定可以做到. 注意,λ 与 z_0 一般说来都是复常数,即使 b_1, b_2 为实数时也是如此.

以下分两种情况讨论.

(1) $z_0 = 0$. 这时,对适当选择的 $\log b_1, \log b_2$,下式成立,即

$$\omega_2 \log b_1 = \omega_1 \log b_2 \qquad ⑲_2$$

且整函数 $\mathrm{e}^{\lambda z}$ 是乘法双准周期的,也以 b_1, b_2 为乘数.

(2) $z_0 \neq 0$. 令

$$q(z) = \mathrm{e}^{\lambda z} \frac{\sigma(z - z_0)}{\sigma(z)} \qquad ⑥⓪$$

它是以 b_1, b_2 为乘数的 MQ 函数,它在 S^- 内全纯(虽然 $z = 0 \in S_0^+$ 是其单极点),在 S_0^- 内有唯一的单零点.

我们要证明:

定理 10 如果式 ⑲$_2$ 对某一组 $\log b_1$ 和 $\log b_2$ 成立,那么 S^- 中 MQ 函数 $\Phi^-(z)$(具有边值 $\Phi^-(t) \in H$)有下列积分表示式

$$\Phi^-(z) = \mathrm{e}^{\lambda z} \left(\frac{1}{2\pi \mathrm{i}} \int_{L_0} \mu(t) \mathrm{e}^{-\lambda t} (\zeta(t - z) + \zeta(z)) \mathrm{d}t + A \right)$$

$$z \in S^- \qquad ⑥①$$

其中 $\mu(t) \in H$ 是 L_0 上的一实函数,除一项 $\beta_0 + \mathrm{Re}(C\omega(t))$ 外一意确定,这里 β_0 与 C 分别为任意的实或复常数,$\omega(z)$ 同开始部分所描述,而 A 是由 $\Phi^-(z)$ 唯一确定的常数.

证 暂设存在 $\mu(t) \in H$ 于 L_0 上以及常数 A 使式 ⑥① 成立. 当 $z \in S_0^+$ 时,将此式右端的函数记为 $\Phi^+(z)$,它在 $z = 0$ 处一般有一单极点. 由普勒梅列公式

$$\Phi^{\pm}(t_0) = \pm \frac{1}{2}\mu(t_0) + \frac{1}{2\pi i}\int_{L_0}\mu(t)e^{-\lambda(t-t_0)}(\zeta(t-t_0) +$$

$$\zeta(t_0))dt + Ae^{\lambda t_0}, t_0 \in L_0 \qquad \text{⑥2}$$

与加法双准周期迪利克雷问题中相同推理,可知

$$\Phi^+(t) = i(Sv)(t) + \beta_0 + \text{Re}(C\omega(t)) \qquad \text{⑥3}$$

其中 S 是 S_0^+ 的施瓦兹算子:$(Sv)(z)$ 在 S_0^+ 内全纯且具有性质

$$\text{Re}((Sv)(t)) = v(t), (Sv)^+(t) = (Sv)(t), t \in L_0$$

而 β_0,C 为如定理中描述的常数. 此外,记

$$\mu(t) = \mu_0(t) + \beta_0 + \text{Re}(C\omega(t)), t \in L_0 \qquad \text{⑥4}$$

其中

$$\mu_0(t) = i(Sv)(t) - \Phi^-(t)$$
$$= -\text{Im}((Sv)(t)) - u(t) \qquad \text{⑥5}$$

由 $\Phi^-(t)$ 唯一确定. 这样,如果前述表示式成立,那么 $\mu(t)$ 必为式⑥4的形式. 易见 $\beta_0 + \text{Re}(C\omega(t))$ 不影响其中的积分值.

令

$$\Psi^-(z) = \frac{e^{\lambda z}}{2\pi i}\int_{L_0}\mu_0(t)e^{-\lambda t}(\zeta(t-z) + \zeta(z))dt, z \in S^-$$

将式⑥5代入,立得

$$\Psi^-(z) = -\frac{e^{\lambda z}}{2\pi i}\int_{L_0}\Phi^-(z)e^{-\lambda t}\zeta(t-z)dt$$

$$= \Phi^-(z) - \frac{e^{\lambda z}}{2\pi i}\int_{\Gamma}\Phi^-(\tau)e^{-\lambda\tau}\zeta(\tau-z)d\tau$$

$$z \in S_0^-$$

其中 Γ 为 S_0^+ 的(正向)边界. 我们要证明

$$A = e^{-\lambda z}(\Phi^-(z) - \Psi^-(z))$$

$$= \frac{1}{2\pi i}\int_{\Gamma}\Phi^-(\tau)e^{-\lambda\tau}\zeta(\tau-z)d\tau, z \in S_0^-$$

实际上是一常数. 事实上,利用 $e^{-\lambda\tau}\Phi^-(z)$ 的双周期性,易见

$$A = \frac{\eta_1}{\pi i}\int_{\gamma_2}e^{-\lambda\tau}\Phi^-(\tau)d\tau - \frac{\eta_2}{\pi i}\int_{\gamma_1}e^{-\lambda\tau}\Phi^-(\tau)d\tau \qquad \text{⑥6}$$

$z_0 \neq 0$，亦即式 ⑤⑨$_2$ 不成立，我们有下面的定理.

定理 11　如果式 ⑤⑨$_2$ 对任何 $\log b_1, \log b_2$ 的选取总不成立，那么 S^- 中的 MQ 函数 $\Phi^-(z)$ 可表示为

$$\Phi^-(z) = \frac{\mathrm{e}^{\lambda z}}{\sigma(z_0)} \frac{1}{2\pi \mathrm{i}} \int_{L_0} \mu(t) \mathrm{e}^{-\lambda t} \frac{\sigma(t - z + z_0)}{\sigma(t - z)} \mathrm{d}t, z \in S^-$$

⑥⑦

其中 $\mu(t) \in H$ 为一实函数，除去一个常数项 β_0，由 $\Phi^-(z)$ 唯一确定.

证　设式 ⑥⑦ 对某一 $\mu(t) \in H$ 成立，再把其右端定义为 $\Phi^+(z), z \in S_0^+$，则有

$$\Phi^{\pm}(t) = \pm \frac{1}{2} \mu(t_0) + \frac{\mathrm{e}^{\lambda t_0}}{\sigma(t_0)} \cdot \frac{1}{2\pi \mathrm{i}} \int_{L_0} \mu(t) \cdot$$

$$\mathrm{e}^{-\lambda t} \frac{\sigma(t - t_0 + z_0)}{\sigma(t - t_0)} \mathrm{d}t, t_0 \in L_0$$

⑥⑧

与前面同样推理，但要注意现在 $\Phi^+(z)$ 在 S_0^+ 内全纯，代替式 ⑥④，我们有

$$\mu(t) = \mu(t_0) + \beta_0$$

⑥⑨

这里 β_0 又是一个实常数，而 $\mu_0(t)$ 仍以式 ⑥⑤ 给出. β_0 不影响式 ⑥⑦ 中积分的值.

我们必须证明

$$\Phi^-(z) = \frac{\mathrm{e}^{\lambda z}}{\sigma(z_0)} \cdot \frac{1}{2\pi \mathrm{i}} \int_{L_0} \mu_0(t) \mathrm{e}^{-\lambda t} \frac{\sigma(t - z + z_0)}{\sigma(t - z)} \mathrm{d}t$$

$$z \in S^-$$

⑦⓪

将式 ⑥⑤ 代入此式，可以看出它等价于

$$\Phi^-(z) = -\frac{\mathrm{e}^{\lambda z}}{\sigma(z_0)} \cdot \frac{1}{2\pi \mathrm{i}} \int_{L_0} \Phi^-(t) \mathrm{e}^{-\lambda t} \frac{\sigma(t - z + z_0)}{\sigma(t - z)} \mathrm{d}t$$

$$z \in S^-$$

当固定任意 $z \in S_0^-$，式中被积式作为 t 的函数是双周期的，在 S^- 中解析，但在 S_0^- 中以 $t = z$ 为单极点. 它沿 Γ 的积分必等于零. 因此，在 S_0^- 中应用留数定理，上面等式对 $z \in S_0^-$ 成立，因而对 $z \in S^-$ 也成立. 这就是说式 ⑦⓪ 成立.

4. 乘法双准周期的非齐次迪利克雷问题

现在来讨论一般的 MQD 问题:要求一个在 S^- 中的乘法双准周期函数 $\Phi^-(z)$,以两个实数 β_1,β_2(不同时为 0,也不同时为 1)为乘数,满足边值条件 ㊼,其中 $f(t) \in H$ 为 L_0 上的一已知函数. 当 $f(t) \equiv 0$ 时,相应问题 MQD_0 已在乘法双准周期的齐次迪利克雷问题中讨论过. 下面设 $f(t) \not\equiv 0$.

沿用上段记号,也分两种情况讨论.

(1)设 $z_0 = 0$. 这时如果 MQD 问题 ㊼ 有一个解 $\Phi^-(z)$,那么它可以表示为式 ㊱ 的形式. 于是,由式 ㊲,我们有(以下,总把 $\mu(t)$ 改为 $2\mu(t)$)

$$-\mu(t_0) + \mathrm{Re}\left(\frac{1}{\pi\mathrm{i}}\int_{L_0}\mu(t)\mathrm{e}^{-\lambda(t-t_0)}(\zeta(t-t_0)+\zeta(t_0))\mathrm{d}t\right) +$$

$$\mathrm{Re}(A\mathrm{e}^{\lambda t_0}) = f(t_0), t_0 \in L_0 \qquad ㊛$$

易见

$$k(t_0,t) = \mathrm{e}^{-\lambda(t-t_0)}(\zeta(t-t_0)+\zeta(t_0)) - \frac{1}{t-t_0} \in H$$

$$㊜$$

式 ㊛ 可改写为

$$K_1\mu \equiv \mu(t_0) - \frac{1}{\pi}\int_{L_0}\mu(t)\frac{\cos(r,n)}{r}\mathrm{d}s +$$

$$\int_{L_0}k_1(t_0,t)\mu(t)\mathrm{d}s$$

$$= -f(t_0) + \mathrm{Re}(A\mathrm{e}^{\lambda t_0}), t_0 \in L_0 \qquad ㊝$$

其中

$$k_1(t_0,t) = \mathrm{Re}\left(\frac{1}{\pi\mathrm{i}}k(t_0,t)\frac{\mathrm{d}t}{\mathrm{d}s}\right) \in H$$

$$\frac{1}{\pi}\int_{L_0}\mu(t)\frac{\cos(r,n)}{r}\mathrm{d}s = \mathrm{Re}\left(\frac{1}{\pi\mathrm{i}}\int_L\frac{\mu(t)}{t-t_0}\mathrm{d}t\right) \qquad ㊞$$

这里 $r = |t-t_0|$,(r,n) 是 $t-t_0$ 与 L_0 上 t 处朝内法线 **n** 的夹角.

式 ㊝ 是一弗雷德霍姆方程. 考虑其可解性时,又分如下两种子情况.

（ⅰ）设齐次 MQD_0 问题㊾只有平凡解 $\Phi^-(z)=0$. 因此，由式㊱，$A=0$. 这表明，由定理10，$K_1\mu=0$ 有一般解 $\beta_0+\mathrm{Re}(C\omega(t))$，含三个线性无关解㊽. 沿用那里的记号，设相联方程 $K'_1\nu=0$ 的三个解为 $\nu_j(t)$ $(j=1,2,3)$，则方程㊸当且仅当下列条件满足时可解

$$\mathrm{Re}\left(A\int_{L_0}\mathrm{e}^{\mathrm{i}t}\nu_j(t)\,\mathrm{d}s\right)=\int_{L_0}f(t)\nu_j(t)\,\mathrm{d}s$$
$$j=1,2,3 \tag{75}$$

（右端记为 f_j）在这一子情况下，我们又可看到，如果 $f(t)=0,A=1$，那么方程㊸无解. 记

$$\int_{L_j}\mathrm{e}^{\lambda t}\nu_j(t)\,\mathrm{d}s=I_j+\mathrm{i}J_j,j=1,2,3 \tag{76}$$

因此，I_1,I_2,I_3 不能同时为0，例如 $I_3\neq 0$. 我们将 $\nu_j(t)$ 正规化，使得

$$I_1=I_2=0,I_3=1$$

又记 $A=\alpha+\mathrm{i}\beta$，则式㊺成为

$$\beta J_j=-f_j,j=1,2;\alpha=f_3+\beta J_3 \tag{77}$$

J_1,J_2 不能同时为0，否则，当 $f(t)=0$ 时，β 可以任意，因而 $f_j=0\ (j=1,2,3)$，从而 $A=\alpha+\mathrm{i}\beta\neq 0$，矛盾. 于是，式㊼表明一个可解条件，而 α,β 可一意确定.

注意，在这种情况下，MQD 问题㊿解的（实）广义自由度 $r=l-m=-1$（l 是其解中所含的任意实常数的个数，m 是其实可解条件的个数），这里 $l=0,m=1$.

（ⅱ）设 MQD_0 问题㊾有唯一的非零解 $\Phi_0^-(z)$（不计一实常数系数）. 记 $\Phi_0^-(z)$ 中相关的常数 $A=A_0$. 又分如下两种情况.

a. $A_0\neq 0$. 这时方程 $K_1\mu=\mathrm{Re}(A\mathrm{e}^{\lambda t})$ 当且仅当 $A=A_0(\neq 0)$ 时可解，因此 $K_1\mu=0$ 仍恰有三个线性无关的解. 方程㊸（对于 $A=\alpha+\mathrm{i}\beta$）的可解条件仍为式㊼. 这里必定有 $J_1=J_2=0$，否则，问题㊾将有一解 $\Phi_0^-(z)$（其中 $A_0\neq 0$）. 这样，式㊼成为两个可解条

件 $f_1 = f_2 = 0, \beta$ 可以任意, 而 α 由 β 唯一确定

$$\alpha = f_3 + \beta J_3$$

这时, 条件 ㊼ 的一般解为

$$\Phi^-(z) = \beta \Phi_0^-(z) + \Phi_1^-(z)$$

其中, β 是一任意实常数, $\Phi_1^-(z)$ 是其一特解, 相应于方程 $K_1\mu = f(t) + \mathrm{Re}(f_3 \mathrm{e}^{\lambda t})$ 的解 $\mu = \mu_1(t)$.

在这一情况下, 仍有 $r = -1(l = 1, m = 2)$.

b. $A_0 = 0$. 在这种情况下, $K_1\mu_0 = 0$ 除去前述的三个解, 还存在着另一线性无关的解 $\mu_0(t)$, 由它得出 ㊾ 的一个解 $\Phi_0(z) \neq 0$. 这时 $K'_1\nu = 0$ 有 4 个线性无关的解 $\nu_j(t)$, $j = 0, 1, 2, 3$. 仍定义 I_j, J_j 如式 ㊐, 但 $j = 0, 1, 2, 3$. 方程 ㊓ 的可解条件仍由式 ㊕ 给出, 但 $j = 0, 1, 2, 3$. 我们将证明 $I_j(j = 0, 1, 2, 3)$ 不能同时为零. 当 $f(t) \not\equiv 0$ 时, 式 ㊕ 成为

$$\alpha I_j - \beta J_j = 0, j = 0, 1, 2, 3 \qquad ㊘$$

且 $K_1\mu = \mathrm{Re}(A \mathrm{e}^{\lambda t})$ 当且仅当 $A = 0$, 亦即 $\alpha = \beta = 0$ 时可解. 但是, 若 $I_j = 0, j = 0, 1, 2, 3$, 则式 ㊘ 将有解 $\beta = 0, \alpha$ 可任意, 矛盾. 这样, 我们可以把 $\nu_j(t)$ 正规化如前, 使得

$$I_j = 0, j = 0, 1, 2; I_3 = 1$$

而式 ㊕ 成为

$$J_j = -f_j, j = 0, 1, 2; \alpha_3 = f_3 + \beta J_3 \qquad ㊙$$

同样道理, 可知 $J_j(j = 0, 1, 2)$ 不能同时为 0, 因此式 ㊙ 降为两个可解条件, 而 $A = \alpha + \mathrm{i}\beta$ 一意确定. 当它们满足时, 可得条件 ㊼ 的一般解

$$\Phi^-(z) = D\Phi_0^-(z) + \Phi_1^-(z) \qquad ㊜$$

其中, D 为任意实常数, $\Phi_1^-(z)$ 是它的一个特解, 对应于式 ㊓ 的特解 $\mu_1(t)$.

在这种情况下, 仍有 $r = -1(l = 1, m = 2)$.

(2) $z_0 \neq 0$. 如果问题可解, 利用式 ㊻㊼ ($\mu(t)$ 仍改为 $2\mu(t)$), 我们得到

$$-\mu(t_0) + \mathrm{Re}\left(\frac{\mathrm{e}^{\lambda t_0}}{\sigma(z_0)} \frac{1}{\pi \mathrm{i}} \int_{L_0} \mu(t) \mathrm{e}^{-\lambda t} \frac{\sigma(t - t_0 + z_0)}{\sigma(t - t_0)} \mathrm{d}t\right)$$

$$= f(t_0), t_0 \in L_0 \qquad \text{㉛}$$

易证

$$\frac{e^{-\lambda(t-t_0)}}{\sigma(z_0)} \cdot \frac{\sigma(t - t_0 + z_0)}{\sigma(t - t_0)} - \frac{1}{t - t_0} \in H$$

如前可知,式㉛是下列形式的弗雷德霍姆方程

$$K_2 \mu \equiv \mu(t_0) - \frac{1}{\pi} \int_{L_0} \mu(t) \frac{\cos(r,n)}{r} ds +$$

$$\int_{L_0} k(t_0,t) \mu(t) ds = -f(t_0), t_0 \in L_0 \quad \text{㉜}$$

其中 $k(t_0, t) \in H$.

与前一情况相仿,可证 $K_2\mu = 0$ 或者只有一个线性无关解 1 或者还有另一解 $\mu_0(t)$, 视问题 ㊾ 只有平凡解或者有一非零解 $\Phi_0^-(z)$ 而定.

在前一情况下, $K'_2\nu = 0$ 只有一个解 $\nu(t)$, 而方程 ㉜ 当且仅当

$$\int_{L_0} f(t) \nu(t) ds = 0 \qquad \text{㉝}$$

时可解,且解唯一(虽然 $\mu(t)$ 可差一实常数项 β_0).

这时广义自由度仍为 $r = -1(l = 0, m = 1)$.

若 $K_2\mu = 0$ 有两个解 1 与 $\mu_0(t)$, 则 $K'_2\nu = 0$ 也有两个解 $\nu_1(t), \nu_2(t)$. 于是方程 ㉜ 当且仅当

$$f_j = \int_{L_0} f(t) \nu_j(t) ds = 0, j = 1,2 \qquad \text{㉞}$$

满足时可解,而方程 ㉜ 有一特解 $\mu_1(t)$, 相应于条件 ㊼ 的解 $\Phi_1^-(z)$. 其一般解由式 ㉚ 给出.

这时仍有 $r = -1(l = 1, m = 2)$.

于是,我们有下一定理.

定理 12 MQD 问题解的广义自由度等于 -1, 在其一般解中至多有一个实常数.

本书只是一个标准化的入门级教程,从其目录中我们可以看到有如下内容:

298

利用本书的基础知识, 便可进入专题研究, 比如单连通区域内单叶函数的研究, 这也是 20 世纪前半叶中国数学研究的一个热点. Löwner 参数表示法和 Schiffer-Goluzin 的变分法是研究中有力的工具. П. П. Куфарев 及 Н. А. Лебедев 分别把变分方法、参数表示法推广到二连通区域. 杨维奇更进一步把这两种方法扩充到任意有限连通区域. 他还讨论了一类可微泛函的极值问题, 拓广了 T. Shlionsky 的结果. (刘书琴,《单叶函数》, 西安:西北大学出版社,1988.)

为了建立变分法和参数表示法的有关定理, 规定 z 平面上的 n 连通区域族 $G(t)(a \leqslant t \leqslant b)$ 满足以下条件:

(1) $0, \infty \notin G(t)$.

(2) $G(t)$ 的边界 $\Gamma(t)$ 是 n 个互不相交的闭若当曲线 $z = Q_m(\theta, t), \theta \in [0, 2\pi], m = 1, 2, \cdots, n$.

(3) 函数 $Q_m(\theta, t)$ 对 t 在 $t = t_0$ 关于区间 $[0, 2\pi]$ 一致可微, $t_0 \in [a, b]$ 是定值.

(4) n 个曲线 $\Gamma(t)$ 解析.

定义在 $G(t)$ 上的解析单叶函数族 $\omega = F(z, t)$, 假定其象区域族 $B(t)(a \leqslant t \leqslant b)$ 满足以下条件:

(1) $0, \infty \notin B(t)$.

299

（2）$B(t)$ 的边界为 n 个解析若当曲线 $\omega = \sigma_m(\theta,t), \theta \in [0,2\pi], m = 1,2,\cdots,n$.

（3）函数 $\sigma_m(\theta,t)$ 对 t 在 $t = t_0$ 关于区间 $[0,2\pi]$ 一致可微.

（4）$B(t)$ 是一个 n 连通圆界区域 R_w，其 n 个边界圆周的圆心和半径分别为 $a_m, r_m, m = 1,2,\cdots,n$.

定理1 若单叶解析函数族 $\omega = F(z,t)(a \leq t \leq b)$ 的定义域族 $G(t)$ 和象区域族 $B(t)$ 满足约定条件，则函数 $F(z,t)$ 对 t 在 $t = t_0$ 关于 $G(t_0)$ 内闭一致可微，其逆函数 $z = \Phi(\omega,t)$ 在 $t = t_0$ 关于 $B(t_0)$ 内闭一致可微，且有等式

$$\left| \frac{\partial \Phi(\omega,t)}{\partial t} \right|_{t = t_0}$$
$$= - \omega \frac{\partial \Phi(\omega,t_0)}{\partial \omega} \left(\sum_{m=1}^{n} \frac{1}{2\pi} \int_0^{2n} L_m(\theta) K_m(\omega,\xi_m) \mathrm{d}\theta - C + \mathrm{i}D \right)$$

①

其中，$\xi_m = \alpha_m + r_m \mathrm{e}^{\mathrm{i}\theta}$，$C, D$ 是实常数，C 的值由下两式给出，即

$$C = \sum_{m=1}^{n} \alpha_m \beta_{mj}, 1 \leq j \leq n$$

②

$$\alpha_m = \frac{1}{2\pi} \int_0^{2\pi} L_m(\theta) \mathrm{d}\theta, \beta_{mj} = \begin{cases} 0, j = m \\ \mathrm{Re}\, K_m(\xi_j,\xi_m), j \neq m \end{cases}$$

$$L_m(\theta) = \mathrm{Re}\left\{ \frac{\partial}{\partial t}\left(\sigma_m(\theta,t) - \frac{Q_m(\theta,t)}{\xi_m[\partial \Phi(\xi_m,t_0)/\partial \xi_m]} \right) \right\}_{t = t_0}$$

③

而

$$K_j(z,\xi_j) = \pm \frac{\xi_j + z - 2a_j}{\xi_j - z} + \sum_{k=1}^{\infty} b_{jk}\left(\frac{\xi_j - z}{\xi_j + z - 2a_j} \right)^k$$

④

当 $n = 2$ 时，这定理即成为 П. П. Куфарев 与 Н. В. Семухна 的结果.

命 $R_w^{(s)}$ 表示 n 连通圆界区域 R_w 内的一个子区域，

其差集 $R_w \backslash R_w^{(s)}$ 是 n 个正圆环 Q_k，每个圆环的两个边界圆周间的距离为 ε.

命 $\varphi_k(w,t)(k=1,2,\cdots,n)$ 表示分别定义于 n 个半闭圆环 Q_k 上的含参数 t 的单叶解析函数，象域的境界曲线记为 $\Gamma_{rk}(t)$ 和 $\Gamma^{(k)}(t)$. 若 n 个圆环的象域彼此无公共点，且 R_w 的 n 个边界圆周所对应的 n 条曲线 $\Gamma_{rk}(t)$ 所围成的 n 连通区域 $G(t)$ 与 $R_w^{(s)}$ 的 n 个边界圆周所对应的 n 条曲线 $\Gamma^{(k)}(t)$ 所围成的 n 连通区域 $G^{(s)}(t)$ 之间恒有 $G^{(s)}(t) \subset G(t)$.

杨维奇建立了以下变分定理.

定理 2 若函数 $f(w)$ 在 R_w 内正则单叶，且当 $T>0$ 充分小，$t \in [0,T]$ 时函数 $\varphi_k(w,t)$ 在 Q_k 内有展开式

$$\varphi_k(w,t) = f(w) + tg_k(w) + o(t), k = 1,2,\cdots,n$$

⑤

$g_k(w)$ 在 $\overline{Q}_k$ 上有定义. 设 $w=F(z,t)$ 单叶保形映射 $G(t)$ 于 $R_w(t)$，$R_w(0)=R_w$，且 $R_w(t)$ 的 n 个边界圆周的圆心和半径 $a_j(t), r_j(t)(j=1,2,\cdots,n)$ 均在 $t=0$ 处可微. 用 $\Phi(w,t)$ 表示 $F(z,t)$ 的反函数，则在 $R_w(t)$ 内有展开式

$$\Phi(w,t) = f(w) + twf'(w)P(w) + o(t) \qquad ⑥$$

其中

$$P(w) = \sum_{j=1}^n \left(\lim_{s \to 0} \frac{1}{2\pi} \int_0^{2\pi} B_j(\xi_j) K_j(w,\xi_j) d\theta - C + iD \right)$$

⑦

$$B_j(\xi_j) = \mathrm{Re}\left(\frac{g_j(\xi_j)}{\xi_j f'(\xi_j)} \right) - \left(\frac{\partial}{\partial t} \log | a_j(t) + r_j(t)e^{i\theta} | \right)_{t=0}$$

⑧

这里的函数 $K_j(w,\xi_j)$ 仍同式 ④ 定义的那样，但这里的区域是 $R_w^{(s)}$，而 ξ_j 是 $R_w^{(s)}$ 的第 j 个边界圆周上的变点，$\arg(\xi_j - a_j) = \theta$，$C,D$ 是实常数，由式 ② 给出. 但那里的 $L_m(\theta)$ 应换以 $B_m(\xi_m)$.

301

他还建立了 n 连通区域的参数表示定理.

定理 3 对于任意给定的 z 平面上的 n 连通区域 B 及两个复数 z_0 及 w_0,$z_0 \in B$,0,$\infty \notin B$,B 的边界是 n 组有限条若当曲线,必存在一个 n 连通圆界区域族 $R_w(t)$,$w_0 \in R_w(t)$,$0 \le t \le t_0$,其边界圆周的圆心 $a_j(t)$ 和半径 $r_j(t)(j = 1,2,\cdots,n)$ 是参数 t 的 $2n$ 个不全为常数的可微函数,使得在 $R_w(t)$ 内满足方程

$$\frac{\partial \Phi}{\partial t} = w \frac{\partial \Phi}{\partial w} \sum_{j=1}^{n} \frac{1}{2\pi} \int_0^{2\pi} (K_j(w,\xi_j) - K_j(w_0,\xi_j)) \mathrm{d}\psi_j(\theta,t)$$
$$0 \le t \le t_0 \qquad \text{⑨}$$

且使 w_0 对应于 z_0 的单叶保形映射函数 $\Phi(w,t)$ 当 $t \to t_0$ 时的极限函数

$$f(w) = \lim_{t \to t_0} \Phi(w,t) \qquad \text{⑩}$$

实现圆界区域到 B 的单叶保形映射,$f(w_0) = z_0$;其中 $K_j(w,\xi_j)$ 如式 ④ 所定义,但此处的区域是 $R_w(t)$,且 $\xi_j = a_j(t) + r_j(t)\mathrm{e}^{i\theta}$,而函数

$$\psi_j(\theta,t) = \lim_{\substack{s \to 0 \\ s > 0}} \int_0^{\theta} \left(\frac{\partial}{\partial t} \log \left| \frac{F(\Phi(\xi_j,t),T)}{\xi_j} \right| \right)_{T=t} \mathrm{d}\theta$$
$$\text{⑪}$$

ξ_j 是区域 $R_w^{(s)}(t)$ 的第 j 个境界圆周上的变点,且 $\arg(\xi_j - a_j(t)) = \theta$,$F(z,t)$ 是 $\Phi(w,t)$ 的反函数.

另外他还给出了维拉公式的两个简短的证明,并扩张到 n 连通区域,建立了多连通区域的泊松公式与迪利克雷问题的解.

本书的内容属于单复变函数. 近年国际研究的热点在多复变,华罗庚先生早在 20 世纪中叶就将其引入中国,其中心在于特征流形典型域及泊松核. (华罗庚,《多复变函数论中的典型域的调和分析》,北京:科学出版社,1957.)

在 $\mathbf{C}^1$ 空间,若 $f(z) = u + \mathrm{i}v$ 是全纯函数,u 和 v 都满足拉普拉斯方程

$$\frac{\partial^2 u}{\partial z \partial \bar{z}} = 0, \frac{\partial^2 v}{\partial z \partial \bar{z}} = 0$$

或

$$\frac{\partial^2 u}{\partial x^2} + \frac{\partial^2 u}{\partial y^2} = 0, \frac{\partial^2 v}{\partial x^2} + \frac{\partial^2 v}{\partial y^2} = 0$$

即 u, v 为调和函数, 其边值问题即所谓迪利克雷问题, 在 $\mathbf{C}^1$ 上这个问题有解.

对于 $\mathbf{C}^n (n > 1)$ 空间又是如何呢? 设 u 是域 $D \subset \mathbf{C}^n$ 上全纯函数 $f(z)$ 的实部, 即 $u = \frac{1}{2}(f + \bar{f})$, 于是 u 满足偏微分方程组

$$\frac{\partial^2 u}{\partial z_\alpha \partial \bar{z}_\beta} = 0, \alpha, \beta = 1, 2, \cdots, n \qquad ①$$

或者

$$\frac{\partial^2 u}{\partial x_\alpha \partial y_\beta} + \frac{\partial^2 u}{\partial y_\alpha \partial x_\beta} = 0, \frac{\partial^2 u}{\partial x_\alpha \partial y_\beta} - \frac{\partial^2 u}{\partial x_\beta \partial y_\alpha} = 0$$
$$\alpha, \beta = 1, 2, \cdots, n$$

($f(z)$ 的虚部 $v = \frac{1}{2i}(f - \bar{f})$ 自然亦适合此方程组). 我们称有二阶连续偏导数的实值函数 $u(x, y)$ 且满足偏微分方程组①者为 B 调和函数. 注意当 $n = 1$ 时, 它就是普通的调和函数. 反之, 给出一域 D 的调和函数 u, 是否存在另一 B 调和函数 v, 使得 $u + iv$ 在域 D 全纯? 回答是肯定的. 实际上

$$v(x_1, y_1, \cdots, x_n, y_n) = \int_{z_0}^{z} \sum_{\alpha=1}^{n} \left(-\frac{\partial u}{\partial y_\alpha} dx_\alpha + \frac{\partial u}{\partial x_\alpha} dy_\alpha \right)$$

就是所需函数(注意 v 一般是非单值函数, 除非 D 是单连通的). 一个自然的想法是偏微分方程组①的边值问题应如何提出? 当 $n > 1$ 时, 若给定一域 D 的连续边界值, 是否相应地存在唯一的 B 调和函数取已给的边界值呢? 这个问题一般无解, 例如当 $n = 2$ 时, 偏微分方程组①可写为

$$\frac{\partial^2 u}{\partial z_1 \partial \bar{z}_1} = 0, \frac{\partial^2 u}{\partial z_2 \partial \bar{z}_2} = 0, \frac{\partial^2 u}{\partial z_2 \partial \bar{z}_1} = 0 \qquad ②$$

今在单位双圆柱 $P_2 = \{|z_1| < 1, |z_2| < 1\}$ 的特征流形 $L_2 = \{|\xi_1| = 1, |\xi_2| = 1\}$ 上给定连续实值函数 $\varphi(\xi_1, \xi_2)$,则易知双重泊松积分

$$u(z_1, z_2) = \frac{1}{(2\pi)^2} \int_0^{2\pi} \int_0^{2\pi} \frac{1 - |z_1|^2}{|1 - z_1 e^{-i\theta_1}|^2} \cdot$$

$$\frac{1 - |z_2|^2}{|1 - z_2 e^{-i\theta_2}|^2} \varphi(e^{i\theta_1}, e^{i\theta_2}) \mathrm{d}\theta_1 \mathrm{d}\theta_2$$

在 P_2 中满足偏微分方程组 ② 中前两个方程,取极限后就可以看出泊松积分所确定的函数 $u(z_1, z_2)$ 在 P_2 上的边界值已经完全由 $\varphi(\xi_1, \xi_2)$(注意 $(\xi_1, \xi_2) \in L_2$)所确定. 由极值原理知 $u(z_1, z_2)$ 是满足偏微分方程组 ② 中前两个方程的函数,且是取已给边界值 $\varphi(\xi_1, \xi_2)$ 的唯一解. 因此满足偏微分方程组 ② 中前两个方程的函数不能在 P_2 的边界上任意给定连续的边界值,甚至仅给出特征流形 L_2 上的连续边界值,也未必有一在 P_2 满足偏微分方程组②的函数,使得在 P_2 的边界上连续,且在 L_2 上取已给的边界值. 例如,在 L_2 上给定连续函数 $\xi_1 \bar{\xi}_2 + \bar{\xi}_1 \xi_2$,若偏微分方程组②有一解 $u(z_1, z_2)$ 取已给的边界值,则 u 必满足偏微分方程组 ② 中前两个方程,而由上述知偏微分方程组 ② 中前两个方程的解是唯一的,于是必须 $u(z_1, z_2) = z_1 \bar{z}_2 + \bar{z}_1 z_2$,但是 $\dfrac{\partial^2 u}{\partial z_1 \partial \bar{z}_2} = 1 \neq 0$.

偏微分方程组的研究不仅对于函数论,而且对于偏微分方程的理论也是十分重要的,迄今只有很少的结果. 华罗庚在 20 世纪 50 年代首先考虑具有特征流形的四类典型域,进而研究在特征流形上给定连续边界值后,有唯一解的偏微分方程.

关于四类典型域的泊松核如下:

(1)对于 R_I,我们有

$$p(\mathbf{Z}, \mathbf{V}) = \frac{\det(\mathbf{I} - \mathbf{Z}\bar{\mathbf{Z}}')^n}{v(D_I) |\det(\mathbf{I} - \mathbf{Z}\bar{\mathbf{V}}')|^{2n}}$$

此处 $\mathbf{V}$ 在 D_I 上,当 $m = n$ 时可以另写为

$$p(\boldsymbol{Z}, \boldsymbol{V}) = \frac{\det(\boldsymbol{I} - \boldsymbol{Z}\bar{\boldsymbol{Z}}')^n}{v(D_{\mathrm{I}}) \mid \det(\boldsymbol{Z} - \boldsymbol{V}) \mid^{2n}}$$

（2）对于 R_{II}，我们有

$$p(\boldsymbol{Z}, \boldsymbol{S}) = \frac{\det(\boldsymbol{I} - \boldsymbol{Z}\bar{\boldsymbol{Z}}')^{\frac{1}{2}(n+1)}}{v(D_{\mathrm{II}}) \mid \det(\boldsymbol{I} - \boldsymbol{Z}\boldsymbol{S}) \mid^{n+1}}$$

此处 $\boldsymbol{S}$ 在 D_{II} 上.

（3）对于 R_{III}，若 n 为偶数，则

$$p(\boldsymbol{Z}, \boldsymbol{K}) = \frac{\det(\boldsymbol{I} + \boldsymbol{Z}\bar{\boldsymbol{Z}})^{\frac{1}{2}(n-1)}}{v(D_{\mathrm{III}}) \mid \det(\boldsymbol{I} + \boldsymbol{Z}\bar{\boldsymbol{K}}) \mid^{n-1}}$$

若 n 为奇数，则

$$p(\boldsymbol{Z}, \boldsymbol{K}) = \frac{\det(\boldsymbol{I} + \boldsymbol{Z}\bar{\boldsymbol{Z}})^{\frac{1}{2}n}}{v(D_{\mathrm{III}}) \mid \det(\boldsymbol{I} + \boldsymbol{Z}\bar{\boldsymbol{K}}) \mid^{n}}$$

此处 $\boldsymbol{K}$ 在 D_{III} 上.

（4）对于 R_{IV}，我们有

$$p(\boldsymbol{Z}, \boldsymbol{\xi}) = \frac{(1 + \mid \boldsymbol{Z}\boldsymbol{Z}' \mid^2 - \boldsymbol{Z}\bar{\boldsymbol{Z}}\boldsymbol{Z}')^{\frac{1}{2}n}}{v(D_{\mathrm{IV}}) \mid (\boldsymbol{Z} - \boldsymbol{\xi}) \mid \mid (\boldsymbol{Z} - \boldsymbol{\xi})' \mid^{n}}$$

此处 $\boldsymbol{\xi}$ 在 D_{IV} 上.

在华罗庚的推动下,中国有多位数学家取得了重要成果,可见陆启铿主编的《多复变在中国的研究与发展》(科学出版社) 和龚昇著的《多复变数的奇异积分》(上海科学技术出版社). 这里我们介绍另一位中国数学家许以超. (许以超,《$\mathbf{C}^n$ 中的齐次有界域理论》,北京:科学出版社,2000.)

他得到如下的定理.

定理1 设 $K(z, \bar{z})$ 为 $\mathbf{C}^n$ 中有界域 D 的伯格曼核函数,则域 D 关于伯格曼度量

$$\mathrm{d}s^2 = \sum \frac{\partial^2 \log K(z, \bar{z})}{\partial z_i \partial \bar{z}_j} \mathrm{d}z_i \otimes \overline{\mathrm{d}z_j} = \mathrm{d}z\boldsymbol{T}(z, \bar{z})\mathrm{d}\bar{z}' \quad ①$$

的拉普拉斯 – 贝尔特拉米算子为

$$\Delta = \mathrm{tr}\, \boldsymbol{T}(z, \bar{z})^{-1} \frac{\partial^2}{\partial z' \partial \bar{z}} = \sum h^{ij}(z, \bar{z}) \frac{\partial^2}{\partial z_i \partial z_j} \quad ②$$

其中

$$T(z,\bar z) = (h_{ij}(z,\bar z)) = \left(\frac{\partial^2 \log K(z,\bar z)}{\partial z_i \partial \bar z_j}\right) \qquad ③$$

为伯格曼度量方阵，又

$$T(z,\bar z)^{-1} = (h^{ij}(z,\bar z)) \qquad ④$$

证 记

$$x = (\mathrm{Re}(z), \mathrm{Im}(z)) = \left(\frac{1}{2}(z+\bar z), \frac{1}{2\sqrt{-1}}(z-\bar z)\right)$$

则

$$\mathrm{d}x = (1/2)(\mathrm{d}z, \overline{\mathrm{d}z})U$$

其中

$$U = \frac{1}{2}\begin{pmatrix} I^{(n)} & -\sqrt{-1}I \\ I & \sqrt{-1}I \end{pmatrix} \in U(2n)$$

于是伯格曼度量

$$\mathrm{d}s^2 = \mathrm{d}zT(z,\bar z)\overline{\mathrm{d}z}' = \frac{1}{2}(\mathrm{d}z, \overline{\mathrm{d}z})\begin{pmatrix} \mathbf{0} & T \\ \bar T & \mathbf{0} \end{pmatrix}(\mathrm{d}z, \overline{\mathrm{d}z})'$$

有 $\mathrm{d}s^2 = \mathrm{d}x\boldsymbol{G}(x)\mathrm{d}x'$，其中

$$\boldsymbol{G}(x) = \bar U'\begin{pmatrix} \mathbf{0} & T \\ \bar T & \mathbf{0} \end{pmatrix}\bar U = (g_{ij})$$

$$\boldsymbol{G}(x)^{-1} = (g^{ij}) = U'\begin{pmatrix} \mathbf{0} & \bar T^{-1} \\ T^{-1} & \mathbf{0} \end{pmatrix}U$$

由微分几何可知，关于黎曼度量

$$\mathrm{d}s^2 = \mathrm{d}x\boldsymbol{G}(x)\mathrm{d}x'$$

的拉普拉斯 – 贝尔特拉米算子为

$$\Delta = \frac{1}{4}(\det \boldsymbol{G}(x))^{-\frac{1}{2}} \cdot$$

$$\sum_{k=1}^{2n}\frac{\partial}{\partial x_k}\Big(\sum_{i=1}^{2n}(\det \boldsymbol{G}(x))^{\frac{1}{2}}g^{ik}(x)\frac{\partial}{\partial x_i}\Big)$$

由于

$$\det \boldsymbol{G}(x) = (\det \bar U)^2(-1)^{n^2}|\det T(z,\bar z)|^2 = (\det T)^2$$

又由 $\det T > 0$ 及 $\dfrac{\partial}{\partial x} = \sqrt{2}\left(\dfrac{\partial}{\partial z}, \dfrac{\partial}{\partial \bar z}\right)\bar U$，于是

$$\Delta = \frac{1}{2}(\det T)^{-1}\left(\frac{\partial}{\partial z}, \frac{\partial}{\partial \bar z}\right) \cdot$$

$$\det U\left(\begin{pmatrix} \mathbf{0} & \overline{\boldsymbol{T}}^{-1} \\ \boldsymbol{T}^{-1} & \mathbf{0} \end{pmatrix} \left(\frac{\partial}{\partial z}, \frac{\partial}{\partial \bar{z}}\right)'\right)$$

$$= \operatorname{tr} \boldsymbol{T}(z, \bar{z})^{-1} \frac{\partial^2}{\partial z' \partial \bar{z}} +$$

$$(\det \boldsymbol{T})^{-1} \operatorname{Re}\left(\frac{\partial}{\partial z}(\det \boldsymbol{T}) \overline{\boldsymbol{T}}^{-1}\right) \frac{\partial'}{\partial \bar{z}}$$

因此为了证明

$$\Delta = \operatorname{tr} \boldsymbol{T}^{-1} \frac{\partial^2}{\partial z' \partial \bar{z}}$$

只要证明

$$\frac{\partial}{\partial z}\left((\det \boldsymbol{T}) \overline{\boldsymbol{T}}^{-1}\right) = 0$$

就够了. 事实上

$$(\det \boldsymbol{T})^{-1}\left(\frac{\partial}{\partial z}\left((\det \boldsymbol{T}) \overline{\boldsymbol{T}}^{-1}\right)\right) \frac{\partial'}{\partial \bar{z}}$$

$$= (\det \boldsymbol{T})^{-1} \sum_{i,j=1}^{n}\left(\frac{\partial}{\partial z_i}(\det \boldsymbol{T}) h^{ji}\right) \frac{\partial}{\partial \bar{z}_j}$$

$$= \sum \frac{\partial h^{ji}}{\partial z_i} \cdot \frac{\partial}{\partial \bar{z}_j} + \sum_{i,j} \frac{\partial \log(\det \boldsymbol{T})}{\partial z_i} h^{ji} \frac{\partial}{\partial \bar{z}_j}$$

$$= -\sum_{i,j,p,q} h^{jp} \frac{\partial h_{pq}}{\partial z_i} h^{qi} \frac{\partial}{\partial \bar{z}_j} + \sum_{i,j} h^{ji}\left(\operatorname{tr} \boldsymbol{T}^{-1} \frac{\partial \boldsymbol{T}}{\partial z_i}\right) \frac{\partial}{\partial \bar{z}_j}$$

$$= -\sum_{i,j,p,q} h^{jp} h^{qi} \frac{\partial^3 \log K(z, \bar{z})}{\partial z_i \partial z_p \partial \bar{z}_p} \cdot \frac{\partial}{\partial \bar{z}_j} +$$

$$\sum_{i,j,p,q} h^{ji} h^{pq} \frac{\partial h_{qp}}{\partial z_i} \cdot \frac{\partial}{\partial \bar{z}_j}$$

$$= -\sum_{i,j,p,q} h^{jp} h^{qi} \frac{\partial h_{iq}}{\partial z_p} \cdot \frac{\partial}{\partial \bar{z}_q} + \sum_{i,j,p,q} h^{ji} h^{pq} \frac{\partial h_{qp}}{\partial z_i} \cdot \frac{\partial}{\partial \bar{z}_j} = 0$$

因此证明了断言.

定义 1 记 Δ 为有界域 D 上关于伯格曼度量 $\mathrm{d}s^2$ 的拉普拉斯 – 贝尔特拉米算子. 域 D 上的实二阶连续可微函数 $f(z, \bar{z})$ 称为关于拉普拉斯 – 贝尔特拉米算子 Δ 的调和函数, 简称为调和函数, 如果它适合微分方程

$$\Delta f = 0 \qquad ⑤$$

对域 D 上的全纯自同构群 $\mathrm{Aut}(D)$ 中任一元素 $\sigma:w = f(z)$，伯格曼度量方阵有

$$\frac{\partial w}{\partial z}\boldsymbol{T}(w,\bar{w})\,\overline{\frac{\partial w'}{\partial z}} = \boldsymbol{T}(z,\bar{z}) \qquad ⑥$$

及

$$\frac{\partial^2}{\partial z'\partial\bar{z}} = \frac{\partial w}{\partial z}\cdot\frac{\partial^2}{\partial w'\partial\bar{w}}\,\overline{\frac{\partial w'}{\partial z}}$$

其中

$$\frac{\partial^2}{\partial z'\partial\bar{z}} = \begin{pmatrix} \dfrac{\partial^2}{\partial z_1\partial\bar{z_1}} & \cdots & \dfrac{\partial^2}{\partial z_1\partial\bar{z_n}} \\ \vdots & & \vdots \\ \dfrac{\partial^2}{\partial z_n\partial\bar{z_1}} & \cdots & \dfrac{\partial^2}{\partial z_n\partial\bar{z_n}} \end{pmatrix} \qquad ⑦$$

于是

$$\Delta_z = \mathrm{tr}\,\boldsymbol{T}(z,\bar{z})^{-1}\frac{\partial^2}{\partial z'\partial\bar{z}} = \mathrm{tr}\,\boldsymbol{T}(w,\bar{w})^{-1}\frac{\partial^2}{\partial w'\partial\bar{w}} = \Delta_w \;⑧$$

这证明了有界域 D 上关于伯格曼度量的拉普拉斯 – 贝尔特拉米算子在全纯自同构群 $\mathrm{Aut}(D)$ 的作用下不变.

在域 D 上的所有调和函数构成的集合为线性空间 $B(D)$.

令 $\sigma \in \mathrm{Aut}(D)$，$\sigma:w = f(z)$. 任取函数 $F(z,\bar{z})$，于是有函数

$$\widehat{F}(w,\bar{w}) = \widehat{F}(f(z),\overline{f(z)}) = F(z,\bar{z})$$

由 $F \in B(D)$，即 $\Delta_z F(z,\bar{z}) = 0$，则有

$$\Delta_w F(z,\bar{z}) = \Delta_w\widehat{F}(w,\bar{w}) = 0$$

这证明了 $F(z,\bar{z}) \in B(D)$，则 $\widehat{F}(w,\bar{w}) \in B(D)$. 在调和函数空间 $B(D)$ 上引进映射 $F \to \widehat{F}$. 实际上，此映射为 σ^*，它是线性空间 $B(D)$ 上的线性同构，即有 $\sigma^*(B(D)) = B(D)$.

利用线性同构 σ^*，在 D 为齐性有界域时，为了验

证函数 $F \in B(D)$ 为调和函数,问题化为计算如下关系:任取 D 中固定点 z_0,则

$$\operatorname{tr} \boldsymbol{T}(z_0, \bar{z}_0)^{-1} \frac{\partial^2 F(\sigma^{-1}(z), \overline{\sigma^{-1}(z)})}{\partial z' \partial z}\bigg|_{z=z_0, \bar{z}=\bar{z}_0} = 0 \quad ⑨$$

其中 σ 为全纯自同构,它将域 D 中点 z_1 映为固定点 z_0.

熟知调和函数论中一个重要问题是给了域 D 的 Silov 边界 $S(D)$,考虑实解析子流形 $S(D)$ 上的连续且平方可积函数类

$$C(S(D)) \cap L^2(S(D), \mu)$$

其中可积的含义是对实解析子流形 m 上的一个确定的测度 μ 而言. 考虑拉普拉斯 – 贝尔特拉米方程

$$\Delta f = 0 \qquad\qquad ⑩$$

的迪利克雷问题,即给定边值 $f(\xi)$,$\forall \xi \in S(D)$,是否有适合拉普拉斯 – 贝尔特拉米方程 ⑩ 的解 F 使得

$$\lim_{z \to \xi} F(z) = f(\xi),\ \forall \xi \in S(D)$$

现在给出泊松核的定义.

定义 2 实值函数 $P(z, \bar{\xi})$ $(\forall z \in D, \xi \in S(D))$ 称为域 D 上的泊松核函数,如果它适合下面的条件:

(1) $P(z, \bar{\xi}) > 0$,$\forall z \in D, \xi \in S(D)$.

(2) 记 $P(z, \bar{\xi})$ 为关于 z 及 $\bar{\xi}$ 的域 $D \times \bar{D}$ 上的全纯函数,其中 $\bar{D}$ 记作 D 的共轭点集,即 $\bar{D} = \{\bar{z} \mid z \in D\}$. 又关于 $\operatorname{Re} \xi$,$\operatorname{Im} \xi$ 为 $D \cup S(D)$ 上的实解析函数.

(3) $\Delta_z P(z, \bar{\xi}) = 0$,$\forall z \in D, \xi \in S(D)$.

(4) 任取 $f(\xi) \in C(S(D)) \cap L^2(S(D), \mu)$,则

$$f(z) = \int_{S(D)} P(z, \bar{\xi}) f(\xi) \mu(\xi)$$

为域 D 上的调和函数,且 $\lim\limits_{z \to \xi} f(z) = f(\xi)$,$\forall \xi \in S(D)$.

今任取 $\sigma \in \operatorname{Aut}(D)$,如果 σ 可开拓到域 D 的 Silov 边界 $S(D)$ 上为实解析自同构,那么有泊松积分

$$f(z) = \int_{S(D)} P(z, \bar{\xi}) f(\xi) \mu(\xi)$$

$$= \int_{S(D)} P(z, \overline{\sigma(\xi)}) f(\sigma(\xi)) J_\sigma \mu(\xi)$$

其中 J_σ 为 σ 关于测度 $\mu(\xi)$ 的雅可比行列式,因此有

$$(\sigma^* f)(z) = f(\sigma(z)) = \int_{S(D)} P(\sigma(z), \overline{\sigma(\xi)}) \cdot$$

$$f(\sigma(\xi) \mid J_\sigma \mid \mu(\xi))$$

$$= \int_{S(D)} P(z, \bar{\xi}) f(\sigma(\xi)) \mu(\xi)$$

这证明了

$$\int_{S(D)} (P(\sigma(z), \overline{\sigma(\xi)}) \mid J_\sigma \mid - P(z, \bar{\xi}) f(\sigma(\xi))) \mu(\xi) = 0$$

⑪

如果

$$P(\sigma(z), \overline{\sigma(\xi)}) \mid J_\sigma \mid - P(z, \bar{\xi}) \in C(S(D)) \cap L^2(S(D), \mu)$$

$$\forall z \in D$$

取

$$f(\sigma(\xi)) = P(\sigma(z), \overline{\sigma(\xi)}) \mid J_\sigma \mid - P(z, \bar{\xi})$$

那么 $f(\sigma(\xi)) = P(\sigma(z), \overline{\sigma(\xi)}) \mid J_\sigma \mid - P(z, \bar{\xi})$ 关于 ξ 在 m 上几乎处处等于零. 由泊松核的定义条件(2),有 $P(\sigma(z), \overline{\sigma(\xi)}) \mid J_\sigma \mid = P(z, \bar{\xi})$.

引理 1 设 D 为 $\mathbf{C}^n$ 中的有界域,且 $\sigma \in \mathrm{Aut}(D)$ 诱导了 Silov 边界 $S(D)$ 上的实解析自同构 σ,使得 σ 关于测度 μ 的雅可比行列式 J_σ 属于 $C(S(D)) \cap L^2(S(D))$. 若在有界域 D 上有关于拉普拉斯 – 贝尔特拉米算子的泊松核 $P(z, \bar{\xi})$,则有

$$P(\sigma(z), \overline{\sigma(\xi)}) \mid J_\sigma \mid = P(z, \bar{\xi}), \forall z \in D, \xi \in S(D)$$

⑫

若 D 为齐性有界域,且 $\mathrm{Aut}(D)$ 限制在 Silov 边界 $S(D)$ 上可微,则差一个正实常数,式 ⑫ 唯一决定泊松核.

另外,若 D 为 $\mathbf{C}^n$ 中的有界域,则 $S(D)$ 为它的 Silov 边界. 若域 D 有柯西 – 舍贵核 $S(z, \bar{\xi})$,于是任取

$f(\xi) \in C(S(D)) \cap L^2(S(D), \mu)$，则

$$f(z) = \int_{S(D)} S(z, \bar{\xi}) f(\xi) \mu(\xi)$$

在域 D 上全纯，取 $g(\xi) = S(\xi, \bar{z}) f(\xi)$，代入有

$$S(z, \bar{z}) f(z) = \int_{S(D)} S(z, \bar{\xi}) S(\xi, \bar{z}) f(\xi) \mu(\xi)$$

由于柯西 – 舍贵核 $S(z, \bar{\xi})$ 有

$$S(z, \bar{\xi}) = \overline{S(\xi, \bar{z})}$$

有

$$S(z, \bar{z}) f(z) = \int_{S(D)} |S(z, \bar{\xi})|^2 f(\xi) \mu(\xi)$$

即有

$$f(z) = \int_{S(D)} \frac{|S(z, \bar{\xi})|^2}{S(z, \bar{z})} f(\xi) \mu(\xi)$$

记

$$P(z, \bar{\xi}) = \frac{|S(z, \bar{\xi})|^2}{S(z, \bar{z})}$$

则 $f(\xi) \in C(S(D)) \cap L^2(S(D), \mu)$ 在 Silov 边界 $S(D)$ 上有积分表达式

$$f(z) = \int_{S(D)} P(z, \bar{\xi}) f(\xi) \mu(\xi)$$

定义 3　设 D 为 $\mathbf{C}^n$ 中的有界域，设 D 上有柯西 – 舍贵核 $S(z, \bar{\xi})$，则函数

$$P(z, \xi) = \frac{|S(z, \bar{\xi})|^2}{S(z, \bar{z})}, \forall z \in D, \xi \in S(D) \quad ⑬$$

称为域 D 的形式泊松核

$$f(z) = \int_{S(D)} P(z, \bar{\xi}) f(\xi) \mu(\xi) \quad ⑭$$

称为域 D 的形式泊松积分.

用定义 2 来检验形式泊松核是否为泊松核，这需要验证定义 2 的条件(3). 另外，注意到柯西 – 舍贵核 $S(z, \bar{\xi})$ 有关系式

$$S(\sigma(z), \overline{\sigma(\xi)}) J_\sigma = S(z, \bar{\xi}) \quad ⑮$$

这里 J_σ 为关于测度 μ 的雅可比行列式,它是 Silov 边界 $S(D)$ 上的实解析函数,因此记作 $J_\sigma(\xi)$. 由式 ⑬ 有

$$P(\sigma(z),\sigma(\xi)) = P(z,\xi)\mid J_\sigma(\xi)\mid^{-2} J_\sigma(z) \quad ⑯$$

在 $J_\sigma(z) = \mid J_\sigma(\xi)\mid$ 时,式 ⑯ 改为式 ⑫.

华罗庚在 1958 年证明了四大类典型域的形式泊松核为泊松核,且得出了泊松核的明显表达式. 在 1965 年,Koranyi 用半单李群的工具,证明了在对称有界域时,形式泊松核为泊松核. 1976 年,Vagi 提出如下猜想:设 D 为齐性有界域,形式泊松核为泊松核当且仅当域对称. 其实在 1965 年,陆汝钤已在一个具体的非对称齐性西格尔域的情形,证明了它的形式泊松核不是泊松核. 在这里,我们给出 Vagi 猜想的肯定答案.

现在考虑正规西格尔域 $D(V_N, F)$. 由 $D(V_N, F)$ 有柯西 – 西格尔核

$$S(z,u;\bar{\xi},\bar{\eta}) = c_0 \prod_{j=1}^{N} \det C_j \left(\frac{1}{2\sqrt{-1}}(z - \bar{\xi}) - F(u,\eta) \right)^{\lambda_j}$$

$$⑰$$

其中

$$\sum_{i=1}^{j} \lambda_i n_{ij} = -\frac{1}{2}(n_j + n'_j + 2m_j), 1 \leqslant j \leqslant N \quad ⑱$$

于是形式泊松核为

$$P(z,u;\bar{\xi},\bar{\eta})$$

$$= c_0 \frac{\displaystyle\prod_{j=1}^{N} \left| \det C_j \left(\frac{1}{2\sqrt{-1}}(z - \bar{\xi}) - F(u,\eta) \right) \right|^{2\lambda_j}}{\displaystyle\prod_{j=1}^{N} \det C_j (\text{Im}(z) - F(u,u))^{\lambda_j}} \quad ⑲$$

复数还有一种"推广",是所谓的四元数. 以前面提到的迪利克雷边值问题为例,我们比较一下它与二元的情况有什么不一样!

用 $\boldsymbol{x} = x_1 + \boldsymbol{i}x_2 + \boldsymbol{j}x_3 + \boldsymbol{k}x_4$ 表示四维欧氏空间 $\mathbf{R}^4$ 中的点,称为四元数,其中 $\{1, \boldsymbol{i}, \boldsymbol{j}, \boldsymbol{k}\}$ 为其基,满足条

件:$i^2 = j^2 = k^2 = -1, ij = -ji = k, x_1$ 叫作 x 的数量部分,$x_6 = ix_1 + jx_2 + kx_3$ 叫作 x 的向量部分. 设 D 是 $\mathbf{R}^4$ 中的一个有界区域,用 $\ddot{v} = u_1 + iu_2 + ju_3 + ku_4$ 表示 D 上的四元函数. 如果 $v = v(x)$ 的每个分量在 D 内具有二阶连续偏微商,且

$$\partial_x v = v_{x_1} + iv_{x_2} + jv_{x_3} + kv_{x_4} = \mathbf{0} \qquad ①$$

这里微分算子 $\partial x = (\ )_{x_1} + i(\ )_{x_2} + j(\ )_{x_3} + k(\ )_{x_4}$,那么称 $u(x)$ 为 D 上的正则函数,式 ① 可改写成一阶椭圆型方程组

$$\begin{cases} u_{1x_1} - u_{2x_2} - u_{3x_3} - u_{4x_4} = 0 \\ u_{1x_2} + u_{2x_1} - u_{3x_4} + u_{4x_3} = 0 \\ u_{1x_3} + u_{2x_4} + u_{3x_1} - u_{4x_2} = 0 \\ u_{1x_4} - u_{2x_3} + u_{3x_2} + u_{4x_1} = 0 \end{cases}$$

又记 $\overline{\partial x} = (\ )_{x_1} - i(\ )_{x_2} - j(\ )_{x_3} - k(\ )_{x_4}$,则 $\partial x \overline{\partial x} = \overline{\partial x} \partial x = (\ )_{x_1^2} + (\ )_{x_2^2} + (\ )_{x_3^2} + (\ )_{x_4^2} = \Delta$ 为拉普拉斯算子. 容易看出:正则函数 $v(x)$ 的每个分量 $u_n(x)$ 满足拉普拉斯方程,即

$$\sum_{m=1}^{4} u_n(x_m^2) = 0, n = 1, \cdots, 4$$

因此称 $u_n(x)(n = 1, \cdots, 4)$ 是正则调和函数.

设 D 是 $\mathbf{R}^4$ 中的一个单连通圆柱区域,$D = G_1 \times G_2$,G_1, G_2 分别是 $z_{12} = x_1 + ix_2, z_{34} = x_3 + ix_4$ 在复平面上的有界区域,其边界分别为 $\Gamma_1, \Gamma_2 \in C'_\alpha(0 < \alpha < 1)$,不妨设 $z_{12} = 0 \in G_1, z_{34} = 0 \in G_2$,考虑区域 D 上四元正则函数的迪利克雷边值问题,即求 D 上的正则函数 $v(x)$,在 $\overline{D}$ 上连续,且满足边界条件

$$U_{12}(x) = \varphi(x), x \in \Gamma = \partial D \qquad ②$$

其中,$\varphi(x) = \varphi_1(x) + i\varphi_2(x), \varphi_1(x), \varphi_2(x)$ 是 Γ 上的实值连续函数,且在 D 的特征边界 $\Gamma_0 = \Gamma_1 \times \Gamma_2$ ($\Gamma_j = \partial G_j, j = 1, 2$) 上具有赫尔德连续偏微商,即

$$\varphi_j(x) \in C'_\alpha(\Gamma_0)\,(0 < \alpha < 1, j = 1,2).$$

本书绝不是作者为了评职称或为考评打分所应付的东西,而是实打实在讲课实践中打磨出来的. 正如作者在致谢中所说:

> 感谢我的学生们,尤其是那些在这项工作刚刚起步时敢于指出缺陷的学生们,感谢斯蒂芬·奥尔德里奇(Stephen Aldrich)、迈克尔·多尔夫(Michael Dorff)和斯泰西·缪尔(Stacey Muir),他们使用了早期的草稿并提供了宝贵的反馈意见. 斯泰西的帮助和支持值得特别的认可.
>
> 最后,我非常感谢 Wiley 出版社团队在本人编写本书期间给予的强大支持,允许我自由编写自己想象的书,以及首先相信该课程笔记可能成为一本合理的书.

中国目前大学很多,教材也很多,但大家公认的有价值的精品教材却不多. 原因是多种多样的,这不在我们有能力讨论的范围内.

本书可算是一本优质教材,一本好的精品抵得上一万本劣质教材. 有人曾问过作家刘震云:"一句顶一万句所指?"他答:"一句有见识的话,顶一万句废话;所谓一灯能除千年暗,一智能灭万年愚."

好书也类似!

刘培杰

2020 年 6 月 28 日

于哈工大

集合论入门(英文)

丹尼尔·W.坎宁安　著

编辑手记

　　本书是版权引进自英国剑桥大学出版社的一本原版大学数学教材.

　　本书作者丹尼尔·W.坎宁安,是纽约州立大学布法罗分校的数学教授,专门研究集合论和数学逻辑. 他是国际符号逻辑协会、美国数学协会和美国数学学会的成员. 坎宁安曾于2013年出版著作《证明的逻辑导论》.

　　大学数学中的集合论虽然是一个十分重要的内容,但国内似乎并没有一本专门的教程. 早期有一本名著是F. 豪斯道夫的《集论》(张义良,颜家驹,译. 科学出版社,1960年4月),姑且可以当作教材. 但那本书印量太小(精装3 700册,平装4 200册). 在那个动辄上万册起印的年代,显得过于小众.

　　本书作者在前言中写道:

　　　　集合论是一门丰富多彩的学科,其基本概念几乎渗透到数学的每个分支. 但是,大多数数学专业的学生在其低年级课程中仅对集合论有粗略的了解. 集合论是一门非常重要和有趣的学科,值得开设本科课程. 这本书旨在为读者或数学系提供这样一门课程.

　　　　当然,集合是应研究的中心对象. 由于现代数学中的每个重要概念基本上都可以用集合来定义,因此,对集合理论有相当深刻理解的学生将会发现抽象代数或实分析的第一门课程会简单很多,而且也更容易掌握.例如,我读本科时的第一门课程是集合论,这使我在随后的数学课程中比其他同学有明显的优势.

在这本书中,关于抽象集合的基本事实——关系、函数、自然数、顺序、基数、超限递归、选择公理、序数和基数——在公理的集合论的框架内被涵盖和发展了.数学家已经证明,几乎所有数学概念和结果都可以在集合论中形式化.这个结果被认为是现代数学的最大成就之一,因此,人们现在可以说"集合论是数学的统一理论".

本书的读者非常广泛,从本科生到研究生.渴望更好地理解集合论的基本理论的人都是我们的读者.书中有的理论可能已经或将在其他数学课程中被忽略.我已努力在本书中写出清晰完整的证明.

许多现代的本科集合论书籍都是为精通数学论证和证明的读者编写的.我的主要目标是写一本针对比较老练的读者的书,而且我已经编写了严谨的证明过程.此外,这些证明更注重细节而不是简洁.本书另一个目标是让本书的论题成为学生在高年级课程(包括研究生课程)中可能出现的论题.因此,这本书比较简洁,可以在一学期内完成.大多数其他的本科集合论课本不可能在一个学期内学完.

如果将现代数学比作大厦,那么万丈高楼平地起最重要的是什么?一定是地基,基础牢则可保千秋万代.而现代数学的基础就是集合论.

集合论是19世纪末由G.康托创立的.他于1845年3月3日出生在俄国圣彼得堡的一个商人家庭.他的父母都有犹太血统.1856年他的父亲移居德国法兰克福.他的母亲生于一个具有艺术才能的家庭,这种才能也遗传给了她的子女,只不过G.康托的艺术创造天性表现在数学及哲学上面.记得中国有一位著名的美学家曾说过:"美是自由的象征."而G.康托也曾有一句类似的名言:"数学的本质在于它的自由."

关于集合论的产生及发展,辽宁师范大学的杜瑞芝教授有很好的总结和论述:

> 集合论是数学的一个基本的分支学科,研究的内容是一般集合. 集合论在数学中占有一个独特的地位,它的基本概念已渗透到了数学的所有领域. 按现代数学观点,数学各分支的研究内容或者本身都可以是带有某种特定结构的集合(如群、环、拓扑空间),或者是可以通过集合来定义的(如自然数、实数、函数). 从这种意义上说,集合论可以说是整个数学的基础,特别是表述的基础,至多范畴论除外.
>
> 20 世纪初对集合论的严格处理产生了公理集合论,由于对它的研究广泛采用了数理逻辑工具,集合论(公理集合论)又逐渐成为数理逻辑的一个分支,并从 20 世纪 60 年代以来获得迅速的发展.
>
> 集合论是关于无限集合(也称无穷集合)和超限集(也称超穷数)的数学理论. 因此,对研究无限集合的表述需要就是集合论产生的源泉. 人们对无限集合的认识可以追溯到古希腊的数学家,例如埃利亚学派的芝诺,他提出的芝诺悖论就涉及对无限的认识. 到了亚里士多德,已经能够区分潜在无限和实无限,他特别强调了潜在无限,认为实无限是不存在的. 这对后世产生了极大的影响. 但是由于数学中尚未实质上涉及真正的无限集合,所以对于无限集合的观念也只是潜在地存在着. 17 世纪伽利略提出了一个悖论. 他发现:两条不等长的线段上的点可以构成一一对应. 他又注意到:正整数与它们的平方可以构成一一对应,这说明无穷大量有不同的"数量级",不过伽利略认为这是不可能的. 他认为,所有无穷大量都一样,不能比较大小. 紧接着人们把无穷小量引入数学,那就是微积分发现之初所引进的无穷小运算. 虽然当时的人们确实感到有表述和认识无限的需要,但是对此又

感到无力把握. 这就向数学界提出了一个挑战. 最先进行应战的是数学分析严格化的先驱波尔查诺, 他是第一个为了建立集合的明确理论而做出积极努力的人. 他明确谈到实无限集合的存在, 强调两个集合等价的概念, 也就是后来的一一对应的概念. 他指出, 无限集合的一个部分或子集可以等价于其整体, 并认为这个事实必须被接受. 这样在分析数学的研究中, 开始形成了实无限意义下的集合观点.

具体地说, 集合概念直接产生于三角级数的研究工作中. 1854 年黎曼提出, 如果函数 $f(x)$ 在某个区间内除间断点以外的所有点上都能展开为收敛于函数值的三角级数, 那么这样的三角级数是否唯一? 但他没有回答. 1870 年海涅证明: 当 $f(x)$ 连续, 且它的三角级数展开式一致收敛时, 展开式是唯一的. 进一步的问题: 什么样的例外的点 (间断点) 不影响这种唯一性? 表述这些例外的点的整体的需要, 产生了点集的概念, G. 康托引入了直线上的一些点集拓扑概念, 探讨了前人从未碰到过的结构复杂的实数点集. 这是集合论的开端.

1874 年, G. 康托越过 "数集" 的限制, 开始一般地提出 "集合" 的概念. 他给集合下了这样一个定义: 把若干确定的有区别的 (具体的或抽象的) 事物合并起来, 看作一个整体, 就称为一个集合, 其中各事物称为该集合的元素, 也说它属于该集合. 有了集合的概念, 就可以定义出一系列有关的概念, 集合论就产生了.

从本质上看, 集合论是关于无限集合和超限数的数学理论. G. 康托创立集合论的卓越贡献之一, 就是把实无限引入数学. 他把适用于有限集的不用计数而判定两集合大小的一一对应准则推广到无限集, 此后一一对应方法成为典型的集合论方法.

我们可以举一个具体的例子来展示一下:

例 1 试作 $(0,1)$ 与 $[0,1]$ 间的一一对应.

解 将 $(0,1)$ 中的全部有理数排列为

$$r_1, r_2, \cdots, r_n, \cdots$$

而 $[0,1]$ 中的全部有理数可排列为

$$0, 1, r_1, r_2, \cdots, r_n, \cdots$$

作其间的对应 f 如下

$$f(x) = \begin{cases} 0, & \text{当 } x = r_1 \\ 1, & \text{当 } x = r_2 \\ r_{n+2}, & \text{当 } x = r_n, n > 2 \\ x, & \text{当 } x \text{ 是}(0,1) \text{ 中无理数时} \end{cases}$$

则 $f(x)$ 是 $(0,1)$ 与 $[0,1]$ 间的一一对应.

元素间能建立一一对应的集合称为等势集合, G. 康托指出, 无限集的特征就是它可与自己的一个真子集等势. 他称与全体自然数集 **N** 等势的集合为可数集. 1873 年他采用著名的对角线法, 证明了全体实数的集合 **R** 不是可数集, 因此无限集也是有判别的. 1878 年, 他引入了"集合的势"(后又称为基数)的概念, 它既适用于无限集也适用于有限集, 是"个数"概念的推广. G. 康托把势定义为等势集合类共性的抽象, 后来弗雷格与罗素改为等势类本身. 1883 年, G. 康托应用对角线法证明了康托定理: 一个集合 S 与它的幂集 $P(S)$ 间不可能建立一一对应, $\overline{\overline{P(S)}} \geqslant \overline{\overline{S}}$. 这样, 说明了在无限集之间还存在着无限多个层次.

这会联想起一个当年常见的实变函数题目:

例 2 证明 $f = 2^c$.

证 记 $F = \{f(x) \mid f(x) \text{ 为}[0,1] \text{ 上一切实函数}\}$, $\overline{F} = f$.

(1) 先证 $f \geqslant 2^c$.

设 E 为 $[0,1]$ 中任一子集, $\varphi_E(x)$ 为 E 的特征函数, 即

$$\varphi_E(x) = \begin{cases} 1, & x \in E \\ 0, & x \in [0,1] - E \end{cases}$$

当 E_1, E_2 均为 $[0,1]$ 的子集，且 $E_1 \neq E_2$ 时，$\varphi_{E_1}(x) \neq \varphi_{E_2}(x)$，记

$$M = \{E \mid E \subset [0,1]\}$$
$$\Phi = \{\varphi_E(x) \mid E \subset [0,1]\}$$

则 Φ 与 M 对等，即 $\overline{\overline{\Phi}} = \overline{\overline{M}} = 2^c$，而 $\Phi \subset F$，从而有

$$\overline{\overline{\Phi}} \leq \overline{\overline{F}}, 2^c \leq f$$

（2）再证 $f \leq 2^c$．

对每一 $f(x) \in F$，有平面上一点集 $C_f = f\{(x,y) \mid y = f(x), x \in [0,1]\}$ 与之对应，记 $C_F = \{C_f \mid f(x) \in F\}$，则 F 与 C_F 对等．

以下略.

1883 年 G. 康托开始研究有序集，特别是其中的良序集．他引入了序数概念来刻画良序集的结构．序数可以比较大小，而且任一序数之后，恰有一个在大小顺序上紧紧尾随的序数．因此，G. 康托给出了序数的一种系统的表示法，相当于十进制用于自然数．利用序数可以把良序集编号，并把数学归纳法推广到自然数以外（见超限归纳法）．序数的研究加深了对基数的理解，1904 年策梅罗证明了任一集合都可以良序化（良序定理），将基数等同于一个序数．这就解决了基数比较大小的问题．同序数一样，任一基数之后，甚至任一基数集之后，恰好有一个在大小顺序上紧紧尾随的基数．因此可将所有超限基数按序数来编序，这就是所谓的阿列夫谱系

$$\aleph_0, \aleph_1, \aleph_2, \cdots, \aleph_\omega, \aleph_{\omega+1}, \cdots$$

（其中 $\aleph_0$ 是最小无限集可数集的基数，ω 是自然数集的序数）它可以无限延伸下去．超限序数和超限基数一起刻画了无限．它们之所以还称为数，是因为它们都有自己的算术．与此同时，G. 康托还给出了构造更大的集合的方法，就是前面所说的幂集构造法，用这一方法对阿列夫的谱系构造幂集，则得到"第二"阿列夫谱系

$$\aleph_0, 2^{\aleph_0}, 2^{2^{\aleph_0}}, \cdots$$

对于这两个谱系的无限基数，1878 年，G. 康托猜想：$2^{\aleph_0} = \aleph_1$．

他的猜测可以解释为实数集合的任一不可数子集合与实数集合等价. 简单地说,就是关于直线上有多少点的问题. G. 康托的这一猜测被称为连续统假设(CH),这一假设的证明至今没有完全得到解决,它已成为数学史上与费马大定理(1995 年解决)、黎曼猜想(尚未解决)齐名的一大难题. 1908 年,豪斯道夫进一步猜测,对于任意序数 α,有 $2^{\aleph_\alpha} = \aleph_{\alpha+1}$ 成立. 这个猜测后来被称为广义连续统假设. 1938 年,哥德尔证明了广义连续统假设不能为集合论的公理否证,这是集合论方面的一大突破性进展.

集合论之前的数学界只承认潜无限,集合论引入了实无限. 自然数不是一个一个地潜在地向无限变化,而是"一下子"以完成的姿态呈现在人们面前. 用超限基数和超限序数刻画的无限集,都是实无限,因而一开始并不被数学界所完全接受. 但是后来,从非欧几里得几何学的产生开始的对数学无矛盾性(相对无矛盾性)的证明把整个数学解释为集合论,集合论成了数学无矛盾性的基础,集合论在数学中的基础理论地位就逐渐确立起来了.

19 世纪末 20 世纪初,人们发现了一系列集合论悖论,表明集合论是不协调的,这使得人们对数学推理的正确性和结论的真理性产生了怀疑,触发了第三次数学危机. 为了克服悖论所带来的困难,人们开始对集合论进行改造,即对 G. 康托的集合定义加以限制,"从现有的集合论成果出发,反求足以建立这一数学分支的原则. 这些原则必须足够狭窄,以保证排除一切矛盾;另一方面又必须充分广阔,使康托集合论中一切有价值的内容得以保存下来"(策梅罗语),这就是集合论公理化方案. 1908 年,策梅罗提出第一个公理集合论体系,后经弗伦克尔和斯科朗的改进,称为 ZF 系统. ZF 集合论承袭了康托集合论的全部成果,凡数学所需的一切有关集合运算、关系、映射的结果以及全部基数、序数的理论,都可以从 ZF 公理系统中演绎出来. ZF 集合论又排除了康托集合论中可能出现的悖论. 因此,在很大程度上弥补了康托集合论(与公理集合论相比较,人们把康托集合论称为朴素集合论)的缺点. 当然,由于哥德尔第二不完全性定理,ZF 系统作为包括自然数理论的一阶形式系统是不可能在其内部解决本身的无矛盾性问题的. 这是一切这类系统的固有性质.

集合论的公理系统除 ZF 系统还有很多种,其中最常用的是 1925—1937 年间形成的冯·诺伊曼、伯奈斯、哥德尔提出并完善的公理系统,称为 NBG 系统. 已经证明,如果 ZF 公理系统是无矛盾的,那么 NBG 公理系统也是无矛盾的(而且后者是前者的一个保守的扩张).

虽然证明整个公理系统的无矛盾性已无意义,但关于公理系统中某一个公理或某一假设的相对无矛盾性和相对独立性仍是重要的课题,其中选择公理与连续统假设有重要的地位,并且是集合论领域长期研究的课题. 选择公理(AC)成为数学史上继平行公理之后最有争议的公理,包括 AC 的公理系统记为 ZFC 公理系统,以区别于不包括 AC 的 ZF 公理系统.

后来,在 AC 和 CH 研究方面取得不少进展. 1938 年,哥德尔证明:从 ZF 推不出 AC 的否定,从 ZFC 推不出 CH 的否定,即 AC 对于 ZF,CH 对于 ZFC 是相对无矛盾的. 1963 年,科恩创立了著名的力迫方法,证明了 AC 对于 ZF,CH 对于 ZFC 的相对独立性,即从 ZF 推不出 AC,从 ZFC 推不出 CH. 综合这两个成果,于是得出:AC 在 ZF 中,CH 在 ZFC 中都是不可判定的,这是 20 世纪最伟大的数学成果之一. 科恩的力迫方法成为集合论研究的有力工具,此后许多年中,人们一方面推广和改进科恩的力迫方法,提出诸如迭代力迫、真力迫等新概念和新方法;另一方面则将这些方法应用于具体的数学领域,如拓扑学中,以证明该领域中的某些命题是不可判定的. 此外,大基数问题、无穷组合论问题的研究亦有很大进展,20 世纪 70 年代以来,决定性公理的研究与它们交织在一起,有了新的发展. 同时,人们还在寻找迄今尚未发现的与其他公理无矛盾的可信赖的新公理(CH 或它的任一具体的否定都不具备这种资格),以期在更有效的途径上来解决连续统问题,这方面的工作成为当前集合论研究的主流.

集合论听上去"高大上",但读者们在中学阶段就接触过. 有许多问题剥开集合论语言的外衣,简直就是初中的难度. 如:

例3 用列举法表示集合 $\left\{u \mid u = \dfrac{x}{\mid x \mid} + \dfrac{y}{\mid y \mid} + \dfrac{z}{\mid z \mid} + \dfrac{xy}{\mid xy \mid} + \dfrac{xyz}{\mid xyz \mid}, xyz \neq 0, x, y, z \in \mathbf{R}\right\}$.

解 （1）当 x, y, z 全正时，$u = 5$.

（2）当 x, y, z 全负时，$u = -3$.

（3）当 x, y, z 两正一负时，有：

$x > 0, y > 0, z < 0$ 时，$u = 1$;

$x < 0, y > 0, z > 0$ 时，$u = -1$;

$x > 0, y < 0, z > 0$ 时，$u = -1$.

（4）当 x, y, z 两负一正时，有：

$x < 0, y < 0, z > 0$ 时，$u = 1$;

$x < 0, y > 0, z < 0$ 时，$u = -1$;

$x > 0, y < 0, z < 0$ 时，$u = -1$.

在有些习题集中也有一些稍难的题目，但难不在其表而在其骨. 如下例：

例4 设 $M = \{n \mid n = x^2 + y^2, x, y \in \mathbf{N}_+\}$，证明：$2\,019 \notin M$，并且对 $\forall k \in \mathbf{N}$，均有 $2\,019^k \notin M$.

证 （1）若 $2\,019 \in M$，则 $\exists x, y \in \mathbf{N}_+$，使得 $x^2 + y^2 = 2\,019$. 熟知 $x^2 = 4k$ 或 $4k + 1$，$y^2 = 4k$ 或 $4k + 1$. 可得 $x^2 + y^2$ 为 $4k, 4k + 1, 4k + 2$ 型. 而 $2\,019$ 为 $4k + 3$ 型. 故 $2\,019 \notin M$.

（2）当 k 为奇数时，同上可知 $2\,019^k$ 为 $(4k - 1)^{2m+1} = 4l + (-1)^{2m+1} = 4l - 1 = 4l + 3$ 型；当 k 为偶数时，设 $k = 2m$，则由

$$x^2 + y^2 = 2\,019^k = (2\,019^m)^2$$

利用罗士琳公式，知存在 $a, b \in \mathbf{N}_+$，使得

$$a^2 + b^2 = 2\,019^m$$

用 m 代替 k 重复上面的讨论，可知此时亦应有 $2\,019^k \notin M$.

注 若 $(x, y, z) = 1$，则 (x, y, z) 称为本原勾股数

组,(kx,ky,kz) 也为一组勾股数组

$$2\ 019^m = k(a^2 + b^2) \Rightarrow k > 1 \Rightarrow 2\ 019^{m-1} = a^2 + b^2$$

在全国高中数学联赛前,许多教练员都会命制一些模拟题,其中有一些是很好的集合题. 如下例:

例 5 对于整数 $n(n \geqslant 2)$,如果存在集合 $\{1, 2, \cdots, n\}$ 的子集族 $A_1, A_2, \cdots, A_n$ 满足:

①$i \notin A_i, i = 1, 2, \cdots, n$.

②若 $i \neq j, i, j \in \{1, 2, \cdots, n\}$,则 $i \in A_j$ 当且仅当 $j \notin A_i$.

③任意 $i, j \in \{1, 2, \cdots, n\}, A_i \cap A_j \neq \varnothing$.

则称 n 是"好数".

证明:(1)7 是"好数".

(2)当且仅当 $n \geqslant 7$ 时,n 是"好数".

证 (1)当 $n = 7$ 时,取

$$A_1 = \{2, 3, 4\}$$
$$A_2 = \{3, 5, 6\}$$
$$A_3 = \{4, 5, 7\}$$
$$A_4 = \{2, 6, 7\}$$
$$A_5 = \{1, 4, 6\}$$
$$A_6 = \{1, 3, 7\}$$
$$A_7 = \{1, 2, 5\}$$

(2)对 n 进行归纳,证明 $n(n \geqslant 7)$ 是"好数".

由(1)知,当 $n = 7$ 时,结论成立.

假设 $n(n \geqslant 7)$ 是"好数",则存在子集族 $A_1, A_2, \cdots, A_n$ 满足条件. 只要证明,当 $n + 1$ 时,子集族 $B_1 = A_1, B_2 = A_2, \cdots, B_n = A_n, B_{n+1} = \{1, 2, \cdots, n\}$ 满足条件.

下面证明每一个"好数"n 都至少为 7.

如果 $A_1, A_2, \cdots, A_n$ 是一个 n 为"好数"的集合的族,那么每一个 A_i 至少有三个元素. 事实上,若 $A_i \subset \{j, k\}$,则

$$A_i \cap A_j = \{k\}, A_i \cap A_k = \{j\}$$

所以, $k \in A_j, j \in A_k$. 矛盾.

考虑一个由元素 $0,1$ 构成的 $n \times n$ 阶正方形表格, 其第 i 行第 j 列的元素为 1 当且仅当 $j \in A_i$. 表中对角线上的元素为 0, 对于余下的元素, 因为 $i \neq j, a_{ij} = 0$ 当且仅当 $a_{ji} = 1$, 所以 0 的个数等于 1 的个数. 因此, 表中元素的和为 $\dfrac{n^2 - n}{2}$. 又因为每行元素的和大于或等于 3, 所以 $n^2 - n \geq 6n$, 故 $n \geq 7$.

还有一些定理的叙述和应用都要用到集合语言才方便. 如下面的例子:

例 6 已知 $m = 1\,990^{1\,990}$. 求满足条件 $1 \leqslant n \leqslant m$, 且 $(n^2 - 1, m) = 1$ 的整数 n 的个数.

解 因为 $1\,990 = 2 \times 5 \times 199$, 所以

$$(n^2 - 1, m) = 1 \Leftrightarrow n^2 - 1 \not\equiv 0 (\bmod\ 2, 5, 199)$$

即 $n \not\equiv 1 (\bmod\ 2)$, 且

$$n \not\equiv 1, 4 (\bmod\ 5), n \not\equiv 1, 198 (\bmod\ 199)$$

令 $S = \{1, 2, \cdots, m\}$. 规定 S 的子集如下

$$A = \{n \mid n \equiv 1 (\bmod\ 2)\}$$
$$B = \{n \mid n \equiv 1 \text{ 或 } 4 (\bmod\ 5)\}$$
$$C = \{n \mid n \equiv 1 \text{ 或 } 198 (\bmod\ 199)\}$$

则

$$A \cap B = \{n \mid n \equiv 1 \text{ 或 } 9 (\bmod\ 10)\}$$
$$B \cap C = \{n \mid n \equiv 1 \text{ 或 } 994 (\bmod\ 995)\}$$
$$C \cap A = \{n \mid n \equiv 1 \text{ 或 } 397 (\bmod\ 398)\}$$
$$A \cap B \cap C = \{n \mid n \equiv 1 \text{ 或 } 1\,989 (\bmod\ 1\,990)\}$$

所以

$$|S| = m, |A| = \frac{1}{2}m, |B| = \frac{2}{5}m, |C| = \frac{2}{199}m$$

$$|A \cap B| = \frac{2}{10}m, |B \cap C| = \frac{2}{995}m$$

$$|C \cap A| = \frac{2}{398}m, |A \cap B \cap C| = \frac{2}{1\,990}m$$

由容斥原理,有

$|\overline{A} \cap \overline{B} \cap \overline{C}|$

$= |\overline{A \cup B \cup C}|$

$= |S| - |A \cup B \cup C|$

$= |S| - |A| - |B| - |C| + |A \cap B| + |B \cap C| +$

$|C \cap A| - |A \cap B \cap C|$

$= \left(m - \frac{1}{2}m - \frac{2}{5}m - \frac{2}{199}m\right) +$

$\left(\frac{2}{10}m + \frac{2}{995}m + \frac{2}{398}m\right) -$

$\frac{2}{1\,990}m$

$= \frac{589}{1\,990}m$

上题是题目中不含集合,但解答用到了集合. 下面这道题是题目中含集合,但解答不用集合.

例 7 设 $A = (0,1) \cap Q$,且 $\forall \frac{p}{q} \in A, (p,q) = 1$,定义 $I\left(\frac{p}{q}\right) = \left(\frac{p}{q} - \frac{1}{4q^2}, \frac{p}{q} + \frac{1}{4q^2}\right)$,试证:集合 $\underset{\frac{p}{q} \in A}{\cup} I\left(\frac{p}{q}\right)$ 不覆盖区间 $(0,1)$.

证 现证 $\forall \frac{p}{q} \in A, \frac{\sqrt{2}}{2} \notin I\left(\frac{p}{q}\right)$. 为此,只要证明:若 $\frac{p}{q} > \frac{\sqrt{2}}{2}$,则 $\left(\frac{p}{q} - \frac{1}{4q^2}\right)^2 > \frac{1}{2}$;若 $\frac{p}{q} < \frac{\sqrt{2}}{2}$,则 $\left(\frac{p}{q} + \frac{1}{4q^2}\right)^2 < \frac{1}{2}$.

情况 1:若 $\frac{p}{q} > \frac{\sqrt{2}}{2}$,则 $2p^2 - q^2 \geqslant 1$,且 $q > p$,故有

$$\left(\frac{p}{q} - \frac{1}{4q^2}\right)^2 - \frac{1}{2}$$

$$= \frac{8q^2(2p^2 - q^2) - 8pq + 1}{16q^4}$$

$$\geqslant \frac{8q^2 - 8pq + 1}{16q^4}$$

$$> \frac{1}{16q^4}$$

$$> 0$$

情况 2：若 $\dfrac{p}{q} < \dfrac{\sqrt{2}}{2}$，则 $2p^2 - q^2 \leqslant -1$，且 $q - p \geqslant 1$，故有

$$\left(\frac{p}{q} + \frac{1}{4q^2}\right)^2 - \frac{1}{2}$$

$$= \frac{8q^2(2p^2 - q^2) + 8pq + 1}{16q^4}$$

$$\leqslant \frac{-8q^2 + 8pq + 1}{16q^4}$$

$$< \frac{-8q + 1}{16q^4}$$

$$< 0$$

下面的例子则告诉我们集合语言的恰当使用会使解答变得简洁.

例 8　在 $1, 2, \cdots, 2^{k+1} - 1$ 中，有些数写成二进制时数字和为偶数，求这些数的和.

证法 1　在二进制中，偶数 $2m$ 的末位数字为 0；$2m + 1$ 的末位数字为 1. 其他数字与 $2m$ 相同. 所以这两个数中恰有一个数的数字和为偶数.

显然，在 $0 \leqslant 2m < 2^k$ 时，$2^k + 2m$ 的数字和比 $2m$ 的数字和多 1，$2^k + 2m + 1$ 的数字和比 $2m + 1$ 的数字和多 1，即

$$S(2^k + 2m) = S(2m) + 1$$

$$S(2^k + 2m + 1) = S(2m + 1) + 1$$

因此,4 个数 $2m, 2m + 1, 2^k + 2m, 2^k + 2m + 1$ 中数字和为偶数的有两个,它们的和与另两个的和相等.

$0, 1, 2, 3, \cdots, 2^k - 1, 2^k, 2^k + 1, \cdots, 2^{k+1} - 2$ 可以按照上面的分法,每 4 个一组,即 $\{0, 1, 2^k, 2^k + 1\}, \{2, 3, 2^k + 2, 2^k + 3\}, \cdots, \{2^k - 2, 2^k - 1, 2^{k+1} - 2, 2^{k+1} - 1\}$,每组中数字和为偶数的数相加等于 4 个数的和的 $\dfrac{1}{2}$.

因此,所求的和为

$$\frac{1}{2}\left[1 + 2 + \cdots + (2^{k+1} - 1)\right] = 2^{k-1}(2^{k+1} - 1)$$
$$= 2^{2k} - 2^{k-1}$$

证法 2 (数学归纳法) 证明 $0, 1, 2, \cdots, 2^k - 1$ 写成二进制数后,数字和为偶数的数与数字和为奇数的数,个数及和均相等. 设 $S = \{0, 1, 2, \cdots, 2^k - 1\}$,有

$$P_1 = \{i \mid S(i) \equiv 1 (\bmod 2), i \in S\}$$
$$P_2 = \{i \mid S(i) \equiv 0 (\bmod 2), i \in S\}$$

即要证明 $|P_1| = |P_2|$, $\displaystyle\sum_{i \in P_1} i = \sum_{i \in P_2} i$.

当 $k = 1$ 时,命题显然成立. 假设命题对 k 成立,则将 S 的二进制表示添上首位 1,便得到 $S' = \{2^k, 2^k + 1, \cdots, 2^{k+1} - 1\}$ 的二进制表示,并且若 $j \in S$,则 $2^k + j \in S'$,且 j 与 $2^k + j$ 异奇偶. 由归纳假设 $\displaystyle\sum_{S(i) \equiv 1(\bmod 2)} 1 = \sum_{S(i) \equiv 1(\bmod 2)} 1$ (S' 中),即 $|S(i) \equiv 1(\bmod 2), i \in S'| = |S(i) \equiv 0(\bmod 2), i \in S'|$,且 $\displaystyle\sum_{i \in P_1'} i = \sum_{i \in P_1} i + 2^k \times 2^{k-1}$, $\displaystyle\sum_{i \in P_2'} i = \sum_{i \in P_2} i + 2^k \times 2^{k-1}$. 故 $\displaystyle\sum_{i \in P_1'} i = \sum_{i \in P_2'} i$.

当然有些集合语言的使用技巧性还是很强的. 如 1989 年 1 月举行的"第四届全国中学生冬令营"中的一个题目:

例 9 在半径为 1 的圆周上,任意地给定两个点

集 A,B, 它们都由有限段互不相交的弧组成, 其中 B 的每一段弧的长度都等于 $\dfrac{\pi}{m}$, $m \in \mathbf{N}$. 用 A^j 表示将集合 A 沿逆时针方向在圆周上转动 $\dfrac{j\pi}{m}$ 所得的集合($j = 1,2,3,\cdots$).

求证: 存在自然数 k, 使得 $l(A^k \cap B) \geqslant \dfrac{1}{2\pi} l(A) l(B)$(这里 $l(Z)$ 表示组成点集合 Z 的互不相交的弧段的长度之和).

下面给出的是已故的北京大学张筑生教授的解答:

证 将 A 固定, 旋转 B. 考虑 B 上的一段弧, 长度为 $\dfrac{\pi}{m}$. 将 B 沿顺时针方向旋转 $2m$ 次, 每次转角为 $\dfrac{\pi}{m}$, 这一段弧与点集 A 长度的匹配数显然是 $l(A)$. 设 B 上有 k 段这样的弧, 因此在这 $2m$ 次转动中, 长度的匹配数就是 $kl(A)$, 其平均值为

$$\frac{1}{2^m} kl(A) = \frac{1}{2\pi} k\left(\frac{\pi}{m}\right) l(A)$$

由于 $l(B) = \dfrac{k\pi}{m}$, 故上式可写成

$$\frac{1}{2\pi} l(A) l(B)$$

因此在这 $2m$ 次转动中, 至少有一个位置, 其长度的匹配数不小于 $\dfrac{1}{2\pi} l(A) \cdot l(B)$.

由运动的相对性知, 一定存在 $k \in \mathbf{N}, 1 \leqslant k \leqslant 2m$, 使得

$$l(A^k \cap B) \geqslant \frac{1}{2\pi} l(A) l(B)$$

实际上, 世界各国在中学阶段都不同程度地引入了集合素

329

材.以邻国日本为例:

例 10 (1990 年日本第二轮选拔赛试题 3)Z 是非空的正整数集合,满足下列条件:

(1) 若 $x \in Z$,则 $4x \in Z$;

(2) 若 $x \in Z$,则 $[\sqrt{x}] \in Z$.

求证:Z 是全体正整数的集合.

证 设 a 是 Z 中的最小数,则 $a \geqslant [\sqrt{a}] \in Z$. 所以 $a = [\sqrt{a}]$,从而 $a = 1$,即 $1 \in Z$.

由条件(1) 得 $4, 4^2, \cdots, 4^n, \cdots \in Z$.

设 k 为任一正整数,当自然数

$$m > -\log_2 \log_4 \left(1 + \frac{1}{k}\right) > 1$$

有

$$2^m \log_4 (k + 1) - 2^m (\log_4 k) = 2^m \log_4 \left(1 + \frac{1}{k}\right) > 1$$

因而必存在自然数 n 满足

$$2^m \log_4 k \leqslant n < 2^m \log_4 (k + 1)$$

即

$$k^{2^m} \leqslant 4^n < (k + 1)^{2^m}$$

从而由 $4^n \in Z$ 及条件(2) 得 $k \in Z$.

于是 Z 是全体正整数的集合.

说句题外话:有人说日本是一个模拟能力很强的国家,就连中学生数学竞赛试题都可以在早期其他国家的试题中发现,甚至解答都差不多.

比如前面这道题就相似于下题.

例 11 (1981 年联邦德国高中数学竞赛题) 若 M 是自然数的某一非空集合,且对 $\forall x \in M$,一定有 $4x \in M$ 和 $[\sqrt{x}] \in M$. 求证:集合 M 为所有自然数的集合.

证 方法与上题一样.

（1）先证 $1 \in M$. 若 $m_1 \in M$，设 $m_k = \left[\sqrt{m_{k-1}} \right]$ $(k \geqslant 2)$，则有 $m_2 \in M \Rightarrow m_3 \in M \Rightarrow \cdots$. 注意到当 $m \geqslant 2$ 时，$m > \left[\sqrt{m} \right]$. 所以 $m_j < m_i$，当 $j > i$ 时. 但 m_1 是一个定数，所以存在一个 $k \in \mathbf{N}$，使得 $m_k = 1 \in M$.

（2）再证对任何自然数 r，有 $2^r \in M$.

$1 \in M \Rightarrow 4 \in M \Rightarrow \left[\sqrt{4} \right] = 2 \in M$. 注意到 $4 = 2^2$，所以由

$$1 \in M \Rightarrow 2^2 \in M$$
$$\Rightarrow 2^4 \in M$$
$$\Rightarrow 2^6 \in M$$
$$\Rightarrow \cdots \Rightarrow 2^{2^k} \in M$$
$$2 \in M \Rightarrow 2^3 \in M$$
$$\Rightarrow 2^5 \in M$$
$$\Rightarrow 2^7 \in M$$
$$\Rightarrow \cdots \Rightarrow 2^{2^{k+1}} \in M$$

综合以上两种情况，对 $\forall r \in M$，有 $2^r \in M$.

（3）先证一个结论：总存在一个自然数 r，使

$$2^r \in \left[n^{2^k}, (n+1)^{2^k} \right] \qquad ①$$

只要证 $n^{2^k} \leqslant 2^r < (n+1)^{2^k}$，亦即

$$\frac{\lg n^{2^k}}{\lg 2} \leqslant r < \frac{\lg(n+1)^{2^k}}{\lg 2} \qquad ②$$

只要证

$$\frac{\lg(n+1)^{2^k}}{\lg 2} - \frac{\lg n^{2^k}}{\lg 2} \geqslant 1 \Leftarrow \lg \left(1 + \frac{1}{n} \right)^{2^k} \geqslant \lg 2 \quad ③$$

亦即

$$\left(1 + \frac{1}{n} \right)^{2^k} \geqslant 2 \Leftarrow 2^k \geqslant \frac{\lg 2}{\lg \left(1 + \frac{1}{n} \right)} \qquad ④$$

因为 n 是定值，所以 $\dfrac{\lg 2}{\lg \left(1 + \dfrac{1}{n} \right)}$ 也是定值. 这样我们总可以取充分大的 k 使式 ④ 成立，则式 ① 也

成立.

现在我们证对 $\forall n \in \mathbf{N}$,都有 $n \in M$. 由(2)可知,对 $\forall r \in \mathbf{N}$,有 $2^r \in M$,再由(3)对上述固定的 n,可取得充分大的 k,使 $\exists r \in \mathbf{N}$,有 $2^r \in (n^{2^k}, (n+1)^{2^k})$.

因 $2^r \in M \Rightarrow M \cap (n^{2^k}, (n+1)^{2^k}) \neq \varnothing$. 对 $x \in M \cap (n^{2^k}, (n+1)^{2^k}) \Rightarrow x \in (n^{2^k}, (n+1)^{2^k}) \Rightarrow n^{2^{k-1}} \leqslant \sqrt{x} < (n+1)^{2^{k-1}} \Rightarrow n^{2^{k-1}} \leqslant [\sqrt{x}] < (n+1)^{2^{k-1}} \Rightarrow M \cap (n^{2^{k-1}}, (n+1)^{2^{k-1}}) \neq \varnothing$. 逐次进行以上的推理. 最后可得到 $M \cap (n^2, (n+1)^2) \neq \varnothing \Rightarrow$ 存在 $x \in M$,且 $n^2 \leqslant x < (n+1)^2$.

因此,$n \leqslant \sqrt{x} < n+1 \Rightarrow n = [\sqrt{x}] \in M$.

甚至连拉丁美洲都刮起了"集合风". 如:

例 12 (1991 年拉丁美洲数学奥林匹克竞赛题) 令 $p(x,y) = 2x^2 - 6xy + 5y^2$. 若存在整数 B, C,使得 $p(B,C) = A$,则称 A 为 p 的值.

(1) 在 $\{1, 2, \cdots, 100\}$ 中,哪些元素是 p 的值.

(2) 证明 p 的值的积仍然是 p 的值.

再看看我们的相邻国家,一样有着应试传统的韩国的考题.

例 13 (1993 年韩国数学奥林匹克竞赛题) 考虑实数 x 在三进制下的表达式,k 是 $[0,1]$ 内所有这样的数 x 的集合,并且 x 的每位数字是 0 或 2,如果 $S = \{x + y \mid x, y \in k\}$.

求证:$S = \{Z \mid 0 \leqslant Z \leqslant 2\} = [0,2]$.

有人说中国数学奥林匹克竞赛选手的强项是平面几何、数论、不等式,明显的弱项是组合. 许多组合问题如果能成功地化归为集合问题则会变得"容易些".

例 14 (2017 年土耳其第 25 届数学奥林匹克竞赛题) 在村子 A 的婚礼仪式上, 有 25 种非常出名的食品. 村子 B 中有 2 017 个人, 其中一部分人受邀参加婚礼. 村子 B 中的每个人至少喜欢这 25 种食品中的一种, 每种食品至少被村子 B 中的一个人喜欢. 由来自村子 B 中的受邀人构成的集合称为"正式邀请名单"当且仅当每种食品至少被受邀人中的一个人喜欢; 由来自村子 B 中的受邀人构成的集合称为"好群"当且仅当"好群"包含所有可能的每个正式邀请名单中的至少一人. 证明: 对于任何真子集不是"好群"的"好群", 均存在一种食品被这个"好群"中的所有人喜欢.

证 设 25 种食品分别为 $f_1, f_2, \cdots, f_{25}$.

对于每个 $i(1 \leqslant i \leqslant 25)$, F_i 为村子 B 中喜欢食品 f_i 的人构成的集合; $L_1, L_2, \cdots, L_n$ 是所有可能的正式邀请名单.

由定义, 知对于任意的 $i, j(1 \leqslant i \leqslant 25, 1 \leqslant j \leqslant n)$, 均有 $F_i \cap L_j \neq \varnothing$.

注意到, 一个集合 S 为"好群"当且仅当对于每个 $j(1 \leqslant j \leqslant n)$, 均有 $S \cap L_j \neq \varnothing$.

则每个 F_i 均为"好群".

设 X 为一个"好群", 其任何真子集均不为"好群".

下面证明: 存在一个 $i(i \in \{1, 2, \cdots, 25\})$, 使得 $F_i \subseteq X$.

假设结论不成立.

则对于每个 $i(1 \leqslant i \leqslant 25)$, 均有
$$F_i \backslash X \neq \varnothing$$
设 $L = \{x_1, x_2, \cdots, x_{25}\}$, 其中
$$x_i \in F_i \backslash X, i \in \{1, 2, \cdots, 25\}$$
故对于每个 $i(1 \leqslant i \leqslant 25)$, 均有
$$L \cap F_i \neq \varnothing$$
于是, L 为正式邀请名单.

由于 L 与 X 的交集为空集，这与 X 是"好群"矛盾.

从而，存在一个 $i \in \{1,2,\cdots,25\}$，使得 $F_i \subseteq X$.

由 F_i 为"好群"，知 F_i 不为 X 的真子集. 这表明 $F_i = X$.

因此，X 中的每个人均喜欢食品 f_i.

其实很多数学奥林匹克竞赛中集合问题的抽象程度已达到大学程度.

例 15 （第 58 届 IMO 试题）对于任意由正整数构成的有限集 X,Y，定义 $f_X(k)$ 为不在 X 中的第 k 小的正整数，即

$$X * Y = X \cup \{f_X(y) \mid y \in Y\}$$

设正整数集合 A 中有 $a(a>0)$ 个正整数，正整数集合 B 中有 $b\,(b>0)$ 个正整数. 证明：若 $A * B = B * A$，则

$$\underbrace{A * (A * \cdots * (A * (A * A))) \cdots)}_{b}$$
$$= \underbrace{B * (B * \cdots * (B * (B * B))) \cdots)}_{a}$$

证 对于任意函数 $g:\mathbf{Z}_+ \to \mathbf{Z}_+$ 和任意子集 $X \subset \mathbf{Z}_+$，定义

$$g(X) = \{g(x) \mid x \in X\}$$

则 f_X 的象为 $f_X(\mathbf{Z}_+) = \mathbf{Z}_+ \backslash X$.

先证明两个引理.

引理 1 设 X,Y 是由正整数构成的有限集，则 $f_{X*Y} = f_X \circ f_Y$.

引理 1 的证明 注意到

$$f_{X*Y}(\mathbf{Z}_+) = \mathbf{Z}_+ \backslash (X * Y)$$
$$= (\mathbf{Z}_+ \backslash X) \backslash f_X(Y) = f_X(\mathbf{Z}_+) \backslash f_X(Y)$$
$$= f_X(\mathbf{Z}_+ \backslash Y) = f_X(f_Y(\mathbf{Z}_+))$$

且函数 f_{X*Y} 与 $f_X \circ f_Y$ 在相同的定义域内均为严格递

增的.

从而 $f_{X*Y} = f_X \circ f_Y$.

引理 1 得证.

引理 1 表明运算 $*$ 满足结合律:对于任意由正整数构成的有限集 A,B,C,均有

$$(A*B)*C = A*(B*C)$$

事实上

$$\mathbf{Z}_+ \setminus ((A*B)*C) = f_{(A*B)*C}(\mathbf{Z}_+)$$
$$= f_{A*B}(f_C(\mathbf{Z}_+)) = f_A(f_B(f_C(\mathbf{Z}_+)))$$
$$= f_A(f_{B*C}(\mathbf{Z}_+)) = f_{A*(B*C)}(\mathbf{Z}_+)$$
$$= \mathbf{Z}_+ \setminus (A*(B*C))$$

由运算 $*$ 的结合律,在表示 $A*(B*C)$ 时可以不写括号,并引进记号

$$X^{*k} = \underbrace{X*(X*\cdots*(X*(X*X)))\cdots)}_{k \uparrow}$$

于是,要证明的结论:

若 $A*B = B*A$,则 $A^{*b} = B^{*a}$.

引理 2 假设 X,Y 是由正整数构成的有限集,且满足 $X*Y = Y*X$,$|X| = |Y|$,则

$$X = Y$$

引理 2 的证明 假设 $X \neq Y$,设 s 为恰属于 X,Y 之一的最大正整数. 不失一般性,设 $s \in X \setminus Y$.

由于 $f_X(s)$ 为不属于 X 的第 s 个正整数,于是

$$f_X(s) = s + |X \cap \{1,2,\cdots,f_X(s)\}| \qquad ①$$

因为 $f_X(s) \geq s$,所以

$$\{f_X(s)+1, f_X(s)+2, \cdots\} \cap X$$
$$= \{f_X(s)+1, f_X(s)+2, \cdots\} \cap Y$$

又因为 $|X| = |Y|$,所以

$$|X \cap \{1,2,\cdots,f_X(s)\}|$$
$$= |Y \cap \{1,2,\cdots,f_X(s)\}| \qquad ②$$

考虑方程 $t - |Y \cap \{1,2,\cdots,t\}| = s$.

由于方程的左边表示的是 $1,2,\cdots,t$ 中不在 Y 中的元素个数,于是

$$t \in \lfloor f_Y(s), f_Y(s+1) \rfloor$$

由式 ①② 知,$t = f_X(s)$ 满足该方程.

由 $f_X(s) \notin X, f_X(s) \geqslant s$,且 s 为最大元素,知 $f_X(s) \notin Y$.

于是,$f_X(s) = f_Y(s)$.

又 s 不在 Y 中,则 $f_X(s)$ 既不在 X 中,也不在 $f_X(Y)$ 中,从而 $f_X(s) \notin X * Y$.

因为 $s \in X$,所以 $f_Y(s) \in Y * X$,矛盾.

引理 2 得证.

注意到,$|A^{*b}| = ab = |B^{*a}|$,且由 $A * B = B * A$ 及运算 $*$ 的结合律,知

$$A^{*b} * B^{*a} = B^{*a} * A^{*b}$$

由引理 2,知 $A^{*b} = B^{*a}$.

啰唆半天,书归正传. 本书的内容全面,详见目录如下.

作者还针对每一章节,详细做了说明,作者指出:

这本书介绍了策梅洛－弗伦克尔集合论的公理,然后使用这些公理来推导关于函数、关系、顺序、自然数和数学中的其他核心主题的各种定理.这些公理也将用于研究无限集,并推广归纳和递归的概念.

策梅洛－弗伦克尔公理现在被人们普遍接受为集合论和数学的标准基础.另一方面,有些教科书用一种幼稚的观点来介绍集合理论.因为朴素集合论被认为是前后矛盾的,所以这样的理论不能作为数学或集论的基础.

第一章首先讨论了逻辑学和初等集合论的基础.由于学生通常很容易掌握本章所涵盖的主题,因此可以以相当快的速度学习这部分内容.本章以对策梅洛－弗伦克尔公理的简要概述结束.

第二章研究了策梅洛－弗伦克尔集合理论的前六个公理,并开始用公理证明有关集合的定理.本书还证明了在第一章中讨论的集合运算可以由这六个公理推导出来.

第三章将关系定义为一组有序对,并讨论了等价关系和诱导划分.在此基础上,给出了函数的精确集合论定义. 本章最后有一节是关于序关系的, 还有一节是关于同余和序的概念.

第四章中, 在把自然数表示为集合之后, 数论的基本原理(例如, 用数学归纳法证明) 是由一些涉及集合的非常基本的概念推导出来的.

康托关于"无限集的大小"的早期研究是第五章的主题. 我们特别探讨了两个集合之间的一一对应的概念和可数集的概念.

第六章讨论了有序集和超限递归. 第七章给出了选择公理中包含的佐恩引理、超滤定理和良序定理. 序数的理论在第八章中给出了其详细发展的过程, 而基数的理论在第九章被介绍. 第九章的最后一节讨论了闭无界集合和平稳集合.

如何使用这本书?

强烈建议读者熟悉集合、函数、关系、逻辑和数学归纳的基础知识. 这些主题通常在"证明技巧"课程中介绍(例如, 请参见文献[1]), 在本书中将对它们进行更认真的讨论.

在本书中, 内容的复杂程度是逐渐递进的. 前五章涵盖了每个数学专业本科生都应了解的关于集合论的重要主题, 包括递归定理和施罗德 - 伯恩斯坦定理. 前四章介绍了更具挑战性的资料. 第六章开始以超限递归原理开始. 应用超限递归定义时, 可以使用两种函数: 集合函数或类函数. 在这两种情况下, 我们证明了可以用递归构造一个新的函数. 这两个证明是相似的, 除了使用类函数时需要替换公理. 此外, 类函数的方法意味着使用集合. 学生可能会发现这些技术证明相对难以理解或难以欣赏, 但是, 我们向你们保证, 这样的递归定义是有效的, 并且可以在不深入理解这些证明的情况下阅读本书的其余部分.

如果时间很短, 可以跳过一些章节. 例如, 以下部

分可以跳过, 在阅读时不会失去连贯性:

此外, 在第七章中所给出的佐恩引理 7.1.1 和良序定理 7.3.1 的证明并不诉诸于序数上的超限递归; 然而, 这些证明分别在第八章第 193 页开始的练习 14 和 15 中被仔细地概述. 因此, 在第七章中, 我们可以只突出 7.1.1 和 7.3.1 的证明, 然后在完成 8.2 节之后, 将这些较短的"序数递归"证明作为练习.

符号⑤表示解决方法的结果, 符号□表示证明过程的结果. 练习题在每章每个部分的末尾给出. 标有"＊"的练习题是本书其他地方引用的练习. 我还为那些练习题提出了一些建议, 这些建议可能会使学习高等数学的新手发现更多挑战.

对比一下 F. 豪斯道夫的《集论》便可知, 本书更为基础.《集论》第二版的序言中是这样写的:

本书试图通过详尽的论证阐明集论中一些最重要的理论, 使通篇不需另外的辅助材料, 但却有由此进研广泛文献的可能. 对于读者, 只假定具备微积分的初步基础, 不必有更高深的数学知识, 但应有一定的抽象思考敏锐力. 大学二三年级学生读之可望获致成效.

最后是致谢部分, 作者写道:

这本书一开始是我在纽约州立大学布法罗分校教授和设计的集合理论本科课程的一套笔记. 我要感谢迈克尔·菲利普斯基、安东尼·拉雷多、林琳美和乔休尔·泰尔希尔参加了这一固定理论课程并提供了有益的建议.匿名审阅者提供了许多重要建议,这些建议极大地改进了本书内容,感谢他们.大卫·安德森的精心编辑工作值得认可和感谢.特别感谢剑桥大学出版社的编辑凯特琳·利奇的热情指导.谢谢玛丽安·弗利的支持.最后,我必须感谢斯普林格出版社和 Business Media 授予我在本书中使用的某些语言、示例和图形的版权许可,这些语言、示例和图形是我在本书参考文献[1]的第1－2和5－7章中编写和创建的.

中国人对一项工作或成果的最高评价曾经是用"真技术"来形容的,因为技术意味着可以拿来就用.而科学才是技术背后的东西.清华大学吴国盛教授最近有一个演讲.他指出:

> 技术其实是一个重赏之下必有勇夫的事情.
>
> 而科学则是含有创造性的,最终是根植于人性自由的维度.没有自由发展的个性,没有自由的空间,创新和创造就是无本之木,无源之水.
>
> 目前这种死记硬背、单纯记忆和服从型的教育方式需要加快改革.郑也夫老师有一句话我觉得讲得特别好,他说:"拉磨一年,终生无缘千里马."
>
> 千里马必须在自由辽阔的境地中才能充分发挥自己的能力,而拉磨的那些驴、骡子从事的是比较单纯的简单劳动.
>
> 我们的教育思想中如果不能极大程度地发挥少年儿童的个性,那么中国的科技创新就是没有根基的.
>
> 就像我们开玩笑说,从小到大都是让他听话,循规蹈矩,读到博士了突然让他创新,他能创新什么,又怎么去创新?
>
> 在当下,社会中广泛存在的功利主义,对于创新的氛围是一种极大的损伤.

从科学的根本来说，一切创造性的发现和研究本质上都是非功利的.

保持一颗超越功利之心才能进入创造的状态，不能老想着做出来有什么好处，有什么用处——因为有好处的事情都是根据既往的经验总结出来的，而创造性是要打破既往的约束，开拓出新的东西，所以功利心太重了不可能做出非常好的创造性工作.

二十多年前就读过吴国盛教授那两大本当时风靡中国的巨著《科学的历程》以及郑也夫教授的许多著作. 感受到吴教授博学而温和，郑教授深刻而尖锐. 佩服前者但更喜欢后者，最近很少听其发声了. 借吴教授演讲再次感受郑教授之警世之言"拉磨一年，终生无缘千里马."我们要自觉不做平庸之磨，而助力千里马奔跑在蓝天白云之下！

刘培杰

2020 年 10 月 24 日

于哈工大

◉

编辑手记

英国著名诗人莎士比亚说:

"书籍是全世界的营养品. 生活里没有书籍,就好像没有阳光;智慧里没有书籍,就好像鸟儿没有翅膀."

按莎翁的说法书籍应该是种生活必需品. 读书应该是所有人的一种刚性需求,但现实并非如此. 提倡"全民阅读""世界读书日"等积极的措施也无法挽救书籍在中国的颓式. 甚至有的图书编辑也对自己的职业意义产生了怀疑.

本文既是一篇为编辑手记图书而写的编辑手记,也是对当前这种社会思潮的一种"反动". 我们先来解释一下书名.

姚洋是北京大学国家发展研究院院长. 在一次毕业典礼上,姚洋鼓励毕业生"去做一个唐吉诃德吧". 他说:"当今的中国,充斥着无脑的快乐和人云亦云的所谓'醒世危言',独独缺少的,是'敢于直面惨淡人生'的勇士.""中国总是要有一两个这样的学校,它的任务不是培养'人才'(善于完成工作任务的人)"."这个世界得有一些人,他出来之后天马行空,北大当之无愧,必须是一个".

343

姚洋常提起大学时对他影响很大的一本书《六人》，这本书借助六个文学著作中的人物，讲述了六种人生态度，理性的浮士德、享乐的唐·璜、犹豫的哈姆雷特、果敢的唐吉诃德、悲天悯人的梅达尔都斯与自我陶醉的阿夫尔丁根.

他鼓励学生，如果想让这个世界变得更好，那就做个唐吉诃德吧！因为"他乐观，像孩子一样天真无邪；他坚韧，像勇士一样勇往直前；他敢于和大风车交锋，哪怕下场是头破血流！"

在《藏书报》记者采访著名书商——布衣书局的老板时有这样一番对话：

> 问：您有一些和大多数古旧书商不一样的地方，像一个唐吉诃德式的人物，大家有时候批评您不是一个很会赚钱的书商，比如很少参加拍卖会. 但从受读者的欢迎程度来讲，您绝对是出众的. 您怎样看待这一点？
>
> 答：我大概就是个唐吉诃德，他的画像也曾经贴在创立之初的布衣书局墙壁上. 我也尝试过参与文物级藏品的交易，但是我受隆福寺中国书店王玉川先生的影响太深，对于学术图书的兴趣更大，这在金钱和时间两方面都影响了我对于古旧书的投入，所以，不能在这个领域有一席之地，是正常的. 我不是个"很会赚钱"的书商，知名度并不等于钱，这中间无法完全转换. 由于关注点的局限，普通古旧书的绝对利润很低，很多旧书的售价才几十块甚至于几块，利润可想而知，且旧书无大量复本，所以消耗的单品人工远高于新书，这是制约发展的一个原因. 我的理想是尝试更多的可能，把古旧书很体面地卖出去，给予它们尊严，这点目前我已经做到了，不足的就是赚钱不多，维持现状可以，发展很难.

这两段文字笔者认为已经诠释了唐吉诃德在今日之中国的意义：虽不合时宜，但果敢向前，做自己认为正确的事情.

再说说加号后面的西西弗斯. 笔者曾在一本加缪的著作中

读到以下这段:

> 诸神判罚西西弗,令他把一块岩石不断推上山顶,而石头因自身重量一次又一次滚落.诸神的想法多少有些道理,因为没有比无用又无望的劳动更为可怕的惩罚了.
>
> 大家已经明白,西西弗是荒诞英雄.既出于他的激情,也出于他的困苦.他对诸神的蔑视,对死亡的憎恨,对生命的热爱,使他吃尽苦头,苦得无法形容,因此竭尽全身解数却落个一事无成.这是热恋此岸乡土必须付出的代价.有关西西弗在地狱的情况,我们一无所获.神话编出来是让我们发挥想象力的,这才有声有色.至于西西弗,只见他凭紧绷的身躯竭尽全力举起巨石,推滚巨石,支撑巨石沿坡向上滚,一次又一次重复攀登;又见他脸部绷紧,面颊贴紧石头,一肩顶住,承受着布满黏土的庞然大物;一腿蹲稳,在石下垫撑;双臂把巨石抱得满满当当的,沾满泥土的两手呈现出十足的人性稳健.这种努力,在空间上没有顶,在时间上没有底,久而久之,目的终于达到了.但西西弗眼睁睁望着石头在瞬间滚到山下,又得重新推上山巅.于是他再次下到平原.
>
> ——(摘自《西西弗神话》,阿尔贝·加缪著,沈志明译,上海译文出版社,2013)①

丘吉尔也有一句很有名的话:"Never! Never! Never Give Up!"(永不放弃!)套用一句老话:保持一次激情是容易的,保持一辈子的激情就不容易,所以,英雄是活到老,激情到老!顺境要有激情,逆境更要有激情.出版业潮起潮落,多少当时的"大师"级人物被淘汰出局,关键也在于是否具有逆境中的坚持!

其实西西弗斯从结果上看他是个悲剧人物.永远努力,永

---

① 这里及封面为尊重原书,西西弗斯称为西西弗.—— 编校注

远奋进,注定失败! 但从精神上看他又是个人生赢家,不放弃的精神永在,就像曾国藩所言:屡战屡败,屡败屡战. 如果光有前者就是个草包,但有了后者,一定会是个英雄. 以上就是我们书名中选唐吉诃德和西西弗斯两位虚构人物的缘由. 至于用"+"将其联结,是考虑到我们终究是有关数学的书籍.

现在由于数理思维的普及,连纯文人也沾染上了一些. 举个例子:

文人聚会时,可能会做一做牛津大学出版社网站上关于哲学家生平的测试题. 比如关于加缪的测试,问:加缪少年时期得了什么病导致他没能成为职业足球运动员? 四个选项分别为肺结核、癌症、哮喘和耳聋. 这明显可以排除癌症,答案是肺结核. 关于叔本华的测试中,有一道题问:叔本华提出如何减轻人生的苦难? 是表现同情、审美沉思、了解苦难并弃绝欲望,还是以上三者都对? 正确答案是最后一个选项.

这不就是数学考试中的选择题模式吗?

本套丛书在当今的图书市场绝对是另类. 数学书作为门槛颇高的小众图书本来就少有人青睐,那么有关数学书的前言、后记、编辑手记的汇集还会有人感兴趣吗? 但市场是吊诡的,谁也猜不透只试. 说不定否定之否定会是肯定. 有一个例子:实体书店受到网络书店的冲击和持续的挤压,但特色书店不失为一种应对之策.

去年岁末,在日本东京六本木青山书店原址,出现了一家名为文喫(Bunkitsu)的新形态书店. 该店破天荒地采用了入场收费制,顾客支付1 500日元(约合人民币100元)门票,即可依自己的心情和喜好,选择适合自己的阅读空间.

免费都少有人光顾,它偏偏还要收费,这是种反向思维.

日本著名设计杂志《轴》(Axis)主编上條昌宏认为,眼下许多地方没有书店,人们只能去便利店买书,这也会对孩子们培养读书习惯造成不利的影响. 讲究个性、有情怀的书店,在世间还是具有存在的意义,希望能涌现更多像文喫这样的书店.

因一周只卖一本书而大获成功的森冈书店店主森冈督行称文喫是世界上绝无仅有的书店,在东京市中心的六本木这片土地上,该店的理念有可能会传播到世界各地. 他说,"让在书店买书成为一种非日常的消费行为,几十年后,如果人们觉得去书店就像去电影院一样,这家书店可以说就是个开端."

本书的内容大多都是有关编辑与作者互动的过程以及编辑对书稿的认识与处理.

关于编辑如何处理自来稿,又如何在自来稿中发现优质选题? 这不禁让人想起了美国童书优秀的出版人厄苏拉·诺德斯特姆,在她与作家们的书信集《亲爱的天才》中,我们看到了她和多名优秀儿童文学作家和图画书作家是如何进行沟通的.这位将美国儿童文学推入"黄金时代"的出版人并不看重一个作家的名气和资历,在接管哈珀·柯林斯的童书部门后,她甚至立下了一个规矩:任何画家或作家愿意展示其作品,无论是否有预约,一律不得拒绝.厄苏拉对童书有着清晰的判断和理解,她相信作者,不让作者按要求写命题作文,而是"请你告诉我你想要讲什么故事",这份倾听多么难得.厄苏拉让作家们保持了"自我",正是这份编辑的价值观让她所发现的作家和作品具有了独特性.编辑从自来稿中发现选题是编辑与作家双向选择高度契合的合作,要互相欣赏和互相信任,要有想象力,而不仅仅从现有的图书品种中来判断稿件.在数学专业类图书出版领域中,编辑要具有一定的现代数学基础和出版行业的专业能力,学会倾听,才能像厄苏拉一样发现她的桑达克.

在巨大的市场中,作为目前图书市场中活跃度最低、增幅最小的数学类图书板块亟待品种多元化,图书需要更多的独特性,而这需要编辑作为一个发现者,不做市场的跟风者,更多去架起桥梁,将优质的作品从纷繁的稿件中遴选出来,送至读者手中.

我们数学工作室现已出版数学类专门图书近两千种,目前还在以每年 200 多种的速度出版.但科技的日新月异以及学科内部各个领域的高精尖趋势,都使得前沿的学术信息更加分散、无序,而且处于不断变化中,时不时还会受到肤浅或虚假、不实学术成果的干扰.可以毫不夸张地说,在互联网时代学术动态也已经日益海量化.然而,选题策划却要求编辑能够把握学科发展走势、热点领域、交叉和新兴领域以及存在的亟须解决的难点问题.面对互联网时代的巨量信息,编辑必须通过查询、搜索、积累原始选题,并在积累的过程中形成独特的视角.

在海量化的知识信息中进行查询、搜索、积累选题,依靠人力作用非常有限.通过互联网或人工智能技术,积累得越多,挖掘得越深,就越有利于提取出正确的信息,找到合理的选题角度.

复旦大学出版社社长贺圣遂认为中国市场上缺乏精品,出版物质量普遍不尽如人意的背后主要是编辑因素:一方面是"编辑人员学养方面的欠缺",一方面是"在经济大潮的刺激作用下,某些编辑的敬业精神不够".在此情形下,一位优秀编辑的意义就显得特别突出和重要了.在贺圣遂看来,优秀编辑的内涵至少包括三个部分.第一,要有编辑信仰,这是做好编辑工作的前提,"从传播文化、普及知识的信仰出发,矢志不渝地执着于出版业,是一切成功的编辑出版家所必备的首要素养",有了编辑信仰,才能坚定出版信念,明确出版方向,充满工作热情和动力,才能催生出精品图书.第二,要有杰出的编辑能力和极佳的编辑素养,即贺圣遂总结归纳的"慧根、慧眼、慧才",具体而言是"对文化有敬仰,有悟性,对书有超然的洞见和感觉""对文化产品要有鉴别能力,要懂得判断什么是好的、优秀的、独特的、杰出的,不要附庸风雅,也不要被市场愚弄""对文字加工、知识准确性,对版式处理、美术设计、载体材料的选择,都要有足够熟练的技能".第三,要有良好的服务精神,"编辑依赖作者、仰仗作者,因为作者配合,编辑才能体现个人成就.编辑和作者之间不仅仅是工作上的搭档,还应该努力扩大和延伸编辑服务范围,成为作者生活上的朋友和创作上的知音.

笔者已经老了,接力棒即将交到年轻人的手中.人虽然换了,但"唐吉诃德 + 西西弗斯"的精神不能换,以数学为核心、以数理为硬核的出版方向不能换.一个日益壮大的数学图书出版中心在中国北方顽强生存大有希望.

出版社也是构建、创造和传播国家形象的重要方式之一.国际社会常常通过认识一个国家的出版物,特别是通过认识关于这个国家内容的重点出版物,建立起对一个国家的印象和认识.莎士比亚作品的出版对英国国家形象,歌德作品的出版对德国国家形象,卢梭、伏尔泰作品的出版对法国国家形象,安徒生作品的出版对丹麦国家形象,《丁丁历险记》的出版对比利时国家形象,《摩柯波罗多》的出版对印度国家形象,都具有很重要的帮助.

中国优秀的数学出版物如何走出去,我们虽然一直在努力,也有过小小的成功,但终究由于自身实力的原因没能大有作为. 所以我们目前是以大量引进国外优秀数学著作为主,这也就是读者在本书中所见的大量有关国外优秀数学著作的评介的缘由. 正所谓:他山之石,可以攻玉!

在写作本文时,笔者详读了湖南教育出版社曾经出版过的一本朱正编的《鲁迅书话》,其中发现了一篇很有意思的文章,附在后面.

青　年 必读书	从来没有留心过, 　　所以现在说不出.
附　　注	但我要趁这机会,略说自己的经验,以供若干读者的参考 —— 　　我看中国书时,总觉得就沉静下去,与实人生离开;读外国书 —— 但除了印度 —— 时,往往就与人生接触,想做点事. 　　中国书虽有劝人入世的话,也多是僵尸的乐观;外国书即使是颓唐和厌世的,但却是活人的颓唐和厌世. 　　我以为要少 —— 或者竟不 —— 看中国书,多看外国书. 　　少看中国书,其结果不过不能作文而已,但现在的青年最要紧的是"行",不是"言". 只要是活人,不能作文算什么大不了的事. 　　　　　　　　　　　　　　(二月十日)

　　少看中国书这话从古至今只有鲁迅敢说,而且说了没事,笔者万万不敢. 但在限制条件下,比如说在有关近现代数学经典这个狭小的范围内,窃以为这个断言还是成立的,您说呢?

刘培杰

2024 年 9 月 1 日

于哈工大